글로벌 에너지정책과
천연가스사업 개발전략

글로벌 에너지정책과 천연가스사업 개발전략

박상철 지음

이담
Books

GREEN SEED

21세기 인류문명의 거대 화두는 에너지와 환경이다. 지난 18세기 산업혁명 이후 인류의 지속적인 화석연료 사용 증가로 인한 이산화탄소 배출이 세계적인 기후변화의 주요 원인 중 하나로 지목되고 있다. 지구온난화현상의 근본 원인에 대한 논란은 계속되고 있지만 이제 우리 인류가 온실가스 발생을 줄여나가자는 데는 대체로 의견이 일치하고 있다. 따라서 에너지자원의 효율적 사용과 환경보호는 이 시대를 살아가는 지성인의 의무 중 하나가 되었다.

현대 산업 물질문명을 화석자원에 기반을 둔 탄화수소(C&H)문명이라고 할 만큼 석유·석탄·가스 등 화석자원은 현대인의 삶과는 불가분의 관계에 있다. 아침에 세면과 음용수의 공급, 출근길의 아스팔트, 생활 전반의 플라스틱과 합성수지 제품, 다양한 의약품, 냉난방 등 이루 헤아릴 수 없다. 혹자는 고갈성 자원은 언젠가 고갈될 것이라고 우려하지만 채굴 및 활용기술의 발전과 가격 메커니즘은 적어도 지금 살고 있는 사람들의 살아생전에는 자원고갈이 문제가 되지 않도록 할 것이다. 이는 지구상에 부존하는 화석자원의 총량이 먼 훗날 차세대기술(Backstop Technology)의 출현을 기다리기에 충분할 만큼 풍부하다는 의미이다. 물론 신흥공업국으로 성장하고 있는 중국 및 인도 등 개도국의 에너지 소비 증가는 글로벌 에너지시장의 수요와 공급에 커다란 영향으로 작용하고 있어서 단기적으로는 에너지자원의 안정적인 확보에 매우 위협적일 수 있다. 특히 우리나라와 같이 주요 에너지자원의 수입의존도가 절대적으로 높은 국가는 미래 에너지자원 확보 및 안정적인 공급이 지속적인 경제성장과 국민행복을 위하여 절대적으로 필요하다.

이처럼 급변하는 글로벌 에너지시장에서, 전략적인 관점의 글로벌 에너지정책을 심도 있게 분석하고 글로벌 에너지사업에 적극적으로 참여하여 자주적인 에너지 자급비율을 향상시킬 수 있는 전략에 관한 서적이 출판되는 것은 시기적으로 매우 적절하다고 생각한다. 특히 본 저서는 에너지자원 중 글로벌 기후변화의 진행을 억제할 수 있는 유일한 화석연료인 천연가스 부문에 관심의 초점을 맞추고 있어서 그 의미가 더욱 크다고 할 수 있다. 천연가스는 화석연료 중 가장 환경친화적이고 기술 부문에서 고도로 발전된 첨단산업과 긴밀하게 연계되어 있으며 장거리 수송이 가능하여 2035년에는 석유 다음으로 중요한 에너지자원의 역할을 수행하게 될 것이다. 또한 우리나라가 기술선진국과 글로벌 에너지시장에서 경쟁 및 협력할 수 있는 유일한 부문이다. 따라서 본 저서가 천연가스 부문에서 전후방 관련 산업의 글로벌시장 진출에 대한 전략과 우리나라 에너지 정책 및 에너지기업의 글로벌사업 확대 부문에 중요한 역할을 수행할 수 있기를 기대해본다.

서울대 기술경영경제정책대학원과정 교수 김태유

   우리나라는 국민 모두가 알고 있는 것처럼 에너지자원 수입의존 도가 세계에서 가장 높은 국가 중 하나이다. 이처럼 과도한 에너지 자원 수입에도 불구하고 단기간 내에 고도로 압축된 경제성장을 달 성한 것을 보면 한강의 기적이라고 표현하는 것도 지나치게 과장된 것은 아니라 생각한다. 우리보다 먼저 유럽에서 라인 강의 기적을 이룬 독일의 경우를 보더라도 에너지자원 수입의존도가 우리보다는 매우 낮은 편이다. 우리와 사정이 비슷한 일본의 경우도 국내 석탄 매장량 등이 우리보다는 매우 많다.

   우리나라의 경우 산업 구조적인 측면에서 국민경제가 높은 성장 을 하게 될수록 에너지자원 수입이 증가하게 된다. 이는 에너지 다 소비 산업구조라는 측면도 있지만 생활수준 향상과 더불어 다양한 형태의 에너지 소비가 급격하게 증가하고 있기 때문이다. 특히 전력 생산의 경우 원자력발전 개발을 통하여 고도경제성장기에 고질적으 로 발생하였던 전력부족을 상당 부문 해결한 것도 부정할 수 없는 사실이다. 그러나 전력생산 이외의 에너지 수요도 지속적으로 성장 하고 있기 때문에 에너지자원 수입의존도는 2012년 말 약 97%를 차지하고 있다.

　1970년대 두 차례에 걸쳐 석유파동을 겪으면서 에너지자원의 가격변화가 우리나라 산업에 미치는 영향뿐만 아니라 세계경제에 미치는 파급효과가 매우 크다는 사실을 우리는 역사적으로 경험하였다. 그럼에도 불구하고 1980년대 이후에는 저유가 현상을 장기간 유지하면서 우리나라처럼 에너지 수입의존도가 높은 나라도 높은 경제성장을 달성할 수 있는 대외적 여건이 충족되었다. 이후 약 20여 년간은 원활한 글로벌 에너지 수급으로 인하여 경제발전의 원동력이 되었다. 이러한 시기에 우리나라도 1986년 최초로 천연가스를 수입하기 시작했으며 발전 및 가정용으로 전국에 보급을 확산시켰다.

　글로벌경제에 에너지 이슈가 재차 제기된 시기는 2000년대 이후이다. 석유정점이론(Oil Peak Theory)에 의하면 2000년대 중반에 석유생산이 정점에 이르고 이후 생산 감소에 직면할 것으로 주장하고 있다. 또한 석유매장량의 한계로 인하여 석유채굴 가능기간을 약 40년으로 예상하였다. 이와 비교할 때 천연가스는 석유보다는 매장량도 풍부하고 채굴 가능기간도 약 70~80년으로 거의 두 배에 이르는 것으로 추정하고 있다. 석유자원 생산량 감소 이외에도 신흥공업국으로 부상하고 있는 거대규모의 개발도상국가인 중국 및 인도의 높은 경제성장으로 인하여 글로벌 에너지 소비가 급격하게 증가하기 시작하였다. 중국과 인도의 에너지 소비 증가는 글로벌 에너지시장에서 블랙홀 역할을 수행하면서 에너지 수요와 공급뿐만이 아니라 시장가격에도 많은 영향을 미쳤다.

　마지막으로 20세기 말부터 시작된 글로벌 기후변화 현상으로 인하여 이산화탄소 배출을 감축하는 논의가 진행되고 있다. 따라서 에너지자원 중 이산화탄소를 가장 많이 배출하는 화석연료 소비를 감소하고 청정에너지자원인 풍력, 태양열 및 태양광, 바이오연료 등과 같은 신재생에너지자원 개발에 관심을 갖게 되었다. 그러나 신재생에너지 개발문제는 경제성 및 효율성에서 화석연료와 비교할 때 매우 뒤떨어져 있기 때문에 화석연료를 대체하기에는 장기간이 필요할 것으로 예측하고 있다.

　앞의 세 가지 글로벌 추세를 분석하면 국제에너지기구(IEA)가 예상한 것처럼 2035년 글로벌 에너지 수요는, 석유 및 석탄소비는 감소하고 천연가스 소비는 증가하게 된다. 그 이유는 화석연료인 천연가스는 이산화탄소 배출이 거의 없는 청정연료로서 글로벌 기후변화에 대비하기 위하여 특히 선진국 및 일부 개발도상국에서 그 수요가 급격하게 증가하게 될 것이기 때문이다.

이처럼 글로벌 에너지시장 및 수요변화는 에너지자원을 안정적으로 확보하는 데 과거와는 달리 많은 어려움을 발생시킬 것으로 분석되고 있다. 이러한 외부환경 변화는 에너지자원 수입의존도가 매우 높은 우리나라의 경우 에너지 안보에 심각한 영향을 미칠 수 있다. 이를 대비하는 방법으로는 에너지자원 수입의존도를 줄일 수 있도록 신재생에너지자원을 개발하는 것과 국외 에너지자원을 적극적으로 개발하여 우리가 필요로 하는 에너지자원을 직접 확보하는 것이 있다.

두 가지 방법을 동시에 추진하는 것이 가장 바람직하지만 신재생에너지 개발은 경제성 확보와 기술개발 부문에 장기적 시간과 자본투자가 필수적이다. 동시에 신재생에너지자원이 핵심 에너지자원이 되는 것은 구조적으로 불가능하고 대체에너지자원으로서의 한계성이 존재한다. 국외 에너지자원 개발도 사업위험도가 매우 높은 것이 사실이다. 특히 우리나라는 국외 에너지자원 개발 경험이 일천하고 글로벌 에너지 기업과 비교할 때 자본 및 기술 부문에서 열세이다. 그럼에도 불구하고 천연가스 부문은 액화천연가스 수입기업 중 단일 기업으로는 세계 최대의 기업인 한국가스공사(KOGAS)를 보유하고 있으며 액화천연가스 터미널 건설 및 운영 부문에 노하우를 축적하고 있다. 따라서 국외 에너지자원 개발을 진행하는 데 필수적인 대규모 프로젝트 자본조달은 글로벌 메이저기업과 컨소시엄을 구축하여 극복하고 우리의 장점인 액화천연가스 터미널 건설, 플랜트 건설 등과 같은 에너지 인프라사업 진출에 전략적인 초점을 맞출 필요가 있다.

이처럼 국외 에너지자원 개발에 적극적으로 진출하여 우리나라의 에너지 자급비율을 높여서 에너지 안보를 강화하고 석유 및 천연가스 등 제1차 중요 에너지자원의 수입원을 다양화하여야 한다. 이러한 전략의 연장선에서 2017년부터 미국에서 수입하는 셰일가스 도입도 궁극적으로는 에너지 안보 확보뿐만이 아니라 북미, 유럽 지역보다도 두 배에서 네 배 높은 에너지시장가격을 형성하고 있는 아시아 프리미엄(Asia Premium)을 해소시킬 수 있는 방법이 될 것이다.

이 책을 저술하게 된 배경은 2010년부터 시작된 천연가스연구회에 정기적으로 참석하면서 21세기 전 인류의 공통적인 화두인 환경과 에너지 문제를 슬기롭게 극복할 수 있는 방법론에 대한 고민으로 시작되었다. 이러한 과정 속에서 화석연료 중 이산화탄소 배출을 극소화시키고 상대적으로 환경친화적일 수 있는 천연가스에 자연스럽게 학문적 관심을 갖게 되었다. 그 이유로 신재생에너지 개발은 이미 언급한 대로 주요 에너지자원으로 대두되기에는 구조적인 한계를 갖고 있고, 원자력발전은 2011년 후쿠시마사태로 볼 때 안전 및 부대비용 증가로 인해 장기적이며 지속적인 대안이 되지 못하리라는 판단 때문이다.

에너지시장은 시시각각 급변하는 성격을 갖고 있기 때문에 저술과정에서 셰일가스의 대두 등 예상치 못한 상황변화에 직면하게 되었다. 글로벌 에너지시장의 모든 변화를 모두 논의할 수 없는 점은 전적으로 저자의 학문적 부족이라 생각하며 세계 최고의 에너지 의

존국가인 우리나라가 에너지 안보를 확립하고 국외 에너지개발에 적극적으로 활동하기 위한 방향과 방법론을 제시할 수 있기를 기대한다.

2013년 6월

한국산업기술대학교 에너지대학원 연구실에서

박상철

contents

PART 01

배경

01

배경

1. 글로벌 에너지시장

글로벌 에너지시장 변화는 매우 복잡한 생태계로 실물경제 변화를 대변하고 있다. 20세기 말 이후 경제의 세계화 과정과 더불어 신흥공업국으로 발전하고 있는 중국과 인도의 대두로 인하여 이들 국가의 천문학적 에너지 소비를 지속적으로 증가시키고 있다. 이러한 현상은 에너지 블랙홀(Energy Black Hole)로 평가되어 세계 에너지시장의 수요와 공급을 교란시키는 역할을 하고 있다.

특히 21세기에 접어들면서 에너지의 안정적 공급과 수요, 에너지 안보, 에너지 가격 등이 전 세계적 주요 이슈로 부각되면서 원유가격의 급격한 상승을 유발하고 이는 동시에 천연가스 가격의 상승에도 직접적인 영향을 미치고 있는 실정이다. 2008년 9월 글로벌 경제위기 이후 원유 및 천연가스 가격하락이 2009년까지 이어졌으나

2010년 글로벌 경기 회복 이후 에너지가격은 상승하고 있는 실정이다. 2011년 유럽연합 재정위기 이후 글로벌 경제가 침체되면서 에너지가격이 급격하게 상승하지는 않지만 높은 가격을 유지하고 있는 것이 현실이다. 이는 2013년 이후에도 지속적인 글로벌 경제의 장기침체기가 예상됨에도 불구하고 지속적으로 유지될 것으로 국제에너지기구 등은 전망하고 있다(IEA, 2012).

원유생산의 정점(Oil Peak Production)에 도달했다는 것이 일반적으로 인정되고 있는 이론이며 천연가스 또한 조만간 생산의 최고 정점에 도달할 가능성이 매우 높다고 에너지 전문가들이 판단하고 있다. 물론 석유낙관론자들은 현재 매장량으로도 향후 20여 년까지는 에너지 수요와 공급이 커다란 차질을 발생시키지 않을 것이라 예상하고 있지만 석유정점이론가 및 석유낙관론자 모두 대체에너지자원이 예상시간 내 개발되지 않는다면 향후 에너지가격이 상승할 것에는 전적으로 동의하고 있다(Tusiani & Shearer, 2007; 박상철, 2011).

그러나 과도한 화석연료 사용으로 인한 지구온난화 및 기후변화로 인류의 생존에 심각한 위협이 현실화되고 있어 대체에너지로 신재생에너지인 풍력, 태양열 에너지 바이오, 수력 등이 개발되고 있으며 이산화탄소를 전혀 배출하지 않지만 안전에 심각한 문제의식이 제기되고 있는 원자력발전의 확대 등도 신중하게 검토되고 있는 실정이다. 특히 원자력발전은 2011년 3월 일본 후쿠시마 원자력발전소 폭발사고로 인하여 신규건설 및 증설은 세계적으로 제고되고 있는 현상이 매우 뚜렷하다.

이러한 상황에서 글로벌 에너지 수요 및 공급을 전망하면 다음과 같다. 2010년 이후의 글로벌 에너지 수요와 공급에 관한 전망은 글로벌 경제성장 전망과 매우 밀접한 관계를 갖고 있다. 2008년 9월 시작된 글로벌 금융위기로 인하여 세계경제성장이 위축되면서 2009년에는 석탄, 석유, 천연가스 등 주요 화석에너지 가격의 하락을 경험하였다.

그러나 2010년 이후에는 세계경제의 회복으로 인하여 주요 화석에너지 가격 상승이 시작되고 있으며 이는 글로벌 에너지 수요와 공급에 커다란 변수로 작용하고 있다. 물론 2011년부터 심화된 유럽연합 재정적자 위기로 글로벌 경제 환경이 급속하게 위축됨으로써 에너지 소비가 급격하게 증가하지 않으리라 예측하고 있지만 신흥국인 중국과 인도는 지속적으로 높은 경제성장을 달성하리라 예상하고 있기 때문에 에너지 소비도 급격하게 감소하지는 않으리라 예상된다.

따라서 에너지 수요 및 공급에 대한 장기전망은 에너지자원별로 차이점을 보일 것으로 예상되고 있다. 글로벌 에너지 수요와 공급에 관한 장기전망은 2020년까지는 총 주요 에너지 수요(Total Primary Energy Demand)에서 차지하는 석유의 비중이 지속적으로 증가하다 이후 감소세를 보일 것으로 예측되고 있다. 이와 비교할 때 원자력 에너지는 2008년 기준 6%에서 2035년 8%로 소폭 증가하는 반면에 풍력, 태양열, 바이오 등 신재생에너지의 비중은 2008년 7%에서 2035년 14%로 크게 증가할 것으로 예상된다. 또한 화석연료 중 이산화탄소를 최소한으로 배출하고 있는 천연가스는 2035년까지 그 수요가 약 44% 증가할 것으로 예측하고 있다(IEA, 2010a/〈그림 1〉 참조).

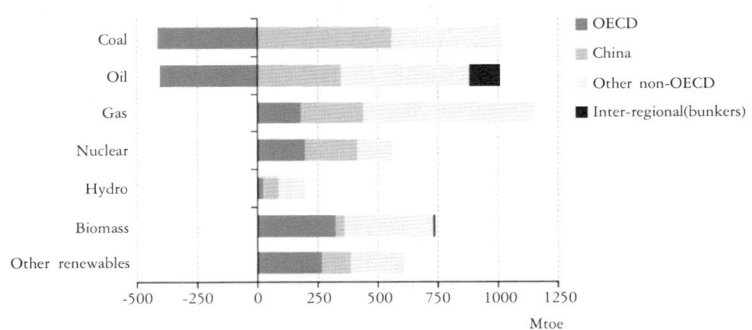

Incremental primary energy demand by fuel &
region in the New Policies Scenario,2008-2035

■ OECD
■ China
Other non-OECD
■ Inter-regional(bunkers)

출처: IEA, World Energy Outlook, 2010.

〈그림 1〉 장기 글로벌 총 주요 에너지 수요 예측(2008~2035)

　이처럼 장기 글로벌 에너지 수요와 공급에 관한 예측에 의하면 화석연료 중 석유의 비중은 상대적으로 감소하는 반면에 신재생에너지 및 천연가스의 수요는 점진적으로 증가하는 추세가 이루어질 것으로 예상되고 있다. 이외에도 풍력, 태양열, 바이오에너지 생산 등 대체에너지 개발을 통하여 에너지자립도를 증가시키는 것도 에너지 정책수립 및 수행의 주요 목적이라 할 수 있다.

　세계 주요 에너지 공급현황을 살펴보면 세계 총 주요 에너지 공급(Total Primary Energy Supply: TPES)은 1973년 약 61억 톤(6,115Mtoe)에서 2008년 123억 톤(12,267Mtoe)으로 약 두 배 이상 증가하였다. 이 중 선진국경제개발기구(OECD)가 생산한 비율은 같은 기간 내 61%에서 44.2%로 감소하였다. OECD 국가는 1973년 약 37억 톤(3,724Mtoe)에서 2009년 약 52억 톤(5,170Mtoe)을[1] 생산하여 글로벌 총 주요 에너지 공급에 주요한 역할을 수행하

고 있으나 석유수출국연합(OPEC) 등 개발도상국의 에너지생산 증
대로 과거보다는 공급량이 하락하고 있는 추세이다.

특히 OECD 국가 중 유럽 지역 및 북아메리카 지역 회원국의 공
급량 하락이 지속적으로 진행되고 있으며 아시아 및 태평양 지역의
회원국은 공급량 증가가 지속적으로 이루어지고 있는 실정이다. 이
를 기준으로 세계 총 주요 에너지 공급 장기전망은 OECD 국가의 에
너지 생산량은 감소되고 있으며 상대적으로 개발도상국 지역에서의
생산량은 증가할 것으로 예측되고 있다(〈그림 2〉, 〈그림 3〉 참조).

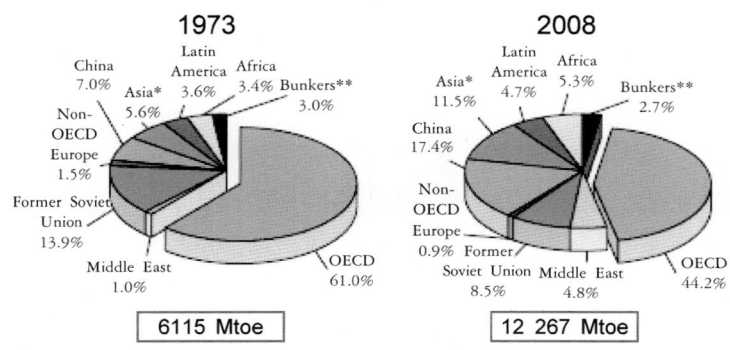

출처: IEA, Key World Energy Statistics, 2010.
비고: * 중국통계 제외.

〈그림 2〉 세계 총 주요 에너지 공급 현황(1973~2008)

---

1) Mtoe는 Million Ton of Oil Equivalent의 약자로 석유로 환산하여 백만 톤에 달함을
의미한다.

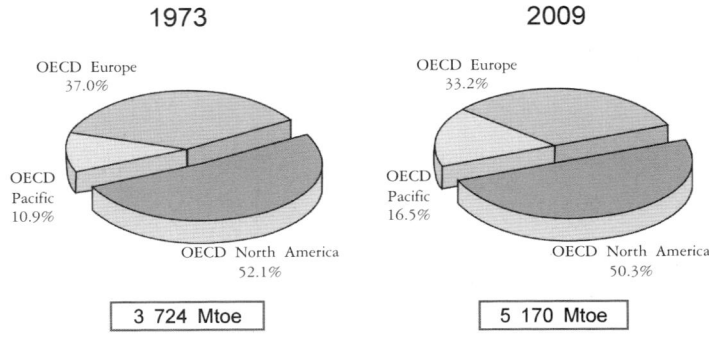

출처: IEA, Key World Energy Statistics, 2010.

〈그림 3〉 OECD 총 기초에너지 공급량 추이(1973~2009)

세계 주요 에너지 수요 전망을 살펴보면 다음과 같다. 우선 세계 총 주요 에너지 수요를 종합해서 분석하면 OECD 국가 내에서의 석탄 및 석유소비량은 2020년 이후에는 감소세로 전환되는 반면에 신흥 개발도상국은 석탄 및 석유의 소비가 증가되리라 예상된다. 그러나 천연가스, 원자력, 신재생에너지 등은 세계적으로 수요와 공급이 모두 증가하리라 예상된다. 향후 2020년까지 전반적인 글로벌 에너지 수요전망은 OECD 국가 내에서는 점진적인 에너지 소비 증가가 이루어지는 반면에 신흥 개발도상국에서는 급격한 에너지 소비 증가가 이루어질 것으로 예상할 수 있다.

이러한 세계 에너지시장 수요 및 공급예측을 기초로 에너지시장에서 발생할 수 있는 새로운 도전을 예상할 수 있다. 글로벌 에너지시장이 직면하고 있는 가장 커다란 도전 중의 하나는 에너지 수요의 폭발적인 증가에도 불구하고 화석연료의 대표주자인 원유의 생산은 세계에서 매우 소수의 국가에서 생산되고 있으며 이 중 특정 지역의 대다수 원유생산국은 원유소비국에 비협조적인 것이다.

이러한 상황에서 석유 및 천연가스산업에서 천연가스에 에너지 전문가들의 관심이 집중되고 있는 것이 현실이며, 특히 선진국에서는 지구온난화 및 기후변화 등에 대비하기 위한 환경적인 문제로 인하여 천연가스 소비를 국가정책으로 장려하고 있는 입장이다. 따라서 이러한 이유로 인하여 21세기에 천연가스는 신재생에너지와 더불어 가장 선호되는 에너지원으로서 급성장하고 있으며 향후 2030년까지 글로벌 에너지시장에서 천연가스 소비량이 급증하게 될 것으로 예측되고 있다(EIA, 2009; IEA, 2010b, 2011, 2012).

천연가스는 2020년에는 화석연료 중 석유 다음으로 가장 많이 사용되는 제2의 주요 에너지자원으로 자리매김할 예정이며 현재 글로벌 소비량이 급속하게 증가하고 있음에도 불구하고 글로벌 비축량이 더욱 빠른 속도로 증가하고 있기 때문에 현재의 생산속도를 유지한다면 약 70여 년간의 글로벌 천연가스 수요는 충분히 대응할 수 있는 상황이어서 석유보다는 글로벌 공급능력이 매우 높은 것이 장점이다.[2]

글로벌 천연가스시장 및 산업은 글로벌 에너지 수요의 증가와 더불어 글로벌시장에서 거래되는 천연가스의 양도 대폭 증가되는 추세에 있다. 그러나 천연가스는 타 화석연료인 에너지자원과 비교할 때 상대적으로 높은 가격과 장거리를 파이프라인(PNG) 혹은 액화천연가스(LNG)로 수송하여야만 한다. 따라서 기술적인 측면에서 커다란 도전으로 간주되고 있는 것이 현실이다.

글로벌 천연가스산업은 다수의 지역시장(Regional Market) 및

---

[2] 천연가스와 비교할 때 석유의 글로벌 비축량은 현재의 생산량을 기준으로 할 때 약 40여 년에 불과한 상황이다.

현지시장(Local Market)이 진화적으로 발전하면서 형성되어 왔으며 이러한 상황에서도 천연가스 수출은 전년 대비 2009년 약 7.5% 정도 증가하였으며 이는 전체 글로벌 에너지 소비의 약 30%를 차지하고 있다(US State Department and BP, 2010).

천연가스 수출 중 파이프라인을 통하여 이루어지는 비율은 2009년 약 72.3%이며 그 나머지인 약 27.7%가 액화천연가스로 이루어지고 있으며 글로벌 천연가스 소비 중 액화천연가스로 이루어지는 비율은 2005년 전체의 약 6.6%에서 2030년 약 21.1%로 증가할 예정이다(Cedigaz, 2005; IEA, 2009).

액화천연가스의 지역소비가 급속하게 증가하면서 지역생산량을 초과하기 시작하였으며 이러한 액화천연가스 소비량 증가는 액화천연가스산업의 팽창으로 작용하게 되었다. 따라서 액화천연가스 소비증가를 최소한으로 추정하더라도 글로벌 액화천연가스 거래량의 증가는 2000년에서 2020년까지 최소한 두 배로 증가할 것으로 예측되고 있다(EIA, 2009).

액화천연가스산업은 대용량의 장치산업을 기초로 하는 전체적으로 완벽하게 준비된 프로젝트 형태로 이루어지는 특성을 갖고 있으며 천문학적 규모의 자본투자를 요구하는 산업 부문이다.[3] 이외에도 산업을 진행하는 형태가 대규모 및 대단위의 콤플렉스 형태로 진행되고 장기계약을 기초로 형성되며 특성상 해당 국가의 정부 및 국제해상기구(International Marine Organization)와도 모든 과정에서 긴밀한 협력관계를 유지해야 하는 특성이 있다.

---

[3] 액화천연가스 터미널 건설에 2010년 약 10억 달러(약 1조 1,000억 원) 투자비용이 필요하다.

특히 액화천연가스산업은 그 특성상 모든 프로젝트 시행이 장기간 소요되며 대규모 자본 및 특수기술 등이 요구되고 있기 때문에 투자의 결과가 이익으로 표출되는 데는 건설기간보다도 훨씬 긴 시간이 요구되고 있다. 따라서 LNG 프로젝트가 경제적으로 성공적인 예를 창출한 것은 산업의 초기단계에서는 매우 드문 경우이었기 때문에 글로벌메이저인 소수의 다국적 에너지기업만이 참여할 수 있는 특성을 갖게 되었다.

이후 글로벌 천연가스 수요량이 증가하면서 액화천연가스산업이 활성화되고 LNG 프로젝트도 다양한 형태로 발전하면서 성공하면 막대한 경제적 투자이익뿐만이 아니라 수십 년간 장기적이며 안정적인 높은 수익률을 창출할 수 있는 수익사업으로 전환되었다. 따라서 현재까지도 액화천연가스 프로젝트를 수행하는 데 많은 장애점이 현실적으로 존재하고 있으나 액화천연가스산업은 다양한 경험과 노하우를 축적하여 글로벌시장 및 경제 환경에서도 안정성과 확실성을 증명하였다. 이외에도 20세기 후반부터 시작된 글로벌 천연가스 소비량 및 가격의 급속한 증가, 그리고 기술진보와 함께 신규 액화천연가스 프로젝트의 수도 증가하는 추세를 보이고 있으며 이는 글로벌 천연가스 소비량 증가에 대처할 수 있는 매우 중요한 방법으로 인식되고 있는 것이 현실이다(Tusiani & Shearer, 2007).

2. 액화천연가스(LNG) 산업개발

천연가스산업개발의 역사적 배경은 석유산업과 비교할 때 상대적으로 매우 짧은 편이다. 원유생산은 이미 19세기 중엽인 1860년대에 원유탱크 수송선에 의하여 운송이 시작되었으나 천연가스는 이보다 한 세기 후인 1960년대에 생산 및 수송이 이루어졌다. 이처럼 천연가스의 생산 및 수송이 원유에 비하여 1세기가량 늦어진 가장 커다란 이유는 원유생산 및 수송의 편리성이 천연가스보다는 매우 우월하며 천연가스의 생산 및 수송은 고난이도의 기술발전을 필요로 하는 특성 때문인 것으로 인식되고 있다(Tusiani, 1996).

천연가스의 본격적인 생산 및 수송은 1960년대에 시작되었으나 천연가스를 채굴하고 이를 압축하여 사용하는 이론적인 방법론은 이미 17세기에 물리학자인 로버트 보일(Robert Boyle)과 에드메 마리오트(Edme Mariotte)가 개발하였다. 그러나 압축된 천연가스는 수송 시 가스의 유출로 인한 폭발 위험과 이를 저장할 수 있는 탱크를 생산할 수 있는 적정 소재의 부재로 인하여 원거리에 위치한 소비시장에서 에너지자원으로 활용될 수 있는 데는 한계를 보였다. 그러나 천연가스의 온도를 영하 163도까지 하강시키면 액체화시킬 수 있으며 동시에 그 부피를 600분의 1로 줄일 수 있는 기술이 개발되면서 원거리에 위치한 천연가스 소비시장에 수송할 수 있는 기술이 발전하게 되었다. 이처럼 천연가스 액화기술이 개발되어 청정 에너지자원으로 활용될 수 있는 계기가 형성되었다.

이후 1950년대 및 1960년대에 천연가스의 액화과정이 미국의 루이지애나(Louisiana)에서 최초로 실시되었으며 1959년 루이지애나의 찰스 호수(Lake Charles)로부터 액화천연가스가 멕시코 만에 위치한 영국령 캔비 섬(Canvey Island)에 최초로 수송되었다. 이것이 액화천연가스를 배로 안전하게 수송시킨 최초의 사례이다.

이후 액화천연가스산업화가 시작되었으며 빠른 속도로 발전하게 되었다. 미국 루이지애나의 액화천연가스 수송과 같은 성공적인 사례를 바탕으로 북아프리카에 위치한 알제리(Algeria)에서 대규모 천연가스가 발견된 후 영국과 프랑스는 1961년과 1962년에 알제리 정부와 최초로 상업용 액화천연가스를 생산하기 위한 계획을 추진하였다. 이를 위하여 알제리 아르죄(Arzew)에 액화천연가스 제조공장 건설계약을 체결하였으며 영국과 프랑스에는 액화천연가스 터미널을 건설하여 1964년 최초로 가동을 시작하였다.

또한 1960년대 및 1970년대에는 액화천연가스 제조공장이 미국 알래스카(Alaska), 리비아(Libya), 브루나이(Brunei), 아부다비(Abu Dhabi), 인도네시아(Indonesia) 등에 건설되었으며 액화천연가스 수입을 위한 액화천연가스 터미널이 일본, 프랑스, 미국, 이탈리아 등에 선도적으로 건설되었다. 이후 액화천연가스 후발주자로서 벨기에, 스페인, 타이완, 한국 등에 1970년대 및 1980년대 초에 액화천연가스 터미널이 건설되었다.

그러나 1980년대에는 북미 및 서유럽시장에 천연가스의 과잉공급이 초래되어 액화천연가스 수출 프로젝트는 오스트레일리아(Australia) 그리고 말레이시아(Malaysia) 등 두 개 국가에 한정되어 추진되었으며 당시 인도네시아에서는 지속적인 액화천연가스 생산이 증가하고 있었던 실정이었다. 1980년대의 글로벌 천연가스시장의 현황은 아시아 액화천연가스시장이 폭발적으로 증가하고 있는 상황이었으며 동북아시아의 경우는 북미 및 서유럽의 경우와는 달리 국내시장에서의 천연가스자원을 보유하거나 파이프라인을 통하여 천연가스를 수송하는 경우가 아닌 액화천연가스 형태의 천연가스를 수입하는 특수한 상황이었다.

1990년대 초반 이후에는 천연가스 소비가 공급을 초과하는 글로벌 시장 상황이 전개되어 액화천연가스 프로젝트가 활발하게 재개되었으며 이러한 시장상황에 능동적으로 대응하기 위하여 카타르(Qatar), 나이지리아(Nigeria), 오만(Oman), 트리니다드(Trinidad) 등에서 1996년부터 2000년까지 액화천연가스 생산이 시도되었다. 이후 2007년 세계경제의 호황으로 인하여 천연가스 소비가 지속적으로 증가하여 러시아 서부 시베리아, 아프리카 등에서 천연가스 개발 프로젝트가 광범위하게 진행되었으나 2008년 글로벌 경제위기로 인하여 프로젝트 추진이 경제적 어려움을 겪고 있다(Tusiani & Shearer, 2007; Ratner, 2010).

3. 액화천연가스(LNG) 프로젝트 주요 내용

액화천연가스 프로젝트 추진배경과 방법은 매우 다양하며 복잡하다. 타 화석연료 에너지자원 수송체제와는 달리 액화천연가스 수송은 프로젝트 형태를 기초로 매우 체계적으로 정비되어 있다. 이 수송체제는 기초인프라, 천연가스 생산, 천연가스 포집, 액화설비장치 등 상류 부문(Upstream)의 개발뿐만이 아니라 수송, 액화천연가스 수입터미널 건설 등 하류 부문(Downstream)의 개발도 동시에 이루어져야 한다. 따라서 액화천연가스 프로젝트는 액화천연가스가 단계별로 수송되는 데 대규모의 자본투자가 필수적이며 천연가스 생산자와 소비자 간의 전통적인 분리 또한 매우 뚜렷하다.

액화천연가스가 산업화 및 상업화에 성공한 1964년부터 2010년까지 액화천연가스산업은 양적인 측면 및 질적인 측면에서 괄목할 만한 성장을 이루었으나 글로벌시장에서 액화천연가스 프로젝트는 약 12개 국가에서 20여 개가 운영 중에 있다. 특히 이 기간에 폐쇄적인 특정 소수의 산업계에 점유되고 있으며 이들은 상호 강력한 계약관계를 중심으로 산업을 이끌어가고 있다.

액화천연가스 프로젝트는 성공적인 실례가 다수 존재하고 있음에도 불구하고 신규 프로젝트가 실시될 때마다 실패 가능성이 부각되고 있는 것이 현실이다. 그 이유로서는 신규 프로젝트는 그 규모와 관계없이 매우 높은 사업수행의 위험요소와 도전에 노출되고 있기 때문이다. 이외에도 액화천연가스 프로젝트의 성공적인 실행을 위협하는 장애요소로서는 상업적·기술적 그리고 법률적 도전 등이 현실적으로 존재하고 있다. 이러한 도전을 현명하게 극복하기 위한 방법으로서 에너지 관련 전문변호사, 전문엔지니어, 계약당사자, 수송선 선주, 은행가, 정부대표 고위관리, 에너지 전문 컨설턴트 등 수십 명의 전문 인력이 상호 협력하여 프로젝트를 수행하고 있다.

4. 천연가스 플랜트사업 및 시장

천연가스를 개발, 생산, 수송하기 위해서는 다양한 사업 부문이 존재하고 있다. 이 중 천연가스개발을 제1차적으로 주도하고 있는 사업이 플랜트사업이다. 그 정확한 개념은 다음과 같다. 천연가스 플랜트사업은 천연가스의 매장위치 및 매장량을 발견한 후 이를 생산하기 위한 제반설비 및 시설을 건설하고 이를 운영하는 사업 부문이다. 광의의 개념으로 플랜트사업은 천연가스를 액화시켜 운송하는 플랜트와 디젤유 형태로 운송하는 석유 플랜트가 존재한다.

천연가스 플랜트사업 분야는 액화천연가스(Liquified Natural Gas: LNG)와 가스액체 연료화 시설(Gas to Liquid: GTL)로 구성되어 있다. 따라서 이들 사업 분야를 액화천연가스 플랜트사업 그리고 가스액체 연료화 시설 플랜트사업으로 구분하고 있다. 전자는 생산된 천연가스의 장거리 대량 수송을 위하여 기체를 액체로 전환시키는 설비를 건설하는 사업이며 후자는 천연가스를 액화하여 정제하는 시설을 건설하는 사업이다.

이러한 플랜트사업의 시장 규모 및 전망은 상상을 초월하는 대규모이며 시장의 미래전망도 지속적인 천연가스 소비증가 가능성으로 인하여 긍정적이다. 전 세계 플랜트사업 시장 규모는 2007년 기준 공개시장 및 비공개시장을 포함하여 약 1조 6,000억 달러에 이르는 대규모 시장이다. 이 중 천연가스 플랜트사업은 전체의 15%를 차지하여 시장 규모는 약 2,250억 달러에 이르고 있다(산업연구원, 2008).

플랜트사업 중 공개시장 규모는 2010년 약 8,240억 달러에 달하였으며 2015년에는 약 1조 1,100억 달러에 이를 것으로 예측되고 있다. 즉 2010년 이후 2015년까지 연평균 약 7% 이상의 높은 성장이 예상되고 있다. 따라서 천연가스 플랜트사업 부문도 2015년까지 최소한 매년 7% 이상 성장할 것으로 예상할 수 있다(산업연구원, 2008/〈그림 4〉, 〈그림 5〉 참조).

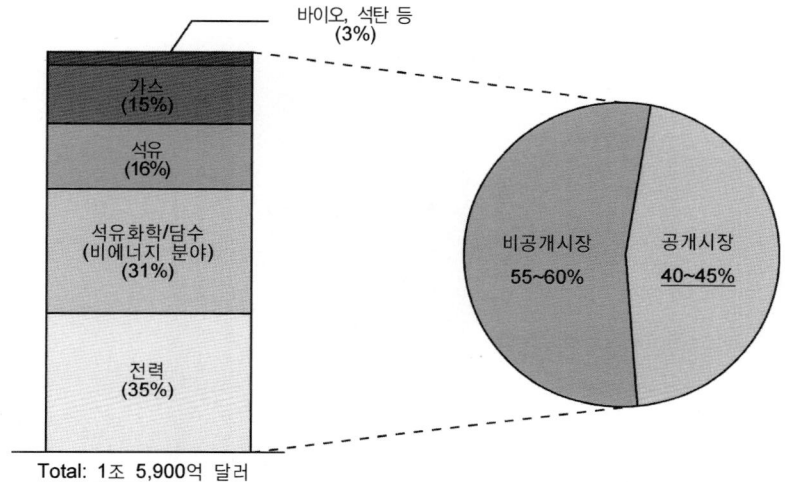

바이오, 석탄 등
(3%)

가스
(15%)

석유
(16%)

석유화학/담수
(비에너지 분야)
(31%)

전력
(35%)

비공개시장
55~60%

공개시장
40~45%

Total: 1조 5,900억 달러
('07년 기준)

출처: 산업연구원. 2008.

〈그림 4〉 글로벌 플랜트시장 규모(2007)

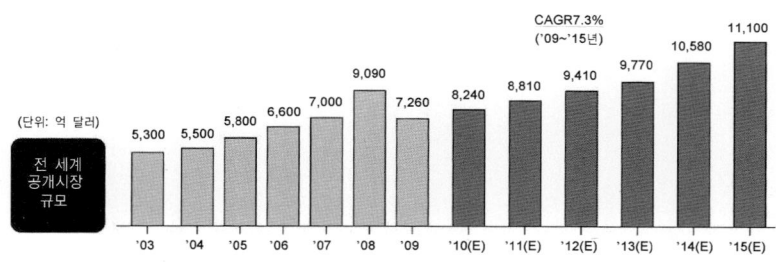

(단위: 억 달러)

전 세계
공개시장
규모

CAGR7.3%
('09~'15년)

5,300 5,500 5,800 6,600 7,000 9,090 7,260 8,240 8,810 9,410 9,770 10,580 11,100

'03 '04 '05 '06 '07 '08 '09 '10(E) '11(E) '12(E) '13(E) '14(E) '15(E)

출처: 산업연구원. 2008.

〈그림 5〉 글로벌 플랜트 공개시장 규모 및 전망(2003~2015)

PART 02

글로벌 천연가스 및
액화천연가스(LNG)
개발 동향

글로벌 천연가스 및 액화천연가스(LNG) 개발 동향

1. 글로벌 천연가스 및 액화천연가스 개발사업의 특징

1.1. 수급현황 및 전망

글로벌 천연가스 수급상황은 세계 경제상황과 밀접하게 연동되어 있다. 2008년 말 기준 글로벌 천연가스 소비량은 3,019Billion Cubic Meters(BCM)이며 유럽 및 아시아가 1,144BCM, 북미가 824BCM으로 전체 소비량의 과반수를 차지하고 있으며 부문별로는 발전, 주거 및 상업용이 50% 이상을 차지하고 있는 특징을 보이고 있다. 글로벌 에너지 기업 중 주요 메이저 기업인 British Petroleum(BP)의 통계에 따르면 과거 10년간(1998~2008) 세계 석유소비량은 연평균 1.4%씩 성장하였으며 천연가스 소비량은 연평균 2.9%씩 성장하였다(BP, 2010).

같은 기간 내 석탄은 중국과 인도의 급격한 경제성장 동력원으로
사용되면서 연평균 3.9% 성장하였고 원자력은 1.2%, 수력은 2.0%
씩 성장하여 천연가스는 다른 에너지원보다도 높은 성장률을 보이
고 있는 특징을 나타내고 있다.

　국제에너지기구(International Energy Agency: IEA)에 따르
면 2006년 기준 1차 에너지원으로서 천연가스가 차지하는 비중은
약 20.5%이며 2015년 21.5%, 2030년 23.5%를 차지할 전망이다.
중국과 인도가 급속한 경제성장을 뒷받침할 전력생산의 주 에너지
원으로 석탄을 사용하고 있어 이의 비중이 높고 향후에도 지속될 전
망이지만, 이를 제외하고는 천연가스가 다양한 분야에서 석유를 대
체하면서 성장하여 왔고 향후에도 전체 에너지원 중에서 그 비중이
증가할 것으로 전망되고 있다[4](IEA, 2009/〈그림 6〉 참조).

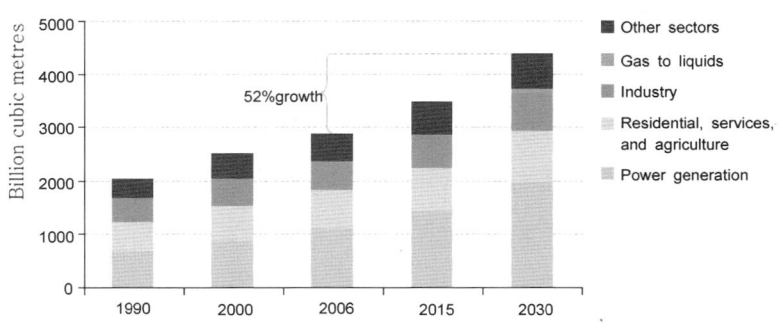

출처: IEA, Natural Gas Market Review, 2008.

〈그림 6〉 부문별 글로벌 천연가스 소비현황 및 전망

---

4) 석유의 글로벌 에너지시장 수급현황은 2006년 전체 에너지시장에서 차지하는 비율이
　34.3%에서 2030년 30%로 감소할 것으로 예측됨.

또한 도쿄의정서 등의 기후변화 협약에 따른 온실가스 감축 정책은 2013년부터 개도국 등 국제적으로 더욱 확산될 전망이어서 탄소 배출을 줄이려는 압력은 증가할 것이다. 따라서 화석연료 중에서 가장 깨끗한 에너지로 평가받고 있는 천연가스에 대한 수요는 더욱 증가할 것으로 예상된다.

　세계 천연가스 확인매장량은 185Trillion Cubic Meters(TCM)로 알려져 있으며 현재 기술적으로나 경제적으로 생산할 수 있는 가상채굴매장량은 404.5TCM이다. 개별 국가가 보유하고 있는 확인매장량을 보면 러시아가 43.3TCM으로 가장 많고 이란이 29.6TCM으로 세계 2위, 카타르가 25.5TCM으로 그 뒤를 잇고 있다. 지역별로는 중동 지역에 가장 많은 천연가스가 매장되어 있는데, 특히 그 매장량 규모에 비해 생산량이 낮아 추가적인 생산 잠재력이 높은 특징을 보유하고 있다(BP, 2009; IEA, 2008/〈그림 7〉 참조).

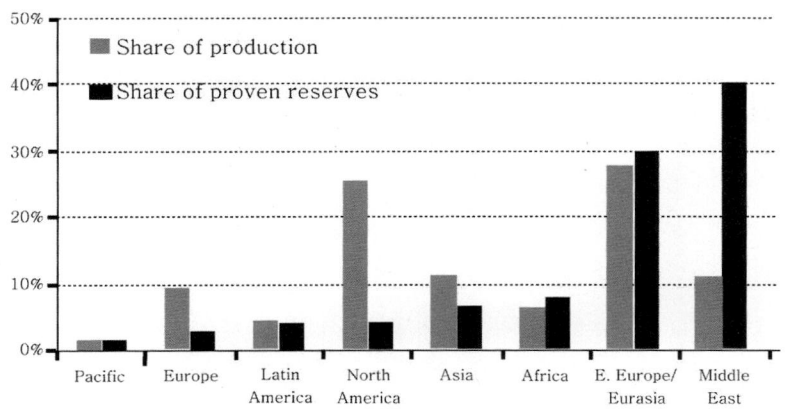

출처: IEA, Natural Gas Market Review, 2008.

〈그림 7〉 글로벌 천연가스 생산량 및 매장량 현황

천연가스 수급전망은 에너지자원 중 예측 가능성이 상대적으로 높은 편이다. 천연가스 중에서도 앞으로는 수송의 유연성이 파이프라인 천연가스(Pipeline Natural Gas: PNC)에 비해 상대적으로 높은 액화천연가스의 거래가 급증할 것으로 예상된다. 특히 현재 중국 등 아시아권 국가들을 포함하여 액화천연가스 도입을 계획하고 있는 국가들이 증가하고 있으며 국제적으로 2015년이 되면 현재 액화천연가스 도입국가는 19개국에서 31개국으로 늘어날 것으로 전망되고 있다. 또한 중동, 아프리카의 액화천연가스 공급능력도 확대될 전망이며 2030년까지 그 규모는 연간 500BCM으로 늘어날 것으로 예상되고 있다(〈그림 8〉 참조).

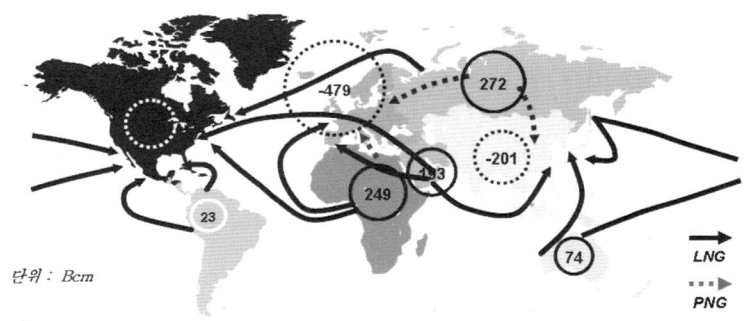

출처: IEA, Natural Gas Market Review, 2008.

〈그림 8〉 글로벌 천연가스 수급전망

글로벌 액화천연가스의 소비량은 2008년 228BCM, 2010년 239BCM, 2015년 329BCM으로 매년 평균 10% 이상의 성장률을 보일 것으로 예상된다. 그러나 2008년 글로벌 경제위기를 겪으면서 액화천연가스 소비증가가 예상처럼 증가하지 않았으나 2011년 일본 후쿠시마 원자력발전소 사고 이후일본의 천연가스 소비증가로 인하여 재상승세를 나타내고 있다(삼성중공업, 2010; 일본경제신문, 2012).

1.2. 천연가스 및 액화천연가스 개발사업 특징

천연가스 및 액화천연가스 개발사업은 다양한 특징을 갖고 있다. 천연가스는 그 질적 특성과 시장적 특성, 계약적 특성 차이로 인하여 경제성 획득과 사업추진에 어려움이 있어 개발 초기부터 석유개발 기업의 입장에서는 석유 탐사개발에 비해 부담이 상대적으로 큰 것으로 간주되고 있다.

우선, 그 질적 특성을 보면 천연가스는 기체이기 때문에 석유와 비교해 동일 양을 수송하기 위해서는 대규모의 저장 공간을 더욱 많이 요구하게 되어 있다. 따라서 파이프라인 천연가스(PNG)가 아니면 영하 163℃ 이하로 액화한 액화천연가스로 공급할 수밖에 없다. 또한 메탄 등 탄화수소 성분뿐 아니라 이산화탄소, 질소, 수분, 유황성분이 함유되어 있어 유해물질 제거 및 시설부식 방지를 위한 처리과정과 고압의 가스를 지탱할 수 있도록 두꺼운 배관망이나 저장시설 등을 요구하게 된다.

이러한 질적 특성으로 인해 천연가스 개발은 석유에 비해 더 많은 개발비용의 부담을 안겨주고 있다. 실제로 동일 양을 육상 파이프라인으로 이송하는 경우, 천연가스는 원유보다 4배 이상 많은 비용이 소요되며 해저이송의 경우는 약 3~4배나 더 비싸다. LNG 수송선을 이용, 천연가스를 액화하여 이송 하는 경우 원유수송선보다 그

비용이 12배 이상 더 소요되는 것으로 조사 보고되었다.

따라서 액화천연가스사업의 경우 단순 유전개발에만 비용이 소요되는 것이 아니며 LNG 프로젝트의 전체 가치사슬을 놓고 봤을 때 가스전 개발에 최대 약 0~20%, 액화과정에 약 25~35%, 선적에 약 15~25%, 인수터미널 건설에 약 5~15%, 가스유통 및 발전에 약 25~35% 등의 비용이 소요되며 가스전 개발은 전체 프로젝트에서 최대 20%에 불과한 것이 현실이다(Colin, 2006).

두 번째로 시장적 특성은 다음과 같다. 시장적 특성으로서는 천연가스는 수송의 문제로 생산된 가스를 구매할 시장이나 파이프라인, 발전소 등 인프라가 근거리에 위치해 있어야 한다. 2010년 기준으로 세계적으로 아직 발견되지 않은 가스매장량은 120TCM으로 추산되며 이 중 약 85TCM은 파이프라인이나 수요처로부터 멀리 떨어져 있어 경제성이 충분한 천연가스 생산이 실질적으로 어려운 한계가스전에 매장되어 있는 것으로 예측된다.

이러한 지리적 한계로 러시아와 알제리 등 일부 국가에서만 파이프라인 천연가스(PNG)사업이 이루어지고 있고 액화천연가스의 발전으로 원거리 수송이 가능해지면서 향후에도 액화천연가스사업이 증대할 전망이다. 이와 관련하여 에너지경제 컨설턴트 기관인 에코너지(Econergy)社의 조사에 의하면 원유 1배럴당 1달러 가격 상승은 파이프라인에 의한 시장 접근의 외연을 380~420km 늘리는 것이 가능하며 LNG 수송선의 경우 외연확대 가능거리는 920~1,200km라고 추정하였다(www.econergy.com).

세 번째로는 계약적 특성이 존재한다. 천연가스가 가지고 있는 질적 특성과 시장적 특성으로 인하여 천연가스는 석유와는 달리 계약에 있어서도 차이를 보이고 있다. 일반적으로 석유계약은 원유발견을 전제로 한 것이 대부분이며 천연가스가 우연치 않게 발견될 경우 계약조건이 무효가 되거나 모호해지는 경우가 많다.

따라서 계약자의 입장에서는 원유가 발견되었을 경우 발견규모, 심도, 생산성, 개발비용 등을 감안하여 상업성을 선언하고 투자를 결정할 수 있으나 천연가스는 판매와 수송이라는 특수한 문제로 인하여 상업성 선언에 따른 후속 절차를 계약에 명시하는 것이 매우 곤란한 것이 현실이다.

이러한 이유로 인하여 천연가스 개발과 관련된 문제점은 마케팅으로 적정 시장이 확보되지 못하고 적정 가격이 산정되지 못하면 경제성에 대한 평가가 이루어질 수 없다. 그 결과 생산지연이라는 최악의 상황에 도달할 수 있기 때문에 이러한 조건에 관하여 협상이 이루어졌을 때만이 개발이 가능한 것이다.

그러나 천연가스 공급가격의 경우에도 천연가스는 국제 기준에 의한 가격설정이 실질적으로 불가능하여 천연가스전의 가치 산정이 매우 어려운 것이 현실이다. 또한 천연가스는 독점적 정부기관에 판매되는 경우가 많아 가격협상이 어려운 경우가 많다. 따라서 천연가스 개발은 적정 수입 분배 방식에 대한 규정이 어렵고 기준이 될 만한 국제계약이 희소하고 계약조건이 지정학, 정치적 변수에 따라 크게 변화하기 때문에 석유에 비해 계약 조건이 까다롭다고 할 수 있다(박상철, 2012).

2. 글로벌 천연가스 및 액화천연가스 개발

2.1. 글로벌 천연가스 및 액화천연가스 개발사업

천연가스 개발사업 중 다수를 차지하는 파이프라인 천연가스 개발사업(PNG) 현황은 다음과 같다. 글로벌 천연가스 및 액화천연가스 개발사업의 특징으로 인하여 천연가스 개발은 대규모 자본비용이 소요되는 사업으로서 자금력과 기술력이 풍부한 기업들을 위주로 진행되어 왔다. 현재 파이프라인 천연가스(PNG)사업은 주로 산유국의 국영석유기업(National Oil Company: NOC) 혹은 글로벌 메이저 석유기업들이 운영하고 있다.

따라서 향후 계획하고 있는 파이프라인 천연가스(PNG)사업의 경우에도 산유국의 국영석유기업과 글로벌 메이저 석유기업들이 주축을 이루고 있는 가운데 유럽 등에서 유통을 담당하는 기업들의 투자가 늘고 있는 것이 현재의 동향이다(〈표 1〉 참조).

〈표 1〉 글로벌 파이프라인 천연가스(PNG) 프로젝트 및 주요 참여기업

국가	기존파이프라인 및 참여기업	계획파이프라인 및 참여기업
러시아	- Brotherhood-Eustream(108BCM): Naftogaz 등 - Balkan trasint(37.5BCM): Naftogaz 등 - Yamal Europe(33BCM): Gazprom 등 - Bluestream(16BCM): Gazprom, Eni 각 50% - Russia-Finland(7BCM): Gazprom	- Nordstream(55BCM): Gazprom, BASF, EON 등 - Southstream(30BCM): Gazprom, Eni
알제리	- Transmed(32BCM): TTPC(Eni), SNAM 등 - Magbreb-Europe(11BCM): Sagane, Sonatrach 등	- Galsi(8BCM): Sonatrach, Edison, 뚜디 등 - Medgaz(8BCM): Sonatrach, Cepsa, Iberdrola 등

노르웨이	- Norpipe(43.8BCM), Zeepipe(14.6BCM), Franpipe(18.6BCM), Vesterled(12.4BCM), Langeled(24BCM): Gassled	- Skanled and Balitic(7BCM): Skagerak Energi, EON, Ruhrgas, PgNig 등
카스피 해	SCP(7.8BCM): BP, Statoil, Socar, Lukoil 등 - Iran-Turkey(108BCM): 이란 정부	- Nabucco(31BCM): RWE, Botas, MOI, OMI 등 - ITGI(11.5BCM): Botas, Depa - TAP(10BCM): EGL, StatoilHydro
리비아	- Greenstream(8BCM): Eni 75%	해당 없음

출처: IEA, Natural Gas Market Review, 2008.

천연가스 개발사업 중 지속적으로 증가하고 있는 액화천연가스 개발사업(LNG) 현황은 다음과 같다. 글로벌 액화천연가스사업의 경우에도 글로벌 메이저 석유기업들과 산유국 국영석유기업들이 장악하고 있다. 2008년 말 글로벌 LNG시장에서 약 58.1%는 산유국의 국영석유기업이 차지하고 있고 글로벌 메이저 석유기업들은 30.1%를 차지하고 있다.

현재 계획하고 있는 액화천연가스사업을 감안할 때 2008년도 대비 2012년에는 산유국의 국영석유기업들의 참여가 글로벌 액화천연가스사업에 변함없이 다수를 차지하고 동시에 글로벌 메이저 석유기업들의 참여는 증가할 것으로 전망하였다(〈표 2〉 참조).

〈표 2〉 글로벌 액화천연가스사업 분포 및 동향(2008~2012)

연도	글로벌메이저 석유기업	산유국 국영석유기업	기타	총계
2008	85(30.1%)	165(58.1%)	33(11.8%)	284BCM/년
2012	129(32.1%)	226(56.1%)	48(11.8%)	403BCM/년

출처: IEA, Natural Gas Market Review, 2008.

글로벌 액화천연가스시장에서 글로벌 메이저 석유기업의 액화천
연가스 공급능력 현황과 2012년까지 계획하고 있는 사업을 분석해
보면 산유국의 국영석유기업보다는 글로벌 메이저 석유기업들이 향
후 천연가스 개발과 액화천연가스사업 확대에 보다 많은 역할을 할
것으로 평가되고 있다(IEA, 2008/〈표 3〉 참조).

〈표 3〉 글로벌 메이저 석유기업 및 산유국 국영석유기업의 액화천연가스 공급능력
및 전망(2008~2012, 단위: BCM/년)

구분	기업명	2008	2012
글로벌 메이저 석유기업	Royal Dutch Shell	19.3	27.4
	BP	15.3	17.3
	BG	9.7	9.7
	Exxon Mobil	9.3	20.8
	Total	7.9	14.6
	Eni	6.3	7.3
	Repsol/Gas Natural	4.7	5.9
	Conoco Phillips	4.0	7.2
	Marathon	3.4	3.4
	Woodside	2.7	9.6
	Chevron	2.7	6.3
	Sub total	85.3	129.5
산유국 국영석유기업	Petamina	39.6	39.6
	Qatar Petroleum	27.8	71.7
	Sonatrach	27.8	33.9
	Petronas	25.4	26.5
	NNPC	14.8	14.8
	Statoil Hydro	1.9	1.9
산유국 국영석유기업	Gazprom	N. A.	6.5
	Sub total	137.3	194.9

출처: IEA, Natural Gas Market Review, 2008.

특히 세계 최대 글로벌 메이저 석유기업 중 하나인 로열 더치 쉘 (Royal Dutch Shell)社의 경우 4대 개발 및 생산(Exploitation and Production: E&P) 전략으로 천연가스산업의 전반적인 탐사, 개발, 생산을 동시에 가능하게 하는 일괄 사업화를 추진하고 있다.

2.2. 글로벌 천연가스 및 액화천연가스 개발사업 동향

글로벌 천연가스 및 액화천연가스는 전 세계적으로 개발사업이 진행되고 있다. 특히 천연가스 개발사업은 세계적으로 다양한 형태로 진행되고 있다. 신규 탐사와 개발사업은 주로 알래스카 해상 지역과 동시베리아, 서아프리카 및 브라질 해상 지역, 미국 맥시코만 심해 지역에서 이루어지고 있다.

중동 및 중앙아시아에서는 신규 천연가스 생산이 진행되고 있고 사할린에서 액화천연가스 수출이 개시된 것을 비롯해 바렌츠 해 (Barents Sea) 등 북유럽 지역과 페루 등 남미 지역에서 액화천연가스 수출을 계획하고 있다. 전통적인 천연가스 탐사 및 생산 이외에도 인도네시아를 중심으로 한 가스액화(Gas to Liquids: GTL) 사업과 우리나라와 일본, 미국의 심해를 중심으로 가스 하이드레이트(Gas Hydrate) 등 비전통적인 천연가스 개발의 잠재력을 파악하기 위한 작업이 진행되고 있다(www.igu.org/〈그림 9〉 참조).

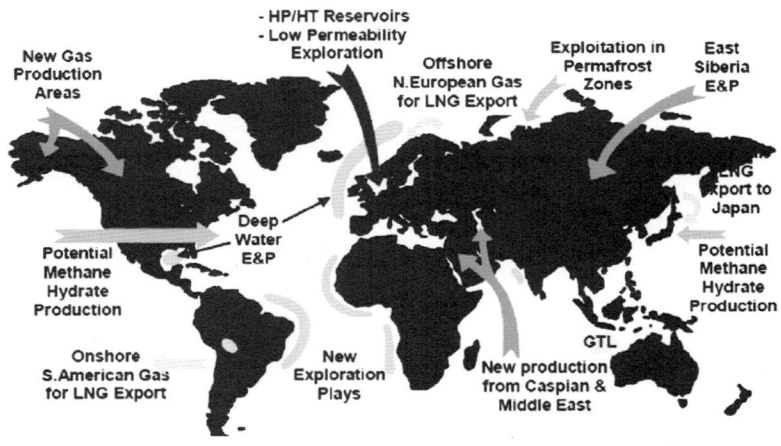

〈그림 9〉 글로벌 천연가스 상류 부문(Upstream) 개발사업

　이외에도 여러 지역에서 다양한 신규 개발사업이 진행 중에 있다. 2010년 현재 알제리, 카타르, 앙골라, 호주, 페루에서 2010년에서 2013년까지 신규 액화천연가스 수출 프로젝트들이 추진되고 있다. 이외에도 2013년에서 2014년 완공을 목표로 러시아 스톡만(Shtokman 10.2BCM), 나이지리아(Nigeria 10.9BCM) 및 나이지리아 내 브라스(Brass 13.6BCM), 오스트레일리아의 고르곤(Gorgon 20.4BCM) 및 아이치튜수(Ichthys 11.4BCM), 동남아 내 동기세노로(Donggi-Senoro 2.7BCM/PNG 8.6BCM) 등이 추진되고 있다(Cronshaw, 2008/〈그림 10〉 참조).

　그러나 이러한 천연가스 개발과 액화천연가스사업 계획도 2008년 말 시작된 글로벌 금융위기로 인한 전반적인 경기하락으로 인하여 모든 사업계획이 계획대로 진행되는 것이 아니라 많은 부분에서

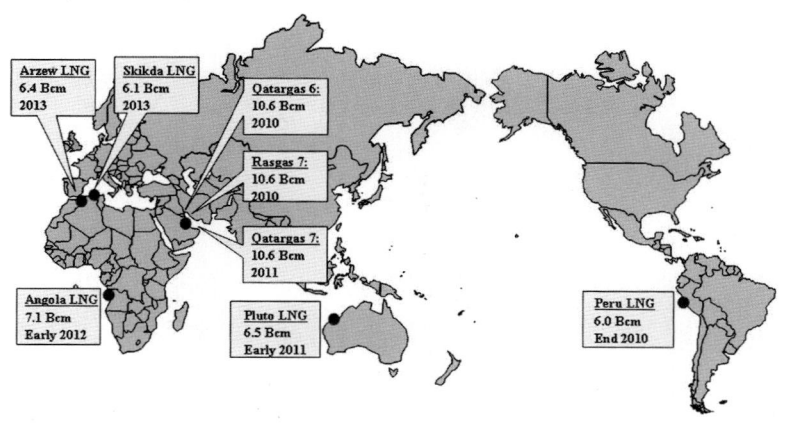

〈그림 10〉 신규 글로벌 액화천연가스 프로젝트(2010~2014)

연기되고 있는 것이 사실이다. 따라서 천연가스 개발과 액화천연가스사업 계획은 대규모 자본투자가 필요하기 때문에 글로벌 경제상황과 밀접한 관계가 있음을 알 수 있다.

천연가스를 수출하는 국가들은 원유수출국과는 달리 천연가스수출국가의 집단이익을 대변하는 국제적 조직을 갖고 있지 않았다. 따라서 이들의 이해관계를 대변하는 집단체제를 위한 새로운 시도를 추진하고 있다.

천연가스수출국은 가스수출국포럼(Gas Exporting Countries Forum: GECF)이라는 집단체제를 추진하기 위하여 가스수출국 카르텔이라고 할 수 있는 석유수출기구(OPEC)와 유사한 소위 천연가스수출기구 창설을 논의해왔으며 2008년 12월에는 상설기구로 출범하기로 합의하였다. 이 기구에는 천연가스수출국의 16개 회원국 중에서 12개 회원국이 참석하였으며 천연가스 공급량 조정, 천연가스 관련 분야 협력 강화 등에 대해 합의하였다. 아직은 국가별 천연가스 생산량 할당이나 천연가스 가격 통제 등 구속력을 지니고 있지 못해 천연가스의 OPEC이라 지칭할 수 있는 단계는 아니라고 판단할 수 있다.

그러나 가스수출국포럼은 값싼 천연가스 가격의 종식을 추구하고 있어 지속적인 천연가스 가격인상을 위해 노력할 것으로 전망되고 있다. 만약 가스수출국포럼의 적극적인 협력에 의하여 천연가스 가격에 대한 통제가 이루어진다면 이를 견제할 세력이 없다는 것이 매우 우려가 되는 사항이라 할 수 있다. 천연가스 개발의 입장에서는 천연가스 가격이 인상된다면 천연가스의 개발이 더욱 탄력을 받을 것으로 전망되며 향후 신규 천연가스 및 액화천연가스 프로젝트의 활성화도 기대가 될 수 있다.

3. 글로벌 천연가스 및 액화천연가스 개발의 주요 지역별 특징

3.1. 러시아

3.1.1. 배경

러시아는 세계 최대 천연가스수출국으로 대부분 서시베리아 지역에서 가스를 생산하고 있으며 천연가스 생산의 80% 이상은 유럽으로 수출하고 있다. 그러나 현재 생산량이 감소하고 있는 기존의 서시베리아 지역 유전 및 천연가스전을 대체할 신규 공급 지역을 개발하고 유럽에 편중된 수출시장을 아시아 태평양 지역으로 다각화하기 위하여 미개발 지역인 동시베리아와 극동 지역 천연가스 개발을 추진하고 있다.

그러나 문제점으로 지적될 수 있는 점은 동시베리아 지역에서 현재 발견된 천연가스는 대부분 내륙 깊숙이 위치하고 있어 탐사개발에 필요한 도로, 전력시설 등 기초인프라는 물론 생산된 천연가스의 수송에 필수적인 파이프라인을 필요로 하고 있어서 천문학적인 자본투자를 원만하게 해결하여야 하는 과제를 안고 있다.

따라서 러시아 정부는 동시베리아 및 극동 지역 천연가스전 개발과 생산된 천연가스를 통합적으로 동 지역과 아시아 및 태평양으로 공급하는 동방 프로그램(East Program)을 추진하고 있다. 이 프로그램에 의하면 러시아는 주요 천연가스전을 중심으로 가스공급센터를 크라스노야르스크(Krasnoyarsk), 이르쿠츠크(Irkutsk), 사카야쿠치아(Sakha-Yakutia), 사할린(Sakhalin)에 두고 사카야쿠치아와 사할린에서 생산된 천연가스를 아시아 및 태평양 지역으로 수출할 계획을 갖고 있는 것으로 판단된다(〈그림 11〉 참조).

3.1.2. 전략적 특징

러시아에 있어 동시베리아 지역은 미래의 천연가스 공급원으로서도 중요하지만 아시아 및 태평양 지역의 천연가스시장 선점과 이 지역 경제권에 편입할 수 있다는 측면에서 전략적으로 매우 중요하다. 현재 이 지역에서 발생하고 있는 에너지 관련 상황을 종합해보면 다음과 같은 분석이 가능하다. 최근 중국이 중앙아시아에서 천연가스 도입을 적극적으로 추진함에 따라 중앙아시아와의 천연가스 공급 경쟁에서 뒤처질 수 있고 미래의 안정적인 시장 확보는 물론 천연가

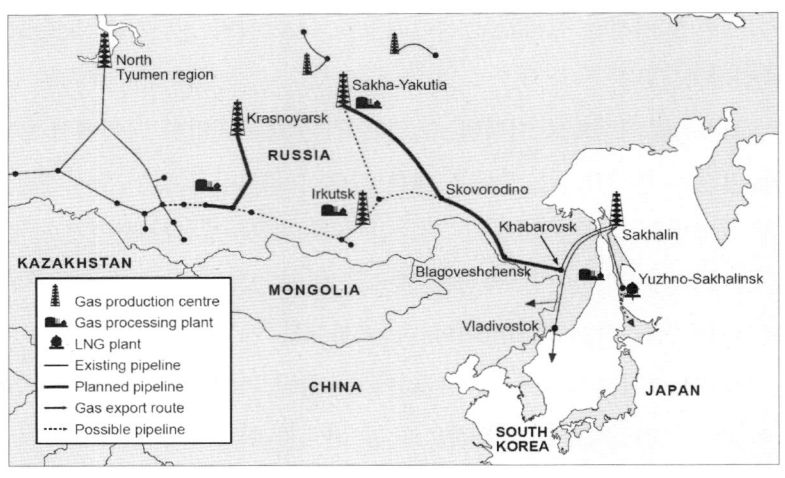

출처: East Program, 2010.

〈그림 11〉 러시아 동방 프로그램(East Program)의 주요 설비내역

스 가격협상에서도 불리하게 작용할 수 있는 가능성이 상대적으로
높아질 수 있다는 판단하에 동방 프로그램(East Program) 등을
신속히 추진할 필요성이 있다는 주장이 제기되고 있다.

동시에 이와 더불어 러시아는 사상 최초로 2008년 12월 사할린
에서 액화천연가스의 수출을 시작하였으며 쉬토크만(Shtokman)
액화천연가스 프로젝트도 추진하고 있어서 향후 글로벌 천연가스시
장에서 러시아의 영향력은 더욱 증대할 것으로 전망되고 있다.

3.1.3. 정부정책

러시아는 천연가스 공급 능력이 세계 최대로 높고 현재까지도 미
탐사 지역이 매우 많아서 향후에도 그 잠재력은 무궁무진하다고 할
수 있다. 또한 동시베리아 및 극동 지역은 글로벌 천연가스시장에서

매우 큰 소비국가인 동북아시아 국가들에 석유 및 천연가스 대체 공급 지역으로서 매우 중요한 지역이다. 그러나 다른 한편으로는 러시아의 석유 및 천연가스 개발여건은 매우 열악한 상황이라 할 수 있으며 루크오일(Lukoil)과 티엔케이 비피(TNK-BP) 등 러시아 기업들과 러시아에 진출한 외국의 글로벌 메이저기업들은 러시아보다는 중앙아시아 등으로 진출을 확대하고 있는 것이 현재의 상황이다.

특히 동시베리아 지역은 영구 동토 지역이고 현재까지 미탐사 지역이 많아 탐사 및 개발비가 타 지역보다도 매우 많이 소요된다. 또한 생산한 천연가스를 원거리 수송을 해야 하기 때문에 운영비 또한 타 지역보다도 많이 소요됨에 따라 대규모의 천연가스전을 발견하고 개발하여야 경제성을 확보할 수 있을 것으로 평가되고 있는 것이 현실이다.

이처럼 상대적으로 불리한 상황을 인식한 러시아 정부는 지하자원법 개정을 통해 매장량이 석유 5억 배럴 이상, 천연가스 50BCM 이상인 광구에 대해서는 전략광구라고 해서 러시아연방에 귀속시키고 외국인들은 50% 이상 참여하지 못하도록 제한하고 있다. 현재 러시아는 생산물분배계약(Production Sharing Agreement: PSA)을 허용하지 않고 있으며 일반세금 및 로열티(Tax & Royalty)를 석유 및 천연가스 개발사업에 적용하고 있다.

러시아의 석유 및 천연가스개발에 관한 세금제도는 크게 연방정부, 주정부 및 자치단체에 납부하는 세금으로 구분되며 가장 큰 부분을 차지하는 것은 수출세, 광물 생산세, 초과 이윤세 등이 있으며 러시아 광업에너지부와 석유기업들은 동 지역 석유 및 천연가스 개발을 활성화하기 위해서는 세율 인하가 반드시 필요하다고 주장하고 있다.

러시아의 국가정책 결정과정은 투명성이 결여되어 있으며 신속성
도 선진국과 비교할 때 매우 떨어지는 것으로 평가되고 있다. 실례
로 코빅틴스코에 가스전과 사할린 II 프로젝트의 지분을 가스프롬이
취득하는 과정은 정책수행이 매우 불투명한 것으로 인식되고 있다.
또한 러시아의 가스수출은 가스프롬의 자회사인 가스프롬엑스포트
(Gazprom Export)社만을 통해서 가능하도록 되어 있다. 이러한
정책은 일종의 수출규제정책으로 러시아와 에너지 부문에서 협력관
계를 구축하는 것이 매우 어렵다는 것을 암시하고 있다(Kwon,
2006; BMI, 2010; 방선혁, 2011).

3.1.4. 개발방식

사할린 지역은 석유 및 천연가스 생산의 중요 지역이며 이미 사할
린 I과 II에서 천연가스 생산이 이루어지고 있다. 현재 사할린 III의
키린스키(Kirinsky) 광구에 참여하는 글로벌 메이저 석유기업을
선정하는 문제가 커다란 관심의 대상이 되고 있으며 쉬토크만
(Shtokman) 방식에 의한 개발이 가장 유력시되고 있다.

쉬토크만(Shtokman) 방식은 가스전 개발을 위한 특수목적회사
(Special Purpose Company: SPC)를 설립하고 그 소유구조는
러시아 국영기업인 가스프롬(Gazprom)이 지분 51%를 차지하고
발견된 석유 및 천연가스 매장량의 소유권도 가스프롬(Gazprom)
이 전적으로 소유하며 외국 글로벌 메이저 석유기업들은 자본과 기
술을 투자하는 일종의 서비스 계약의 형태이다.

현재 진행되고 있는 쉬토크만(Shtokman) 방식에 참여하고 있는

외국의 글로벌 메이저 석유기업은 노르웨이의 스타토일하이드로(StatoilHydro)와 프랑스의 토탈(Total)이 참여하고 있으며 이들 글로벌 메이저 석유기업들은 심해탐사와 액화천연가스시설 운영 등의 경험이 풍부하고 자체적인 글로벌 판매망을 보유하고 있어 사할린 Ⅲ의 경우에도 이러한 모델이 적용되고 파트너사가 선정될 가능성이 매우 큰 것으로 판단된다(Cronshaw, 2008).

3.2. 중앙아시아

3.2.1. 배경

중앙아시아의 천연가스자원은 투르크메니스탄(Turkmenistan)이 2008년 신규 대규모 천연가스전을 발견하고 천연가스자원에 대한 평가가 새롭게 이루어지면서 주목을 받기 시작하였다. 특히 투르크메니스탄은 매장량 7.94TCM을 소유한 최대 천연가스자원 보유국이며 주변의 중앙아시아 국가인 카자흐스탄(Kazakhstan) 1.82TCM, 우즈베키스탄(Uzbekistan) 1.58TCM, 아제르바이잔(Azarbaycan) 1.2TCM 순으로 천연가스자원을 보유하고 있다.

이들 중앙아시아 국가는 구소련 시절 러시아에 천연가스 공급 기지의 역할을 했고 그때 당시 모스크바로 향하게 했던 파이프라인에 아직도 의존하고 있으며 구조적으로 러시아를 통해 유럽으로 가스를 수출하고 있다. 이러한 지리적 및 천연가스 수송의 구조적 이점을 확보하고 있던 러시아는 중앙아시아와 유럽의 중간자 역할을 하면서 2005년까지 중앙아시아 국가들에서 천㎥당 44달러라는 싼값에 가스를 구매해서 유럽에는 2~3배 이상의 가격으로 재판매하였다. 그 결과 중앙아시아 국가들과 천연가스 공급을 통한 불공정한 경제적 이점에 관하여 최근까지 심각한 갈등을 빚어왔다.

이러한 갈등은 2000년대 들어 석유의 경우 카스피 해 파이프라인 컨소시엄(Caspian Pipeline Consortium: CPC), 바쿠-틸리시-세이한(Baku-Tbilisi-Ceyhan: BTC) 파이프라인 등이 러시아를 경유하지 않고 석유를 수출할 수 있는 파이프라인이 완공되면서 러시아에 대한 의존도를 절대적으로 낮추게 되었다.

천연가스의 경우에는 2006년에 바쿠-트빌리시-에르주름(Baku-Tbilisi-Erzurum: BTE) 또는 남캅카스 파이프라인(South Caucasus Pipeline: SCP)이라는 천연가스 파이프라인이 완공되어 아제르바이잔 영토인 카스피 해에서 터키로 러시아를 거치지 않고 직접 천연가스를 수출할 수 있게 되었다.

3.2.2. 수송망 다각화 전략

중앙아시아 천연가스 수출 국가들은 천연가스 공급 노선을 다각화하려는 노력을 현재에도 지속적으로 기울이고 있으며 특히 최대 천연가스 보유국인 투르크메니스탄이 중앙아시아 천연가스 공급에 있어서 주도적인 역할을 수행하는 국가로 부상하고 있다.

2009년 4월 투르크메니스탄과 러시아는 천연가스 공급물량과 가격에 대한 의견 차이로 천연가스관 폭발사고를 경험했으며 천연가스 공급중단에 따른 경제적 손실은 물론 러시아와의 정치적 갈등도 빚고 있는 상황이다. 이러한 사건을 계기로 투르크메니스탄은 천연가스 수출노선 다각화에 더욱 박차를 가하였고 중국과 함께 천연가스관을 건설하여 2013년부터 연간 40BCM의 천연가스를 공급하기로 하였으며 또한 이란으로 천연가스 수출물량을 연간 8BCM에서 14BCM으로 확대하기로 합의를 보았다.

이외에도 독일의 글로벌 메이저 기업인 RWE社와 카스피 해저 파이프라인 건설과 유럽으로 천연가스를 공급하는 방안을 조사하는 계약을 체결하였다. 이러한 투르크메니스탄의 적극적인 노력은 주변국인 우즈베키스탄과 카자흐스탄에도 천연가스 공급노선에 대한 정책에 많은 영향을 미치고 있다(Paik, 2012).

3.2.3. 정부정책

천연가스 수송망의 다각화는 중앙아시아 국가들의 석유 및 천연가스 생산량 증대에도 크게 기여를 하였다. 그 배경에는 석유 및 천연가스 생산량 증대를 위한 외국의 글로벌 메이저 석유기업들의 석유개발을 위한 중앙아시아 국가들의 투자유치 정책이 큰 역할을 하였다.

아제르바이잔과 카자흐스탄은 독립 직후 경제개발을 위한 석유 및 천연가스 개발을 추진하였고 이를 위해 필요한 경험과 자본이 절대적으로 부족하여 적극적으로 글로벌 메이저 석유기업 등을 유치하는 정책들을 펼쳐왔다. 그러나 이와 반대로 아제르바이잔, 카자흐스탄과는 달리 우즈베키스탄과 투르크메니스탄은 최근까지도 석유 및 천연가스 개발에 대한 문호를 개방하지 않고 있다. 우즈베키스탄은 러시아와 말레이시아 등 전략적 협정을 체결한 특정 국가에만 석유개발 문호를 개방하고 있다. 우리나라도 정상자원외교 등을 기반으로 2006년부터 전략적 협정을 체결한 후 석유 및 천연가스 개발에 참여하고 있다. 그러나 투르크메니스탄의 경우 2007년 베르디무하메도프 대통령이 취임하면서 외국의 글로벌 메이저 석유기업의 자본투자와 기술을 도입하기 위하여 개방정책으로 전환을 시도하고 있는 중이다.

3.2.4. 개발방식

독립 직후 외국의 글로벌 메이저 석유기업으로부터 석유개발 투자유치를 적극적으로 추진하였던 중앙아시아 국가들은 석유 및 천연가스 수익이 증대하자 최근 다시 세제를 강화하는 추세로 전환하고 있다. 동시에 외국의 글로벌 메이저 석유기업들의 투자를 제한하는 정책으로 전환하고 있는 것이 새로운 현상이다.

중앙아시아 국가 중 아제르바이잔과 함께 외국의 글로벌 메이저 석유기업의 투자유치에 가장 앞장섰던 카자흐스탄은 2007년 자국의 지하자원법을 개정하면서 2009년 6월 카스피 해상에 위치한 N광구에 최초로 생산물 분배계약(Product Sharing Agreement: PSA)을 적용하지 않았고 자국의 국영석유기업인 케이엠지社(KMG)가 51%의 지분을 보유하는 구조로 석유 및 천연가스개발을 진행하고 있다. 이외에도 러시아가 활용하고 있는 쉬토크만(Shtokman) 방식과 유사하게 탐사와 개발의 모든 비용을 외국의 글로벌 메이저 석유기업이 부담하도록 하고 있다.

우즈베키스탄도 2009년 8월 세법을 개정하면서 외국의 글로벌 메이저 석유기업이 향유하던 기존의 생산물 분배계약(PSA)에 부여된 혜택을 철회하고 국내기업과 동일한 세제를 적용받게 하였다. 이로써 석유 및 천연가스 수출 물량에 대해 수출관세 지표인 25%에 해당하는 소비세를 부과하고 로열티도 4.1%에서 30%로 인상하게 되어서 외국의 글로벌 메이저 석유기업이 그동안 받던 세제혜택이 사실상 사라지는 현상이 나타나게 되었다.

투르크메니스탄의 경우 육상의 석유 및 천연가스전의 개발은 서비스 계약만을 허용하고 있으며 해상과 인근 육상에만 생산물 분배계약(PSC)을 허용하고 있으며 2010년 6개의 생산물 분배계약(PSC)만이 운영되고 있다. 따라서 아직도 석유 및 천연가스개발 문호개방에 대해서는 상대적으로 보수적인 입장을 취하고 있다.

또한 투르크메니스탄은 외국의 글로벌 메이저 석유기업들을 유치하려는 카스피 해상 31개 광구 중 21과 23광구에만 생산물 분배계약(PSC)을 체결하였다. 그러나 글로벌 메이저 석유기업들은 아직 개발의 위험성이 높다고 평가하며 사업 참여를 서두르지 않고 있는 것이 현실이다.

3.3. 남아메리카

3.3.1. 배경

남아메리카의 천연가스 확인매장량은 2008년 말 기준으로 7.31TCM으로 이는 글로벌 천연가스 확인매장량의 4%에 이르는 규모이다. 이는 다른 지역에 비해서 그다지 천연가스자원이 많다고는 할 수 없는 지역으로 평가받고 있다(BP, 2009a).

남아메리카에서는 전반적으로 천연가스 수출터미널과 파이프라인 등 가스시설이 부족하여 생산된 천연가스는 대부분 소각되고 있는 실정이다. 또한 전반적으로 석유 및 천연가스 개발의 역사가 오래되어 대규모 매장량을 발견하기는 어려울 것이라는 일반적인 시각이 매우 강하게 존재하고 있다.

트리니다드 토바고(Trinidad and Tobago)가 대표적인 남아메리카의 천연가스수출국이며 최대 천연가스자원 보유국인 베네수엘

라를 비롯하여 브라질, 에콰도르, 아르헨티나 등과 같은 국가들은
오히려 천연가스를 수입하고 있는 실정이다. 그러나 이러한 천연가
스 생산능력 및 공급여력 측면 역시 현재의 기준이라는 점을 이해하
여야 하며 생산능력의 증대 가능성과 이와 동반되는 생산시설 구축
분야가 보강될 때 남아메리카가 보유하고 있는 잠재력을 인식할 필
요성이 있다(〈표 4〉 참조).

〈표 4〉 남아메리카 천연가스 주요 생산국 수급현황

국가	매장량(TCM)	생산량 (A)(BCM)	소비량 (B)(BCM)	A-B
베네수엘라	4.84	31.5	32.4	-0.9
브라질	0.33	13.9	25.2	-11.3
에콰도르	0.05	0.2	0.6	-0.4
아르헨티나	0.44	44.1	44.5	-0.4
콜롬비아	0.11	9.1	8.2	0.9
페루	0.33	3.4	3.4	0.0
트리니다드토바고	0.48	39.3	21.7	17.6
볼리비아	0.71	13.9	N. A.	N. A.
Total	7.31	158.9	143.0	15.9

출처: British Petroleum, IHS Energy, 2009.

남아메리카 내륙과 심해에 위치하고 있는 매장지에 대한 추가적
인 탐사와 생산된 천연가스의 수송시설이 늘어날 경우 생산능력은
증대될 가능성이 매우 높다. 일례로 페루의 천연가스 생산량은 아직
미미한 수준이나 우리나라의 SK에너지도 참여하고 있는 카미 해
(Camisea) 천연가스전에서는 2010년 액화천연가스 수출을 계획하
고 있다(BP, 2009b).

3.3.2. 정부정책의 특성

남아메리카 석유 및 천연가스 개발 환경의 특징은 석유개발 문호 개방에 대한 정책이 국가마다 매우 상이하다는 점이다. 베네수엘라, 볼리비아, 에콰도르는 자원민족주의 정책을 추진하고 있는 반면에 브라질, 페루, 콜롬비아, 아르헨티나는 투자개방 정책을 펴고 있다.

이러한 국가 간 정부의 정책적 차이는 석유를 수출할 수 있는 능력에 따라서 다르다고 할 수 있는데 일반적으로 투자개방 정책을 펼치고 있는 국가들은 모두 석유 순수입국으로서 외국인 글로벌 메이저 석유기업의 투자유치를 통해 석유 및 천연가스 생산량을 늘리려는 의도가 매우 강한 것으로 파악되고 있다.

글로벌 메이저 석유기업의 투자유치 노력의 결과 석유 및 천연가스 생산량이 지속적으로 증가하고 있다. 이러한 노력의 결과 최근에도 신규 석유 및 천연가스전들이 발견되는 성과를 거두었다. 에콰도르도 최근 자원민족주의 정책으로 전환하였지만 그동안 글로벌 메이저 석유기업의 투자유치를 통해 송유관 건설에 따른 석유생산량 증대를 경험하였다.

그러나 천연가스 분야에서는 자원민족주의 정책의 영향력 정도가 석유와 비교할 때 상대적으로 약하고 오히려 글로벌 메이저 석유기업의 투자유치를 위해 노력하고 있다고 볼 수 있다. 일례로 베네수엘라도 자원민족주의 정책의 대표적인 선두주자이지만 천연가스 개발에 대해서는 글로벌 메이저 석유기업으로부터 외국자본의 투자유치를 위해 노력하고 있다.

2010년 베네수엘라에서 생산되는 천연가스의 90%는 석유를 생산하며 산출되는 과정에서 수반 천연가스라는 특징에서도 알 수 있듯이 해상 천연가스개발의 경우 아직 초기단계로 글로벌 메이저 석유기업들의 참여를 적극 추진하고 있다. 그 이유는 석유 수출에 대한 의존성을 탈피하고자 천연가스 개발을 장려하고 있는 것으로 분석된다. 이를 위하여 베네수엘라 정부는 2012년까지 167.8억 달러를 투자해 해양 천연가스전 개발과 천연가스산업단지를 조성할 계획이다(글로벌에너지 협력센터, 2012).

3.3.3. 개발방식

남아메리카에서는 일반적으로 2001년부터 비수반 천연가스에 대해서는 외국기업의 100% 지분소유를 인정하고 있고 세율도 상대적으로 낮게 적용하고 있다. 특히 페루의 경우 2011년까지 석유자급률을 끌어올려 석유 순수출국이 되려는 목표를 추진하고 있다.

동시에 페루는 천연가스개발을 통해 계절별 발전량의 차이가 많은 수력발전을 대체하려 하고 있다. 또한 2009년 초 스페인 최대 석유기업인 렙솔社(Repsol)는 페루 동남쪽 57광구에서 2TCF 규모의 천연가스전을 발견하여 이 지역의 또 다른 천연가스전 발견 가능성을 높이고 있다. 즉 남아메리카 국가의 천연가스 개발방식은 글로벌 메이저기업의 천연가스 개발 투자를 활성화하여 천연가스를 내수용으로 활용하여 생산되는 석유수출을 증가하는 방식으로 개발하려고 하는 것이 일반적이다.

3.4. 아프리카

3.4.1. 배경

21세기 초부터 자원민족주의가 확산됨에 따라 석유 및 천연가스 개발사업 진출 가능 지역이 축소되고 국제유가가 급등하면서 미탐사 지역이 많은 미개발 지역이라 할 수 있는 아프리카에 대한 관심이 더욱 고조되었다. 아프리카의 경우 대규모 천연가스 매장량을 보이고 있는 국가들은 석유가 많은 국가인 알제리, 리비아, 이집트의 북부 아프리카와 나이지리아, 앙골라 등에 집중되어 있는 특징이 있다.

2000년대 들어 아프리카 국가들 간의 대내외적인 내전 종식이 확산되면서 국가재건 및 경제개발을 위한 노력을 경주하고 있다. 이를 위한 재원을 마련하기 위해 석유 및 천연가스 등 광물자원 개발을 위한 외국인 투자 유치에 나서고 있는 국가들이 증가하고 있다. 기존의 자원이 풍부한 국가들을 제외하고는 대부분 석유 및 천연가스 등 자원개발을 위해 개방적이고 호의적인 조건을 제시하고 있다.

앙골라, 나이지리아 등 서아프리카를 중심으로 시작된 아프리카 석유개발 붐은 동아프리카는 물론 아프리카 내륙 지역으로까지 빠른 속도로 확산되고 있으며 일부 지역에서는 석유 및 천연가스가 발견되는 실적들을 보이고 있다. 특히 앙골라의 경우 지속적인 석유개발 투자유치 정책으로 2008년 초에는 나이지리아를 제치고 아프리카 내 석유생산 1위를 차지하는 괄목할 만한 실적을 보이고 있다.

3.4.2. 정부정책

천연가스 개발 여건 및 각 정부정책을 조사 및 분석해보면 최근

아프리카의 천연가스자원 부국들은 천연가스 소각 금지, 석유소비를 천연가스로 대체하여 석유 수출을 증대시키고 액화천연가스사업 확대 등의 정책들을 시행하고 있다.

구체적으로 나이지리아의 경우 액화천연가스 수출터미널, 파이프라인 등 천연가스 처리시설의 부족으로 생산된 천연가스의 약 40%는 소각되고 있으며 이를 방지하기 위하여 나이지리아 정부는 천연가스 소각을 금지하는 정책을 펴고 있다.

이외에도 글로벌 메이저 석유기업들과 천연가스 소각을 중단하기로 합의는 했지만 나이지리아 정부 및 국영석유기업 엔엔피시(NNPC)의 자금부족으로 천연가스 처리시설 투자가 연기되고 있다. 또한 2007년도 광구 입찰에서 액화천연가스 터미널 등 천연가스사업의 하류 부문 투자약정을 한 기업들에 천연가스 채굴권을 발급하고 있다. 2009년에는 천연가스발전소 건설을 골자로 하는 천연가스종합계획(Gas Master Plan)을 마련하는 등 천연가스 소각을 줄이기 위한 노력을 최대한 기울이고 있다.

이외에도 기니 만 해안선을 따라 베냉(Benin), 토고(Togo), 가나(Ghana)로 이어지는 서아프리카 가스파이프라인(Western Africa Gas Pipeline: WAGP)이 2012년 개통될 예정이며 유럽으로 가스를 수출하기 위해 사하라관통 가스파이프라인(Trans Sahara Gas Pipeline) 건설도 알제리와 지속적으로 논의하고 있다.

알제리는 지리적으로 인접한 유럽으로 천연가스를 수출하고 있으나 처리시설의 부족으로 천연가스 생산량의 58%만이 판매되고 있으며 메드가즈(Medgaz), 지에이엘에스아이(GALSI) 등 신규 파이프라인 건설사업을 계획 또는 추진 중에 있다(IEA, 2011; EIA, 2010).

앙골라도 글로벌 메이저 석유기업들을 중심으로 액화천연가스사업을 본격적으로 추진하고 있다. 그동안 생산된 천연가스의 약 70%는 소각을 해왔으나 국영석유기업인 소난골(Sonangol)은 프랑스의 토탈(Total), 미국의 셰브런(Chevron) 등과 카빈다(Cabinda) 지역에서 액화천연가스 생산 공장사업을 추진하고 있다.

리비아 역시 2006년 미국의 석유수출에 관한 제재조치가 해제되면서 본격적인 석유 및 천연가스 개발을 추진하고 있으며 경제재건과 사회기간망 확충과 더불어 파이프라인 건설 및 석유생산의 정제시설 분야에 대한 투자에 집중하고 있다. 천연가스 개발도 숙원사업으로 여기며 각별한 관심을 보이고 있는데 4차 광구분양에서는 천연가스 위주로 광구를 분양하였으며 자국 내 발전소 연료를 천연가스로 대체하고 튀니지, 러시아 등에 수출 파이프라인 건설을 포함한 천연가스 공급을 추진하고 있다.

이외에도 모리타니(Mauritania), 가나 등에서 상업적인 천연가스가 발견되고 있어서 향후 아프리카의 석유 및 천연가스 잠재력은 투자가 이루어질수록 급격하게 높아질 것으로 예상되고 있다. 현재도 동아프리카 대부분의 국가들에서는 해상광구를 위주로 광구분양과 외국의 글로벌 메이저 석유기업들의 투자를 유치하고 있으며 우간다, 콩고민주공화국 등의 내륙 깊숙한 지역에서도 탐사활동이 진행되고 있으며 일부 그 성과가 나타나고 있다. 그 결과 에니(Eni)社 등 글로벌 메이저 석유기업들도 적극적인 관심을 보이고 있는 것이 현재의 상황이다.

3.4.3. 개발방식

아프리카의 천연가스 개발사업은 외국의 글로벌 메이저 석유기업들의 투자와 더불어 기본인프라는 개선되고 있다. 그러나 다른 지역과 마찬가지로 석유 및 천연가스자원이 풍부한 국가들의 경우 석유 및 천연가스자원에 대한 정부의 통제가 매우 높고 경제적 투자환경이 항상 호의적인 것은 아니다. 자원부국 아프리카 국가들의 대부분은 자국 정부나 국영석유기업이 의무적으로 보유할 수 있는 지분율을 50% 이상으로 높게 요구하고 있으며 외국의 글로벌 메이저 석유기업들이 일반적으로 탐사비용을 부담하고 있다.

나이지리아의 경우 의무투자비율을 55~60%로 규정하고 있다. 또한 니제르 델타 지역의 반군 활동이 현재에도 지속되고 있으며 정권이 교체되면서 광구 라이선스(License)를 취소하는 등 제도적 리스크도 높은 상황이다.

앙골라는 법적으로는 국영석유기업인 소난골(Sonangol)이 상업적 유전을 발견 시에 51% 이상 참여할 수 있도록 규정해두었으나 서명보너스 등에 따라 참여비율이 달라질 수 있다. 그러나 로열티 20%, 탐사개발비의 비용회수 한도 50%, 소득세 50%의 높은 세금을 적용하고 있다. 이외에도 필요시 생산물의 40%를 자국에 공급해야 하는 의무 등 세제 조건이 호의적이지 않은 것이 현실이다.

리비아의 경우 입찰 광구의 면적이 매우 넓고 그만큼 서명보너스의 규모도 높아 소규모 기업에는 부담으로 작용하고 있다. 이외에도 각종 세금과 로열티는 국영석유기업이 납부를 하나 생산물 중 국영석유기업의 지분을 제외한 물량에서 비용회수가 이루어지는 등 수익률이 그다지 높지 못한 것으로 평가되고 있다(Tusiani & Shearer, 2007).

PART 03

글로벌 천연가스 및
액화천연가스(LNG) 시장

글로벌 천연가스 및
액화천연가스(LNG) 시장

1. 글로벌 시장 구성

1.1. 배경

글로벌시장에서 천연가스사업은 천연가스의 석유 및 천연가스전 개발, 수송, 판매 등과 같은 법률적이며 제도적인 환경 내에서 발전되어 왔다. 따라서 천연가스사업은 그 결과 해당 정부기관의 규제하에서 형성된 프랜차이즈(Franchise) 혹은 자연적 독점 등과 같은 형태를 보유하게 되었다.

천연가스 수송망 및 공급과 판매체제 구축은 천연가스 개발권자가 투자한 총투자비용 대비 적정 수익률을 안정적이며 장기적으로 보장받을 수 있는 비용과 서비스 대비 적정 관세구조(Cost-of-Service Tariff Structure)하에서 형성된다. 또한 천연가스 공급체인

(Supply Chain)인 생산, 포집, 수송, 판매 및 유통 등의 단계는 기능적 및 법률적으로 분리되어 있다.

천연가스 생산자 및 공급자는 천연가스 수송 기업에 생산자가 지불한 대규모 자본투자 및 높은 위험수반 등을 감안한 투자행위를 정당화시킬 수 있도록 하기 위하여 높은 비용 지불의무를 감수하도록 하는 것이 일반적이다. 이에 대한 반대급부로 수송 기업은 이와 유사한 조건으로 천연가스 판매 및 유통 기업에 천연가스를 인도하는 것이 일반적이다.

이를 종합하면 천연가스시장의 가이드라인은 감독적인 계약이라고 할 수 있으며 천연가스사업의 독점적 경영자는 총투자자본을 장기적이며 안정적인 수익창출을 통하여 회수할 수 있으며 적정 수준의 이익을 창출할 수 있는 기회를 보장받는다. 이러한 수익창출 기회보장은 매우 신중하게 이루어지는 것이 일반적이다. 동시에 그 반대급부로서 천연가스사업 경영자는 천연가스 소비자에게 안정적으로 천연가스를 공급하여야 하는 공적 서비스 제공의무를 갖게 된다.

1.2. 시장 특성

글로벌 천연가스시장에는 전통적인 부대 비용구조(Cost Plus Structure)가 천연가스의 안정적인 공급을 제공한다고 일반적으로 알려져 왔다. 그러나 이는 특히 천연가스사업이 성숙된 시장에서는 고비용의 결과를 초래하는 경향이 매우 높은 시장 특성을 보유하고 있다.

에너지시장에서 원가상승은 바람직하지 못한 현상이며 특히 에너지 수요가 급격하게 증가하고 있는 신흥공업국에서 에너지가격 상승은 매우 심각하게 받아들이는 현상이 강하다. 동시에 원가상승은 천연가스 및 전력시장에서의 경쟁이 치열하게 전개되며 산업용 부분만이 아니라 상업용 혹은 일반 최종 에너지 소비자들도 에너지 사용량을 감소시키려는 경향이 나타나고 있다.

따라서 각 국가의 에너지 조정기관은 에너지자원 설비시설 소유자와 운영자를 분리시키려는 정책을 채택하고 있으며 이는 천연가스 파이프라인 기본 인프라를 전면 개방하도록 유도하여 천연가스 공급 및 판매에 경쟁체제를 도입하려고 하고 있다. 이는 천연가스시장의 더욱 강력한 경쟁체제를 가속화시킬 뿐만이 아니라 천연가스 상품시장의 투명성을 더욱 강화시킨 천연가스거래중심지(Gas Trading Hubs)를 탄생시킬 가능성이 매우 높다[5](Tusiani & Shearer, 2007).

1.3. 시장 변화

글로벌 천연가스시장 자유화에 대한 가치평가에 관한 평가는 최종 소비자의 규모에 따라서 상이하다. 즉 대규모 소비자는 일반적으로 천연가스시장의 자유화가 추구하는 경쟁구조에서 최대의 수혜자로 인식되고 있다. 그러나 소규모 소비자, 특히 일반주택의 소비자들이 천연가스시장 자유화를 통하여 향유할 수 있는 이익은 매우 불분명한 상황이다.

---

5) 이러한 천연가스 거래중심지는 일반적으로 다수의 천연가스 수송 파이프라인이 교차하는 지점과 대규모 저장시설에 근접해 있는 지역에서 발전하는 경향이 강하다. 대표적인 예로서 미국 루이지애나에 위치하고 있는 헨리중심지(Henry Hub), 벨기에의 쩨브뤼헤 액화천연가스 터미널(the Zeebrugge LNG Terminal), 영국의 경우 국립천연가스거래중심지인 국립균형지역(the National Balancing Point: NBP) 등이 있음.

영국의 경우 천연가스시장의 모든 부문에서 경쟁체제가 도입되고 있으며 미국의 경우에는 일반주택의 천연가스 소비자시장에서는 경쟁체제가 거의 존재하지 않는 것이 현실이다. 그럼에도 불구하고 일반적으로 서유럽 및 북미 지역에서는 천연가스시장과 같은 공익사업시장에서 자유 경쟁체제로 이전하는 것이 일반적인 추세이다.

천연가스시장의 자유 경쟁체제의 도입은 특히 앵글로색슨계인 영국, 캐나다, 미국 등이 가장 앞서 있으며 이들 국가를 제외한 서유럽 국가에서는 자유 경쟁체제의 도입이 국가별로 커다란 차이를 보이고는 있다. 그러나 유럽연합의 경우 유럽연합 회원국 차원에서 장려하는 방향으로 진행되고 있다. 아시아 국가들의 경우 천연가스시장 자유화는 아직은 매우 자제하는 입장을 견지하고 있는 것이 현실이다.

글로벌 천연가스시장의 자유 경쟁체제가 지속적으로 확대 가능성이 증가하는 것과는 관계없이 천연가스산업에서 천연가스의 소비증가는 지속적으로 확대될 것이라는 의견일치는 강하게 존재하고 있다. 이처럼 천연가스의 지속적인 소비증가가 예상되는 근거로는 결과적으로 액화천연가스 가격이 높은 석유가격과 연동되어 있기 때문이다.

현재의 천연가스 소비량 증대가 2030년까지 지속된다면 에너지 자원으로서의 천연가스 역할은 더욱 증대될 전망이며 천연가스 시대를 열게 될 가능성이 매우 높아지게 된다. 그럼에도 불구하고 천연가스의 충분하고 장기적이며 안정적인 공급능력에 의문을 갖고 있는 전문가도 존재한다. 천연가스의 매장량은 매우 방대하나 문제는 전 세계적으로 균등하게 분포되어 있지 않으며 최대 시장과 원거리에 매장되어 있다는 점이다(IEA, 2009/〈표 5〉 참조).

〈표 5〉 제1차 에너지원별 수요추이 및 전망(1980~2030)(단위: 백만 TOE)

에너지원	1980	2000	2006	2015	2030	AAGR(%)
석탄	1,788	2,295	3,063	4,023	4,908	2.0
석유	3,107	3,649	4,029	4,525	5,109	1.0
천연가스	1,235	2,088	2,407	2,903	3,670	1.8
원자력	186	675	728	817	901	0.9
수력	148	225	261	321	414	1.9
바이오	748	1,045	1,186	1,375	1,662	1.4
신재생	12	55	66	158	350	7.2
합계	7,223	10,034	11,730	14,121	17,014	1.6

출처: IEA, International Energy Outlook, 2009.

실례로서 세계 최대의 천연가스시장인 북아메리카에는 전체 매장량은 세계 매장량의 5% 미만이나 소비는 전 세계 소비량의 28%에 이르고 있으며 중동의 경우에는 전 세계 천연가스 매장량의 36%를 보유하고 있으나 소비는 전 세계 소비량의 10%에 불과한 것이 현실적인 실정이다(IEA, 2009/〈표 6〉, 〈표 7〉 참조).

〈표 6〉 천연가스 소비 및 제1차 에너지 점유율

지역	천연가스 소비(BCM)		제1차 에너지 점유율(%)	
	1998	2008	1998	2008
북미	752.8	824.4	26.03	26.84
중남미	89.8	143.0	18.04	22.20
유럽/유라시아	945.4	1,143.9	30.83	34.73
중동	174.8	327.1	42.07	47.99
아프리카	49.5	94.9	16.71	23.99
아시아/태평양	255.8	485.3	9.58	10.97
합계	2,268.2	3,018.7		

출처: IEA, International Energy Outlook, 2009.

〈표 7〉 글로벌 천연가스 거래량(2008)

지역	수입량(BCM)		수출량(BCM)	
	파이프라인 (PNG)	액화천연가스 (LNG)	파이프라인 (PNG)	액화천연가스 (LNG)
북미	130.59	13.55	130.59	0.97
중남미	13.58	1.69	13.58	17.36
유럽/유라시아	394.46	55.29	349.94	2.19
중동	26.86	0.00	22.90	58.12
아프리카	4.95	0.00	53.43	62.18
아시아/태평양	16.82	155.98	16.82	85.69
합계	587.26	226.51	587.26	226.51

출처: IEA, International Energy Outlook, 2009.

2. 글로벌 천연가스 시장 전망

2.1. 천연가스 역할증대

글로벌 천연가스 수요는 화석연료 중 천연가스가 보유하고 있는 환경친화성과 발전용 연료라는 특성으로 인하여 그 역할이 증대되리라 예상하고 있다. 그럼에도 불구하고 2007년 석유가격이 배럴당 150달러에 이르는 고유가시대에 도달하면서 천연가스의 가격도 상당기간 매우 높은 가격을 유지할 것으로 예상되었다. 이러한 이유로 인하여 글로벌 천연가스 소비증가율은 다소 둔화될 것으로 예상하고 있다. 그러나 천연가스 소비 장기전망은 개발도상국의 천연가스 소비증가와 선진국의 발전용 천연가스 소비증가로 인하여 2004년 이후 연평균 2% 이상 증가하여 2030년에는 2004년 대비 1.7배의 소비증가를 예상하고 있다(〈그림 12〉 참조).

2010년 제1차 글로벌 에너지 및 천연가스 소비의 50%를 차지하고 글로벌 액화천연가스 소비의 약 90%를 차지하는 OECD 회원국의 천연가스 소비증가율은 2030년까지 연평균 1.2%로 전망되고 있다. 이는 석탄소비 증가율 0.5% 그리고 석유소비 증가율 0.6%와 비교할 때 약 두 배 이상의 증가율을 나타내고 있다(IEA, 2010).

글로벌 천연가스 주요 소비국인 OECD 회원국의 지속적인 소비증가 예측에도 불구하고 OECD 회원국의 천연가스 생산증가율은 2030년까지 연평균 0.6%에 이를 것으로 예상되고 있다. 따라서 이 지역의 천연가스 수입의존도가 2003년 10.3%에서 2030년 28.4%로 약 세 배 정도 급격하게 상승할 전망이다(EIA, 2006/ 〈그림 13〉 참조).

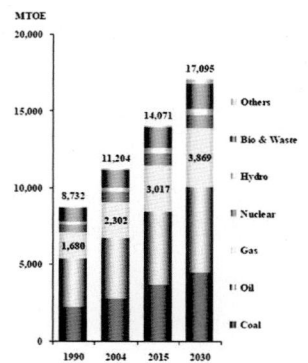

출처: IEA, Energy Outlook, 2010.

〈그림 12〉 제1차 글로벌 에너지 수요 전망(1990~2030)

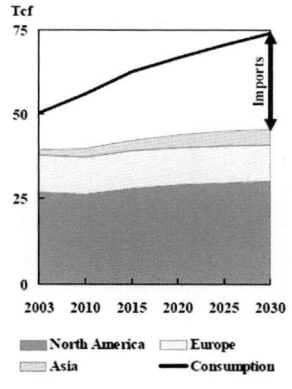

출처: US EIA, 2006.

〈그림 13〉 OECD 회원국 천연가스 생산 및 소비전망(2003~2030)

이러한 장기 소비증가 예측을 기초로 판단할 때 글로벌 천연가스의 지속적인 소비증가, 인근 천연가스전의 고갈, 주요 소비 지역과 매장 지역의 지리적 불균형 등이 예상된다. 이외에도 액화천연가스 생산 및 수송비용의 하락, 천연가스의 공급안보의 증대 등으로 인하여 장기적으로 글로벌 천연가스 시장에서 특히 액화천연가스의 역할은 증가할 것으로 예상된다(한원희, 2007).

2.2. 글로벌 천연가스시장 전망

천연가스(Natural Gas: NG)는 매장량이 석유보다 풍부하고 청정성·안정성·편리성이 뛰어나 글로벌 시장에서 수요가 지속적으로 빠르게 증가하고 있다. 따라서 천연가스 소비량은 제1차 글로벌 에너지시장에서 2010년 23%를 차지하고 있으며 석탄, 석유 다음으로 가장 중요한 에너지자원으로 활용되고 있다(IEA, 2011).

천연가스는 개발 및 수송의 제약으로 파이프라인을 통한 근거리 교역과 일반적으로 20년 이상의 장기계약이 대부분인 상대적으로 경직된 시장구조를 갖고 있다. 특히 시장의 특성으로는 북미, 서유럽, 동아시아권을 중심으로 수요 및 공급의 지역화가 이루어져 있으며 천연가스 가격은 유가연동 및 정부 협상 등 지역적으로 차등화되어 있다.

그러나 천연가스 채굴, 수송 등과 관련된 기술발전으로 인하여 천연가스 교역의 탈지역화가 가속화될 것으로 예상되며 이로 인한 천연가스자원의 유동성이 증가하면서 독자적인 글로벌 가격결정 메커니즘이 형성될 가능성이 높다. 특히 지구온난화현상으로 인한 각국의 기후정책을 추진하는 과정에서 천연가스가 청정에너지자원으로 부각되면서 그 중요성이 증대하고 있다. 동시에 액화천연가스 수송의 확대로 인하여 천연가스의 글로벌 에너지자원화가 진행되고 있다(Oil Research & Information Center, 2009).

이러한 천연가스 시장구조 및 특성으로 인하여 천연가스 중 액화천연
가스의 비중이 2007년 28%에서 2030년에는 67%로 약 250% 증가할 것
으로 에너지 관련 국제기구는 전망하고 있다. 실제로 2010년에는 액화
천연가스의 비중이 30.4%에 달하였으며 2020년에는 36.4%에 이를 전
망이다(IEA, 2010; www.cedigaz.com/〈그림 14〉 참조).

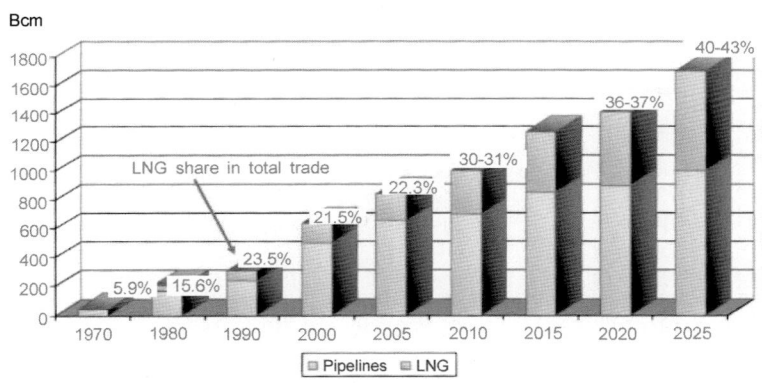

출처: www.cedigaz.com

〈그림 14〉 글로벌 천연가스 거래 현황 및 전망(1970~2025)

2.3. 글로벌 천연가스 개발동향

천연가스 개발 특성은 대규모 자본과 고도의 기술이 필수적인 자
본 및 기술집약 산업으로 원유산업보다 초기 투자자본이 더 많이 필
요한 산업 부문이다. 그 이유는 천연가스 개발 상위 부문(Upstream)
인 액화시설, 수송선, 저장탱크 등의 개발을 위한 초기 인프라시설
에 대규모 자본이 투자되어야 하며 고도의 탐사기술 및 운영에 관한 경

영노하우가 필요하기 때문이다. 이외에도 하위 부문인(Downstream) 천연가스의 장기적이며 안정적인 공급을 위한 수송, 수요처 확보, 마케팅 등의 부문에도 대규모 자본과 노하우가 필요하다.

글로벌 메이저 석유기업들은 에너지자원으로 천연가스의 중요성이 증가함에 따라서 인수 및 합병(M & A) 추진을 통하여 장기적으로 천연가스사업을 확대하고 있는 추세를 보이고 있다. 이러한 새로운 추세를 반영하듯이 2008년 말 에너지 관련 글로벌 인수 및 합병(M & A) 시장에서 천연가스가 전체 거래자산의 약 60%를 차지하였다(www.petronet.co.kr).

이러한 천연가스사업 추세의 연장선으로 글로벌 메이저 석유기업인 네덜란드와 영국의 합작기업 로열 더치 셸(Royal Dutch Shell)社는 탐사 및 생산(Exploration & Production: E & P) 4대 전략으로 천연가스산업의 일관 조업화를 추진하고 있다. 이외에도 미국의 엑손모빌(Exxon Mobile)은 러시아의 사할린, 나이지리아 등에서 액화천연가스 프로젝트를 추진 중에 있다.

글로벌 천연가스의 지역별 개발동향은 세계 최대의 천연가스 매장량의 약 25%를 보유하고 있는 러시아가 동부 가스 프로그램(Eastern Gas Program)을 통해 동북아시아 천연가스시장에 진출하려고 노력하고 있다. 아프리카 신흥 천연가스 보유국인 앙골라는 프랑스 토탈(Total), 미국 셰브런(Chevron) 등 글로벌 메이저 석유기업들의 액화천연가스 프로젝트를 유치하고 있으며 나이지리아는 러시아의 가스프롬(Gazprom)社의 투자유치 등을 통하여 액화천연가스사업을 확대하고 있다.

이외에도 남아메리카 국가들은 천연가스 생산량이 많지 않아서 수출 여력은 낮으나 외국 메이저 석유기업의 투자유치 및 액화천연가스 터미널 건설 등 천연가스 관련 기반시설을 지속적으로 확충해 나가고 있다. 최근 2008년 글로벌 경제위기로 인하여 형성된 저유가 추세로 일부 천연가스개발 프로젝트 투자가 지연되고 있는 것은 사실이나 장기적인 관점으로 볼 때는 천연가스 소비의 지속적인 성장 가능으로 천연가스개발 프로젝트는 활성화될 것으로 예상된다 (www.petronet.co.kr).

2.4. 글로벌 액화천연가스시장 전망

글로벌 액화천연가스 시장 전망은 액화천연가스의 수요와 공급 부문의 전망으로 설명할 수 있다. 우선 액화천연가스 수요전망은 2005년까지는 과거 5년간 연평균 6.4% 증가하였던 글로벌 액화천연가스 수요는 북미 및 서유럽 지역의 액화천연가스 수요급증으로 인하여 2010년까지는 연평균 12.6% 성장하여 2억 5,700만 톤에 달하고 2011년에서 2015년까지는 연평균 8.5% 증가하여 3억 8,700만 톤에 이를 것으로 예상되고 있다.

그러나 이 전망은 2008년 글로벌 금융위기로 인하여 액화천연가스 수요증가를 기존의 전망보다는 상대적으로 낮게 만드는 계기가 되었다. 2010년의 글로벌 액화천연가스 수요증가 예측은 2015년 2억 6,500만 톤 그리고 2020년에 3억 4,000만 톤에 이를 것으로 전망되고 있다(www.woodmacresearch.com/〈그림 15〉 참조).

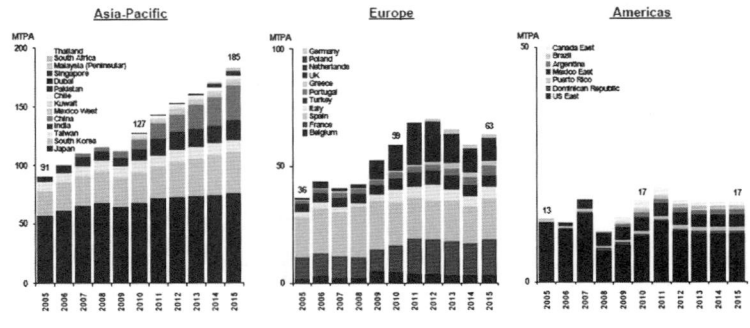

출처: Wood Mackenzie, 2010.

〈그림 15〉 글로벌 액화천연가스 수요전망(2005~2015)

천연가스 수요는 지속적으로 증가할 것으로 전망되고 있으나 근접 지역에 위치한 천연가스전의 생산정체 및 고갈에 직면하고 있는 서유럽과 북미 및 중남미 지역은 현재 건설 중이거나 추진 중에 있는 액화천연가스 인수기지를 통하여 액화천연가스 수요가 급속하게 증가할 것으로 예상되고 있다.

특히 서유럽 지역 중 영국, 프랑스, 이탈리아, 스페인 등은 액화천연가스 수요가 2010년에는 2007년보다 두 배가 증가하였으며 북미 지역의 경우에도 현재 운영 중이거나 건설 중인 액화천연가스 인수기지 이용자들이 중동 및 아프리카 국가들에서 확보한 액화천연가스 도입 장기계약 등을 통하여 수요가 3배 이상 증가할 것으로 예상된다.

이로써 2005년 글로벌 액화천연가스 수요의 65%를 차지하였던 아시아 태평양 지역의 액화천연가스 수요는 2010년부터는 상대적으로 낮아질 것으로 전망되고 있으며 이는 2015년에도 변하지 않을 것으로 예측되었다. 그 이유는 아시아 태평양 지역의 액화천연가스 수요는 2005년 이후에도 연평균 7% 이상 성장할 것으로 전망되고 있으나 서유럽 및 중남미 지역의 액화천연가스 수요가 상대적으로 더욱 높게 성장할 것으로 전망되고 있기 때문이다. 그러나 글로벌 금융위기는 북미 및 서유럽 선진국의 경제성장률을 장기간 침체시키는 반면에 아시아 신흥공업국 및 개발도상국은 상대적으로 높은 경제성장을 가능하게 하여 2015년 글로벌 액화천연가스 소비전망에서도 아시아 태평양 지역의 높은 비율을 유지시킬 것으로 전망된다.

글로벌 액화천연가스 공급전망에서 공급능력은 2007년 대비 2012년에는 두 배로 증가할 전망이다. 그 근거로는 우선 아시아 태평양 지역에서 인도네시아의 천연가스 매장량 고갈로 인한 단계적인 공급능력 감소에도 불구하고 사할린 II 광구가 2008년부터 가동하여 2010년까지 연평균 5.6% 공급능력이 증가할 것이다. 이외에도 2012년부터는 서부 호주(West Australia)에서 추진 중인 고돈(Gordon) 그리고 플루토(Pluto) 액화천연가스 프로젝트 등이 개발될 예정이다.

아프리카 및 대서양 지역에서는 현재 아프리카 나이지리아에서 추진 중인 엔엘엔지 세븐플러스(NLNG Seven Plus), 브래스 엘엔지(Brass LNG), 오케이 엘엔지(OK LNG) 등 각 공급능력이 연간 850만 톤, 1,000만 톤, 2,200만 톤의 대형 프로젝트가 완성되면 2012년에는 공급능력이 약 4배 증가하게 된다. 이 결과 아프리카 및 대서양 지역에서는 2012년 이후 전체 공급능력이 약 두 배 증가하게 될 것으로 전망된다.

중동 지역의 공급능력은 카타르(Qatar)를 중심으로 증가될 것으로 예상되고 있다. 현재 건설 중인 제2 카타르(Qatar II), 라스가스 3(Ras Gas III) 등 대형 프로젝트는 각 연간 1,560만 톤의 생산능력을 보유하고 있으며 완공 이후 2012년부터는 중동 지역의 공급능력이 약 3배 증가할 것으로 예상하고 있다. 이외에도 글로벌 3대

천연가스 매장량 보유국가인 이란은 인도와 연간 500만 톤 액화천연가스 장기공급에 관한 가격협상을 진행시키고 있으며 중국과도 공급협상을 진행 중이다. 그러나 액화천연가스 프로젝트를 실현시키는 것에 대해서는 국제정치적인 역학관계로 인하여 중단기적으로 불투명한 상태이다(www.woodmacresearch.com/〈그림 16〉 참조).

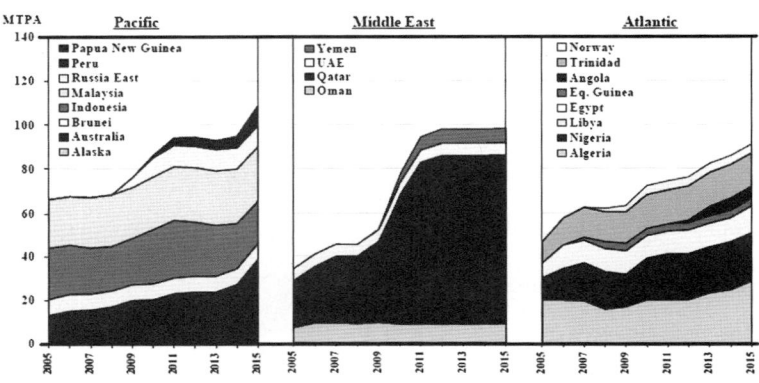

출처: Wood Mackenzie, 2010.

〈그림 16〉 글로벌 액화천연가스 공급전망

글로벌 액화천연가스 수요와 공급전망과 함께 글로벌 경제위기 이후 액화천연가스 수요와 공급에 대한 불확실성이 증대되고 있는 것이 현실이다. 우선 수요적인 측면에서 예상되는 불확실성 증대 이유는 글로벌 경제의 침체, 비전통가스 생산 급증, 글로벌 파이프라인 천연가스(Pipeline Natural Gas: PNG) 프로젝트 추진, 각국의 기후정책 추진 등으로 설명될 수 있다. 따라서 기존의 수요전망에서 보수적인 수요전망을 견지하는 것이 현명할 것으로 판단된다.

공급 부문의 불확실성 증대 요인으로는 중장기적인 공급비용 상승, 프로젝트 투자위험 증대, 잦은 공급지연, 다양한 지역의 자원보유국의 규제를 기반으로 하는 정부정책 등이다. 이외에도 글로벌 액화천연가스 수요가 최근 글로벌 경제위기로 인하여 급감하고 천연가스 간 경쟁이 치열해지면서 액화천연가스 신규 공급능력 증설이 둔화될 가능성이 존재한다.

이러한 다양한 이유로 인하여 글로벌 액화천연가스 공급전망은 글로벌 경제가 고성장을 달성한 2006년 및 2007년도에는 2015년에 약 3억 5,000만 톤에 이를 것으로 전망하였으나 글로벌 경제위기 이후인 2010년 공급전망은 2015년에 약 3억 톤 미만으로 예측하였다(Wood Mackenzie, 2010/〈그림 17〉 참조).

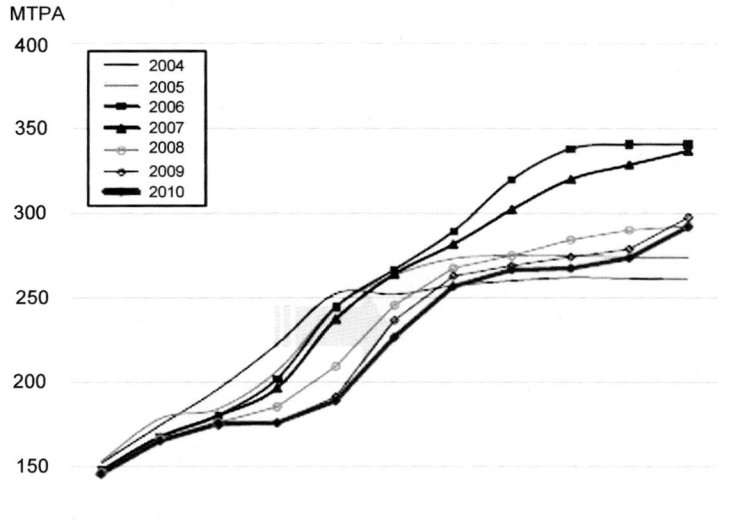

출처: Wood Mackenzie, 2010.

〈그림 17〉 글로벌 액화천연가스 공급전망 변화(2005~2015)

이러한 글로벌 액화천연가스 수요와 공급의 불확실성 증대를 기초로 액화천연가스의 수요와 공급에 관한 전망을 종합해보면 글로벌 경제의 회복이 가시화될 경우 신규 공급능력 증설이 상대적으로 적은 2012년에서 2015년 사이의 수요와 공급이 불안정해질 가능성이 매우 높다. 특히 신규 프로젝트의 가동시기 및 투자결정이 지연될 경우에는 2015년에서 2016년 사이의 공급물량이 매우 부족할 것으로 전망된다(Wood Mackenzie, 2010/〈그림 18〉 참조).

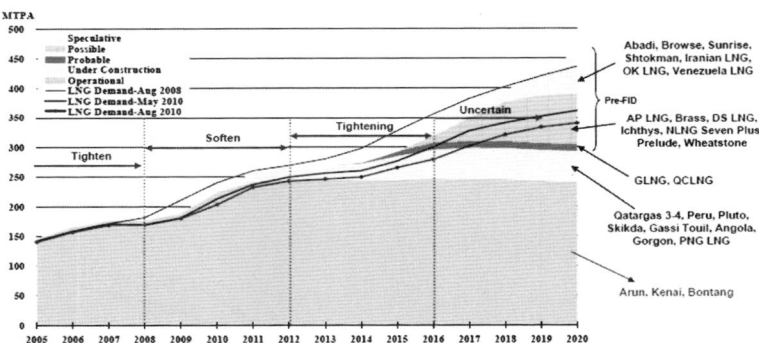

출처: Wood Mackenzie, 2010.

〈그림 18〉 글로벌 액화천연가스 장기수요 및 공급전망(2005~2020)

3. 북미 천연가스 및 액화천연가스 시장

3.1. 미국시장

3.1.1. 배경

미국이 글로벌 천연가스 소비시장에서 차지하는 비율은 약 25%에 이르는 주요 천연가스 소비시장이며 북미 전체의 85%에 이르는 압도적인 시장이다. 따라서 미국시장은 단일 시장으로서는 세계최대의 시장이며 동시에 가장 강력하며 경쟁력이 있는 천연가스 도매시장이기도 하다.

또한 미국 내 천연가스는 제1차 에너지원으로서 약 25%를 사용하는 주요 에너지자원이며 주로 전력생산, 생산 공장용 연료, 산업용 공급원료 등을 위해서 사용되기 때문에 전력회사 및 산업계가 주요 고객이다.

이외에도 천연가스는 주택용 난방 및 주방용으로 주로 사용되고 있으며 1990년대 중반 이후 전력생산용으로 가장 빠른 성장률을 보이고 있어서 전력생산용 주요 연료로서 강력한 경쟁력을 보유하고 있다(EIA, International Energy Outlook, 2007).

3.1.2. 천연가스산업의 규제완화

미국시장 내에서 천연가스산업과 관련된 규제완화의 역사는 매우 길다. 이미 1950년대 이후 가격통제가 실시되어 왔으나 천연가스전에서 시작된 천연가스 가격 통제를 제거한 것은 1978년 발효된 천연가스 정책법안(Natural Gas Policy Act: NGPA)이 시행되면서 규제완화의 과정이 시작되었다.

이후 천연가스전 규제완화는 1989년에 시행된 천연가스전 관리해제법안(Wellhead Decontrol Act)에 의하여 완성되었다. 이외에도 연방에너지관리위원회(Federal Energy Regulatory Commission: FERC)는 천연가스 수송에 관한 역할변경을 수행하게 된 미국 내 상이한 주를 관통하는 천연가스 파이프라인에 관한 새로운 관리규정을 개발하게 되었다.

1985년 천연가스의 가격은 상승하고 소비는 감소하는 어려움에 직면하였을 때 연방에너지관리위원회 법령 380조는 지역의 천연가스 판매업자가 천연가스 수송업자에게 지고 있던 천연가스 인수 혹은 지불의무(take-or-pay obligation)를 거부할 수 있도록 허용하였다. 동시에 수송업자에게는 천연가스 공급자에게 진 의무를 상쇄시켜주는 조치를 취하게 된다. 이외에도 법령 380조는 천연가스 수송망에 대한 수송서비스 창출만을 인정해주고 있다.

이후 1992년에는 연방에너지관리위원회 법령 636조가 발령되어 천연가스 공급에 있어서 각 주(州) 간 파이프라인 기업의 천연가스 수송과 판매의 기능이 공식적으로 분리되었다. 이로써 천연가스 수송기업은 천연가스 공급 및 판매 사업에서 완전히 분리되는 결과를 초래하게 되었다. 동시에 다수의 주정부는 연방정부의 관리하에 있던 천연가스 수송기업과는 대조적으로 주정부의 관리하에 있는 전력회사를 전력발전소사업에 집중하는 것보다는 전력생산의 경쟁력 강화에 집중하도록 강력한 영향력을 행사하기 시작하였다(Tusiani & Shearer, 2007).

에너지시장의 규제완화를 시행하게 된 이후 에너지시장의 투자와 거래기회를 확보하기 위하여 다수의 에너지판매 기업이 창출되었다. 이로 인하여 에너지시장이 한동안 활성화되었으나 분식회계의 상징인 대표적인 에너지기업인 엔론(Enron)社의 파산으로 인하여 투자자의 신뢰를 급속하게 잃게 되었다. 이처럼 에너지기업의 시장 지배력을 바탕으로 한 에너지거래의 비정상적인 남용으로 인하여 연방에너지관리위원회(FERC)는 천연가스와 전력의 판매와 수송에 매우 신중한 감시체제를 가동하기 시작하였다.

이를 위하여 연방에너지관리위원회는 2004년 6월 에너지시장 감시 및 조사사무소(Market Oversight and Investigation Office: MOIO)를 설립하여 시장과 연방에너지관리위원회가 제정한 규칙·규정에 부합한 시장을 명확하게 인식하여 소비자를 보호하려는 활동을 시작하였다(www.ferc.gov).

3.1.3. 천연가스시장 전망

미국에너지부(Department of Energy: DOE)와 기타 에너지 관련 기관들은 천연가스시장 규모가 2010년 850.2BCM에 이르리라고 예측하고 있으나 2005년 이후 시작된 천연가스 가격상승으로 인하여 예상된 천연가스시장 규모에는 미치지 못하리라는 전망이 우세하였다.

미국 내 천연가스 생산은 2002년을 정점으로 2003년부터 생산 감소를 경험하고 있으며 이는 세계 최대 규모의 천연가스 소비국가인 미국의 거대 규모 소비량을 감당하는 데는 현실적으로 한계가 있으리라 예상된다. 이는 대규모 소비량에 대처하기 위한 공급확대에 따른 급격한 가격변화가 지속될 수는 없기 때문이다.

그럼에도 불구하고 에너지부의 장기수요 예측은 2025년에 천연가스 소비량이 906.9~1,133.6BCM에 이르리라고 예상하고 있으며 특히 천연가스의 수요가 전력생산에 2003년에는 141.7BCM에서 2025년에는 255.1BCM으로 약 80% 증가하고 산업용 소비로는 동일한 기간 내에 226.7BCM에서 283.4BCM으로 약 25% 증가하는 반면에 주택용 및 상업용 소비는 거의 변화가 없을 것으로 예측하고 있다(EIA, 2005, Annual Energy Outlook).

1980년대 및 1990년대 천연가스 소비의 급속한 성장으로 인하여 소비량이 이미 국내 천연가스 생산량을 능가하게 되었다. 따라서 다수의 주에서 생산되던 생산능력으로는 천연가스 생산량을 증가시키는 데는 한계점에 이르게 되어 부족한 공급량은 캐나다로부터 수입하여 천연가스 수요를 충족시키기 시작하였다. 그러나 천연가스가 풍부한 서부 캐나다 세디멘터리 분지(Western Canadian Sedimentary Basin)도 매장량이 고갈되면서 미국의 천연가스전과 같은 운명에 처하게 되었다.

따라서 21세기 초 북미에서 생산되는 천연가스의 양은 소비를 충족시키는 데는 한계점에 이르러서 산업계는 천연가스자원을 확보하기 위하여 더욱 먼 원거리에 위치하고 있는 천연가스전에 관심을 갖기 시작하였다. 그 결과 알래스카 북쪽 경사면(Alaska's North Slope)과 캐나다 북극권 천연가스전(Canada's Artic Resources)과 같은 미개척지 천연가스 자원개발 및 액화천연가스 수입 부문에 새로운 기회를 제공하게 되었다(www.gov.stateak.us).[6]

액화천연가스 부문은 수송 및 생산 공정상의 운송 및 생산가격을 획기적으로 감소시키고 수송 인프라가 매우 잘 갖추어진 장점을 갖고 있기 때문에 빠른 속도로 증가하는 경향을 보이고 있다. 따라서 액화천연가스가 미개척지에서 생산되는 천연가스의 공급에 가격경쟁력을 갖추게 될 것으로 예상되고 있다.[7]

이처럼 원거리 액화천연가스 수송이 가격경쟁력을 확보할 수 있는 이유는 지속적인 고가의 헨리허브(Henry Hub) 가격정책이 유지되어야만 가능한 것이고 이는 원거리 액화천연가스 수입을 더욱 증가시키는 역할을 하고 있다. 그러나 헨리허브 가격정책은 높은 위험도를 보유하고 있으며 1980년대 천연가스 가격정책이 실패한 사례도 존재한다.

3.2 액화천연가스 수입터미널

3.2.1. 미국의 액화천연가스 수입

1970년대 북아프리카 알제리로부터 미국시장으로 액화천연가스를 수입하기 위하여 장기계약에 관한 추진에 대하여 부정적 의견이 강하게 대두되었다. 그럼에도 불구하고 당시 알제리로부터 액화천연가스를 수입하기 위하여 미국은 4개의 액화천연가스 수입터미널

---

6) 알래스카 북쪽 경사면 천연가스전 개발사업은 연간 41.4BCM의 천연가스를 생산할 수 있는 대규모 천연가스전 개발사업이며 총비용은 270억 달러가 투자되는 세계 최대 규모의 천연가스전 개발사업이며 2015년 이전에서 시작되기는 현실적으로 매우 어려운 사업이다. 이와 비교할 때 캐나다 북극권 천연가스 개발사업은 규모 면에서 상대적으로 작은 규모이며 미국시장 내 천연가스 공급의 역할도 제한적일 것으로 예상된다.

7) 실례로 중동 카타르(Qatar)는 대규모 액화천연가스 설비시스템 및 공급체인을 구축하여 대규모 용량의 천연가스를 수송하는 규모의 경제원칙을 준수하면서 미국으로 액화천연가스를 공급하고 있다. 그럼에도 불구하고 중동에서 미국으로 수송하는 액화천연가스의 가격이 북미에서 생산되는 천연가스의 가격과 비교할 때 충분한 가격경쟁력을 보유하고 있음을 증명한다.

과 다수의 저장탱크를 건설하였다.

이러한 액화천연가스 수입터미널 및 저장탱크를 건설하기 위한 대규모 자본투자는 국내에서 생산되는 천연가스 생산비용을, 특히 액화천연가스 및 캐나다로부터 수입되는 천연가스에 보조금을 지원하기 위한 에너지관리정책의 일환으로 추진되었다.

에너지관리기관은 이미 도입하기로 계약을 체결한 액화천연가스 수입물량에 대해서는 기존의 수입조건을 지원하는 것을 승인하였으며 이는 연방에너지관리위원회 법령 380조가 시행될 때까지 지속되었다. 법령 380조가 시행된 이후로는 법률적인 규제가 결정하는 것이 아니라 천연가스시장이 자율적인 가격제도에 의해서 운영되도록 체제가 변경되었으며 이는 1990년대 말 액화천연가스가 미국시장으로 진입하는 데 결정적인 역할을 수행하였다.

1970년대 건설한 4개의 액화천연가스 수입터미널은 미국 내 액화천연가스 수입을 촉진시키는 데 중요한 역할을 수행하였으며 특히 1990년대 말 천연가스 공급부족을 경험할 때 기초 기반시설이 잘 구비되어 있어서 매우 효율적으로 활용할 수 있었다. 2003년 이후 4개의 액화천연가스 수입터미널은 모두 액화천연가스 화물적하시설을 구비하고 있으며 이외에도 관련 시설을 최저비용으로 확장할 계획을 갖고 있다(Tusiani & Shearer, 2007).

3.2.2. 기존 및 신규 액화천연가스 수입터미널

기존의 4개 액화천연가스 수입터미널은 북동부 및 남동부에 위치하고 있다. 1971년에 가동을 시작한 매사추세츠 주(Massachusetts)의 에버렛(Everett) 액화천연가스 수입터미널은 1985년까지 알제리로부터 액화천연가스를 수입하였다. 두 번째는 1980년도에 가동을 시작한 루이지애나 주(Louisiana)의 레이크 찰리(Lake Charles) 액화천연가스 수입터미널로 2006년 제3차 확장공사를 검토하였으며 서던유니온(Southern Union)社와 2028년까지 터미널서비스 장기계약을 맺었다.

세 번째는 조지아 주(Georgia)에 위치한 엘바 아일랜드(Elba Island) 액화천연가스 수입터미널로 1978년에 완공되었다. 이후 2001년 말 재가동되었으며 2005년에는 서던액화천연가스(Southern LNG)社가 엘바 아일랜드 터미널을 재확장할 것을 발표하였다. 이로써 이 터미널은 확장 후 420,000CM의 저장능력과 연간 9.3BCM 방출능력을 보유하게 되었다.

네 번째는 메릴랜드 주(Maryland)에 위치한 코브포인트(Cove Point) 액화천연가스 수입터미널로 1979년에 완공되었다. 이후 실소유자가 여러 번 바뀌는 과정을 겪으면서 2003년에 영국의 비피(BP), 미국의 엘파소(El Paso), 네덜란드 및 영국의 합작기업인 쉘(Shell) 수입터미널에 관한 동등한 권리를 확보하면서 재가동하였다. 2005년에 코브포인트 터미널은 18.6BCM 방출능력과 730,000CM 저장능력을 확보하기 위한 시설확장을 연방에너지관리위원회에 신청하였다.

이외에도 세계최초의 해상 재기화 터미널(Regasification Terminal)이 멕시코 만에 위치한 딥워터포트 터미널(Deepwater Port Terminal)이 루이지애나 해안에서 약 186킬로미터 떨어진 곳에 위치하고 있다. 이 터미널은 엑셀러레이트 에너지(Excelerate Energy)社가 소유하고 있으며 2003년 엘파소(El Paso)社가 보유한 기술을 취득하였다.

액화천연가스 수입의 경제성과 안정성이 확보되면서 2006년 말 4개의 신규 액화천연가스 터미널이 건설되기 시작하였다. 우선 첫 번째 신규 터미널은 루이지애나 주(Louisiana)에 위치한 카메론(Cameron) 액화천연가스 터미널로 연 15.5BCM의 방출능력을 보유하고 있으며 2008년 말부터 가동을 시작하였다. 또한 2010년까지 27.4BCM의 방출능력과 650,000CM의 저장능력을 확보하기 위하여 확장승인을 연방에너지관리위원회에 신청하였다.

두 번째 동일한 루이지애나 주(Louisiana)에 위치한 사빈패스(Sabine Pass) 액화천연가스 터미널로 연간 26.9BCM의 방출능력을 보유하고 있다. 제1차 가동은 2008년 초에 실시되었으며 제2차 가동은 2009년에 시작되었다.

세 번째는 텍사스 주(Texas)에 위치한 프리포트(Freeport) 액화천연가스 터미널로 18.1BCM 방출능력과 345,000CM의 저장능력을 보유하고 있으며 2008년 초부터 가동을 시작하였다. 제2단계 확장계획이 2006년부터 실시되어 2009년에는 41.4BCM 방출능력을 보유하게 되는 대규모 액화천연가스 수입터미널이다.

네 번째는 동일한 텍사스 주(Texas)에 위치한 골든 패스 액화천연가스 터미널(Golden Pass LNG)로 연간 20.7BCM 방출능력을 보유하고 있다. 이 터미널은 소유권의 약 70%가 카타르 국영석유기업(Qatar Petroleum)이 보유하고 있으며 나머지는 미국의 엑손모빌(Exxon Mobile)과 코노코 필립스(Conoco Philips)社가 보유하고 있으며 2009년 말에 완공될 예정이었다(〈표 8〉 참조).

<표 8> 미국의 액화천연가스 터미널 현황

(Unit: MTPA)

Status	Terminal	Capacity	Start
In Operation	Everett	5.4	1971
	Lake Charles	13.5	1980
	Elba Island	6.0	2001
	Cove Point	5.6	2003
	Gulf Gateway	3.0	2005
Sub-total		33.6	
Under Construction	Northeast Gateway	3.0	2007
	Cameron LNG	11.2	2008
	Cove Point Exp.	6.0	2008
	Freeport	13.0	2008
	Golden Pass LNG	15.6	2009
	Sabine Pass	20.0	2008
Sub-total		68.8	
Grand Total		102.4	

출처: GIIGNL, The LNG Industry, 2007.

3.2.3. 캐나다의 액화천연가스 개발

캐나다는 현재까지 파악된 천연가스의 매장량이 1,615.4BCM으로서 글로벌 천연가스시장에서 세 번째로 많은 천연가스를 생산하고 있다. 생산된 천연가스는 파이프라인을 거쳐서 미국시장으로 수출되고 있다. 그러나 주로 앨버타(Alberta) 주에서 생산되는 천연가스의 양이 한계점에 이르렀고 생산량이 감소하기 시작하는 문제점에 봉착하게 되었다.

따라서 캐나다는 해안지대 및 해양에 위치한 지역에서 생산할 수 있는 액화천연가스 생산에 많은 관심을 기울이고 있으며 이를 위하여 2005년 말 8개의 액화천연가스터미널 건설을 제안하게 되었다

(Tusiani & Shearer, 2007).

뉴브런즈윅 주(New Brunswick)에 위치한 캐나포트(Canaport) 액화천연가스 터미널은 10.3BCM의 방출능력을 보유하고 있으며 2008년부터 가동 중이다. 또한 노바스코샤(Nova Scotia)에 위치한 베어 헤드 프로젝트(Bear Head Project)는 캐나다 석유기업인 안다르코 석유(Andarko Petroleum)가 2005년 연간 10.3BCM 방출능력을 보유한 액화천연가스 터미널을 건설하기 위해서 시작한 프로젝트이나 2007년까지 커다란 진전이 없었다.

3.2.4. 멕시코의 액화천연가스 개발

멕시코는 특히 부르고스만(Burgos Basin)에 천연가스가 대량 매장되어 있으나 국영석유기업인 멕시코 국영석유기업(Petroleos Mexicanos: PEMEX)이 석유개발에 자본투자를 집중하는 관계로 인하여 천연가스 생산은 소비량에 미치지 못하는 결과를 초래하게 되었다.

멕시코 헌법에 의하면 석유 및 천연가스전에 대한 외국기업의 소유권을 인정하지 않고 있다. 이는 멕시코가 보유하고 있는 천연자원 개발에 더욱 커다란 어려움을 제공하고 있다. 이러한 구조적인 어려움을 극복하기 위해서 멕시코는 복합적 서비스계약(Multiple Service Contract: MSC)이라고 불리는 새로운 계약형태를 통하여 천연가스사업의 상류 부문에 대한 시장 개방을 추구하고 있다.[8]

---

8) 복합적 서비스계약은 천연가스전에 대한 외국기업의 소유권을 인정하지 않으면서도 외국기업의 투자 활성화를 통하여 천연가스 생산량을 증대시키는 결과를 초래하고 있다. 그럼에도 불구하고 천연자원의 소유권에 대한 국민의 부정적인 인식, 정치가들의 정쟁적 공격, 막강한 국영석유기업의 영향력 등으로 인하여 외국 석유기업들이 최

멕시코 내 천연가스 소비량은 전력생산용, 산업용, 주택 및 상업용 등 전 부문에서 급속하게 증가하고 있다. 그 이유로는 1995년 시행한 천연가스의 수송 및 판매 부문의 시장 자유화를 통하여 천연가스 유통체제가 대도시로 확산되었기 때문이다. 따라서 천연가스 수요는 매년 5.2% 증가할 것으로 예측되고 있으며 수요량이 2004년 59BCM에서 10년 후인 2014년 98.3BCM으로 증가할 것으로 예상된다(www.energia.gov.mx).

멕시코의 국내 천연가스 생산량은 2015년 76.5BCM에 이를 전망이며 이는 국내수요를 충족시키지 못하는 생산량으로서 2014년에는 연간 약 18.6BCM의 천연가스를 수입하여야 할 실정이다. 이는 국내 천연가스 소비량의 약 19%를 액화천연가스로 수입해야만 한다는 의미이며 이를 위해서는 최소한 3개의 액화천연가스터미널 건설이 필요하다(Secreteria de Energia, 2006).[9]

알타미라 액화천연가스 터미널(Altamira LNG Terminal)은 글로벌 메이저 석유기업인 쉘(Shell), 토탈(Total), 그리고 일본의 종합상사인 미쓰이(Mitsui)가 합작으로 동부에 위치하고 있는 타마울리파스(Tamaulipas) 주에 건설하였으며 연 6.7BCM의 방출능력을 보유하고 있다.

바야 캘리포니아 주(Baja California)에 있는 에네르기아 코스타 아줄(Energia Costa Azul) 액화천연가스 터미널은 연 10.3BCM의 방출능력을 보유하고 있으며 2008년 가동 중이다. 이 터미널은 미국의 셈

고의 조건으로 천연가스사업을 수행하기에는 많은 구조적인 문제점을 보유하고 있음.
9) 멕시코에는 현재 최소 15개의 액화천연가스 터미널이 제안되고 있으며 2009년 말 2개의 액화천연가스 터미널이 운영되고 있고 다른 1개는 건설 중에 있다.

프라(Sempra)社와 네덜란드 및 영국의 쉘(Shell)社가 50:50으로 제1차 설비기간에 액화천연가스를 공급할 것이며 2010년에는 연간 25.9BCM까지 방출능력을 확대하였다.

4. 서유럽 천연가스 및 액화천연가스 시장

4.1. 시장상황

4.1.1. 배경

서유럽 국가를 개별적으로 조사 및 분석하면 천연가스시장이 그다지 크지도 않으면서 동시에 작지도 않은 적정한 수준을 보유하고 있다. 그러나 서유럽을 전체 하나의 천연가스시장으로 본다면 미국 시장의 약 60%에 달하는 대규모의 시장이다.

2006년도 25개 유럽연합 회원국의 천연가스 소비량은 전년 대비 약 2.9% 증가를 나타내고 있으며 총소비량은 540BCM에 이르렀다. 이 가운데 인구 및 경제규모에서 핵심적인 역할을 수행하고 있는 6개 회원국의 천연가스 소비량이 전체 소비량의 약 75%를 차지하고 있다(Limenez, 2006).

이들 6개 유럽연합의 핵심적 회원국의 천연가스 소비량은 영국이 94.8BCM으로 최대 천연가스 소비 국가이며 그 뒤를 독일이 93.3BCM으로 근소한 차로 서유럽 제2위의 천연가스 소비국이다. 3위는 이탈리아로 85.4BCM, 4위는 프랑스로 49.4BCM, 5위는 네덜란드로 43.5BCM, 그리고 6위는 스페인으로 33.6BCM을 소비하였다(Cedigaz, 2006).[10]

특히 스페인은 유럽연합 내에서 천연가스 소비량의 증가가 가장 빠르게 이루어지고 있는 국가로서 지리적으로 대서양 분지(Atlantic Basin)와 중동의 액화천연가스 판매자에게 매우 중요한 역할을 수행하고 있다. 그 이유는 스페인이 지리적으로 유럽 내에서 파이프라인으로 천연가스를 수송하기에는 커다란 단점이 있기 때문이다.

4.1.2. 시장 특성

서유럽의 천연가스 수송은 네덜란드(the Netherlands), 북해(the North Sea), 러시아, 그리고 알제리(Algeria)를 통해서 수송되는 파이프라인에 많은 양을 의존하고 있다. 2010년 기준으로 전체 천연가스 소비량의 약 40% 이상을 파이프라인 수송에 의존하였으며 이외에도 유럽연합 회원국의 국경 지역에서 수송되는 천연가스의 수송량도 약 42%에 이르고 있다(www.epp.eurostat.ec.europa.eu).

전체 천연가스 수입량 중에서 액화천연가스가 차지하는 비율은 약 12%이며 점진적으로 천연가스시장에서 시장 점유율을 증가시키고 있다. 이러한 추세는 해안 혹은 전략적인 내륙 지역에서도 동일한 현상을 나타내고 있다[11](www.energy-business.com).

---

10) 프랑스가 인구 및 경제규모 면에서 영국, 이탈리아보다 커다란 규모임에도 불구하고 이들 국가보다 상대적으로 천연가스 소비량이 매우 적은 이유는 미국 다음으로 세계 제2위의 원자력발전 보유국가로서 주요 에너지자원을 원자력 에너지에서 활용하고 있기 때문이다.

11) 유럽연합이 천연가스시장에서 액화천연가스를 수입하는 양은 연 40BCM으로 이는 전체 수입량의 약 12%를 차지하는 양이다.

유럽연합 천연가스시장에 액화천연가스를 주로 공급하는 국가로는 북아프리카의 알제리(Algeria), 리비아(Libya)가 핵심적인 역할을 수행하였으나 최근에는 이집트(Egypt), 나이지리아(Nigeria) 등의 아프리카 국가에서, 오만(Oman), 카타르(Qatar) 등의 중동국가 그리고 카리브연안국가인 트리니다드(Trinidad)까지 주요 천연가스 공급 국가를 다원화시켰다.

유럽의 천연가스산업의 역사적 배경은 글로벌시장에서 그 어느 지역보다도 오랜 역사적 배경을 갖고 있다. 유럽은 가공된 천연가스제품 및 천연가스전의 근거리에서 시행하는 천연가스사업을 기초로 천연가스산업을 발전시켜 왔다. 유럽이 천연가스산업의 전기를 마련한 것은 1959년 네덜란드의 흐로닝언(Groningen) 천연가스전을 발견하고 이를 기초로 유럽대륙에 천연가스를 공급하면서 천연가스 국제무역의 기초를 마련하였다.

네덜란드는 유럽 천연가스시장에서 지속적이며 안정적인 판매를 확대하기 위한 정책을 강화하여 1970년대 초 10BCM에 불과한 천연가스 수출량이 10여 년 뒤에는 약 450% 증가한 45BCM에 이르렀다. 따라서 흐로닝언 천연가스는 유럽대륙의 천연가스 파이프라인 배관망 및 천연가스시장 구축에 기초가 된 것으로 인식되고 있다.

4.2. 서유럽시장의 천연가스 경쟁력

4.2.1. 시장 변화 계기

서유럽시장에서 천연가스 소비가 획기적으로 증가하기 시작한 시점은 제1차 오일쇼크가 시작된 1973년에 발생한 급격한 석유가격의 인상 때문이다. 이러한 글로벌 에너지시장의 급격한 변화로 인하여 서유럽 국가들은 중동 산유국으로부터 석유를 수입하여 에너지자원으로 활용하는 것보다 서유럽 내의 지역에서 생산되는 천연가스를 소비하는 것이 더욱 안정적이라는 사실을 인식하기 시작하였다.

이외에도 서유럽 국가들은 천연가스 수입에 관한 계약을 체결할 때 발생하는 천연가스 인도 시점까지의 수송에 걸리는 시간적 격차가 석유수입 기간과 비교할 때 충분한 경쟁력을 보유하고 있다고 판단하였다.

이후 1970년대 말 천연가스 수입 및 소비를 위한 시장형성, 기본인프라 건설, 천연가스 가격 상승 등은 구소련(the Soviet Union), 알제리, 노르웨이 등에서 생산된 천연가스를 유럽시장으로 수입할 수 있는 계기도 마련되었다. 천연가스구매협회는 국내독점사업으로서 석유에 연동된 천연가스 공급계약을 체결하게 되었으며 천연가스의 안정적인 공급원의 다변화가 주요 관심사였다.

이처럼 강력한 천연가스구매협회는 구소련, 알제리, 노르웨이 등으로부터 서유럽 내 천연가스가 안정적으로 공급될 수 있도록 하기 위하여 국제 천연가스 파이프라인 배관망을 건설할 수 있도록 주력하였다. 이를 위하여 재정지원 및 장기적인 천연가스 공급량 제공 등을 실시하였다(Tusiani & Shearer, 2007).

4.2.2. 국제정치적 영향

서유럽이 천연가스시장의 경쟁력을 보유하게 된 이유는 국제정치적인 측면에서도 매우 중요한 역할을 수행하고 있다. 특히 1980년대는 미국과 소련의 신냉전체제로서 미국은 당시 소련의 대규모 천연가스전인 우렌고이 천연가스전(Urengoy Gas Field)에서 생산된 천연가스가 새롭게 건설된 천연가스 파이프라인 배관망을 통하여 서유럽으로 수입되는 것을 저지하려고 최선의 노력을 경주하였다.[12]

천연가스 에너지자원을 기초로 한 국제적 갈등은 25년이 지난 2006년에 러시아와 서유럽 간에 유사한 사건이 재차 발생하게 되었다. 러시아가 2006년 1월 그리고 2009년 1월에 서유럽으로 운송되는 천연가스 배관망을 우크라이나 천연가스 사용지급불능으로 인한 천연가스공급 중단사태가 재현되어 많은 서유럽 국가에 러시아로부터 천연가스 수입을 다변화하여야 한다는 주장이 설득력을 얻게 되었다(방선혁, 2011).

이로써 러시아를 경유하지 않고 수입되는 천연가스 배관망 건설 등에 서유럽 국가들이 관심을 갖기 시작하였으며 러시아 국영천연가스기업인 가스프롬(Gazprom)社의 천연가스 가격설정과 같은 독단적인 결정에 서유럽 천연가스 소비자들은 많은 우려를 하기 시작하였다. 따라서 서유럽 천연가스산업에 천연가스의 안정적인 공급 문제에 관하여 지정학적(geopolitical) 요소가 재차 중요한 역할을 하게 되었다.

---

12) 당시 미국이 서유럽시장에 소련의 천연가스 수송을 강하게 거부한 이유는 서유럽이 소련으로부터 천연가스라는 에너지 공급을 받으면서 소련의 영향력하에 들어갈 가능성이 매우 높다고 판단하였기 때문이다. 그러나 아이러니하게도 결과는 그 반대로 나타났다. 소련으로부터의 천연가스 수입으로 서유럽이 소련의 정치적 영향하에 들어간 것이 아니라 소련이 서유럽으로부터 지급받는 외화현금이 소련에게는 중요한 외국화폐의 근원으로서 소련이 경제적으로 서유럽의 영향력하에 들어섰다 것이 일반적인 시각이다.

4.3. 서유럽 천연가스시장 자유화

4.3.1. 배경

1990년대 말 유럽연합은 천연가스 및 전력산업의 독점을 폐지하기 위한 법안을 제정하고 천연가스 및 전력산업을 시장에서 자유 경쟁체제로 유도하기로 결정하였다. 이러한 자유시장경쟁체제는 유럽연합 회원국가 중 영국이 가장 앞서 있었다. 그 이유는 영국은 섬이기 때문에 유럽대륙 내 회원국가와 비교할 때 천연가스 파이프라인 배관망을 갖고 있지 않은 단점이 있기 때문이다(Smith, 2004).

이처럼 지리적 및 구조적 단점을 극복하기 위하여 시도한 영국의 천연가스 및 전력산업 자유시장경쟁체제는 타 유럽연합 회원국에도 이전되고 있다. 그러나 기존의 국영 및 사유기업의 독점체제가 매우 견고하게 장시간 유지되어 왔기 때문에 이들이 자신들의 이해관계 유지에 매우 적극적이어서 자유시장경쟁체제로의 이전은 매우 점진적으로 진행되고 있는 실정이다.

4.3.2. 시장 자유화 전략

유럽연합이 천연가스 및 전력시장의 자유화를 통하여 역내 통합을 추구하기 시작한 이유로서는 유럽연합이 1999년 실시한 화폐 단일화로 탄생한 유로(Euro)의 성공적인 경제통합을 가속화시키기 위한 목적으로 유럽연합 내 에너지시장의 통합을 추구하였기 때문이다.

그러나 현실적으로 유럽연합 내 천연가스 및 전력시장 구조는 회원국별로 그 차이가 매우 크고 국가별 시장의 성숙도 및 실질적인 성격이 매우 상이하여 경쟁의 정도, 시장 내 주요 역할 수행자 등이 유럽연합 차원에서 추구하는 지도방향과는 매우 다른 것이 현실이다.

그럼에도 불구하고 유럽연합 내 국가 천연가스 및 전력산업 독점은 공기업사유화 과정을 거치고 있는 과정이며 각 회원국가의 국가 관리기관(National Regulatory Authorities)이 천연가스 공급 및 운송 인프라사업에 타 기업의 시장진입을 허용하고 있다.

4.3.3. 액화천연가스시장 전망

유럽연합 내 새로운 시장상황에서 기존의 천연가스 및 전력산업 독점사업권자도 타 회원국가의 시장에서 경쟁할 수 있는 권한을 갖게 되고 동시에 자국의 시장에서 타국의 천연가스 및 전력사업자와 경쟁하여야만 하는 시장상황이 전개되고 있다. 이는 결과적으로 유럽연합의 천연가스시장에 전례 없는 강력한 변화를 가져오게 될 것이며 천연가스 및 전력시장의 자유화는 특히 액화천연가스 수입 증가에 매우 강력한 영향을 미칠 것으로 다수의 에너지 전문가가 판단하고 있다.

실례로 유럽연합 내 최대 천연가스 수입국인 영국은 두 개의 액화천연가스 터미널을 건설하여 2007년부터 가동 중에 있으며 2005년에 5개의 액화천연가스 터미널 건설을 계획하여 이를 실행 중에 있다. 이탈리아 또한 액화천연가스 수입이 2005년 3.5BCM에서 2020년 16.5BCM으로 약 5배 증가할 것으로 예측하고 있다.

5. 아시아 천연가스 및 액화천연가스 시장

5.1. 시장구조 및 자유시장경쟁체제

5.1.1. 배경

아시아시장은 전반적으로 천연가스시장의 자유시장경쟁체제를 지향하는 방법에 있어서 북미 그리고 서유럽과 비교할 때 매우 신중한 접근방법을 취하고 있다. 아시아시장에서의 주요 액화천연가스 수입국은 일본, 한국, 타이완으로 이들 3개 국가는 지형적으로 섬의 형태를 갖고 있기 때문에 천연가스 파이프라인 수송보다는 모두 액화천연가스 수입형태를 띠고 있다.[13)]

동시에 이들 동북아 3개 국가는 자국 내 천연가스시장을 개방하고 있지 않아서 자유시장경쟁체제를 통한 천연가스시장의 성숙도를 저해하고 있는 것으로 에너지 전문가는 판단하고 있다. 또한 2000년 이후 급속한 경제성장으로 인한 소득증대 등으로 중국도 천연가스 및 액화천연가스 수입을 하고 있으나 시장구조는 경쟁체제와는 아직은 상대적으로 거리감을 갖고 있는 것이 현실이다.

5.1.2. 천연가스시장 자유화 접근방법

아시아에서 천연가스 수입 및 소비를 최초로 시작한 일본은 1990

---

13) 한국의 경우 한반도는 지형적으로 반도의 형태를 띠고 있으나 북한의 존재로 인하여 대한민국은 일본 및 타이완과 함께 지형적으로 섬의 형태를 갖고 있다. 현재 러시아 사할린에서 생산되는 천연가스를 북한을 통하여 수입하는 파이프라인 건설을 계획하고 있으나 북한의 비협조로 추진하지 못하고 있는 상태이다. 따라서 액화천연가스로 수입하여 건설 중인 속초 액화천연가스 수입터미널로 수송할 계획을 수립하고 있다.

년대 말 글로벌 천연가스시장의 자유시장경쟁체제 움직임에 대처하기 위하여 천연가스 및 전력시장의 30%를 시장 경쟁체제로 전환하는 법률안을 소개하였으나 현실적으로는 적용이 거의 불가능한 상태로 전락되었다.

이처럼 현실적으로 천연가스시장에 자유시장경쟁체제가 도입되지 못한 가장 커다란 이유는 천연가스 가격형성에 상호 경쟁체제를 구축할 수 있는 장치가 거의 없기 때문이다. 이외에도 대다수의 에너지기업이 액화천연가스를 수입할 시 거의 동일한 가격조건하에서 이루어지기 때문이다. 특히 액화천연가스 수입터미널사업에 제3자가 개입할 수 없도록 하는 조치는 천연가스시장 경쟁체제 구축에 매우 치명적이다.

한국과 타이완의 경우도 천연가스 및 전력시장의 사유 기업화 및 구조조정이 정부주도하에서 추진되어 왔으나 가능한 자유시장경쟁체제를 지연시키는 범위 내에서 추진되고 있다. 동시에 구조조정 또한 급진적인 구조조정보다는 점진적인 구조조정을 선호하고 있는 관계로 인하여 완전한 자유시장경쟁체제가 구축되기에는 장기간의 시간이 소요되리라 판단된다.

이러한 일본, 한국, 타이완의 천연가스 및 전력시장의 소극적인 자유시장경쟁체제로의 전환으로 인하여 동북아시아에서는 아직까지 천연가스무역허브가 존재하지 않고 있다. 그 결과 석유가격에 연동되어 있는 천연가스 가격구조에도 변화가 전혀 없는 상태이다.

5.1.3. 천연가스시장 전망

아시아 천연가스시장에서의 개별 국가의 천연가스 소비에 관한 불확실성은 증대되고 있다. 그러나 전 지역에서 천연가스가 청정에너지자원으로서의 기능을 수행하고 있기 때문에 세계 다른 지역과 마찬가지로 아시아에서도 천연가스의 소비는 지속적으로 증가하리라 예상된다.

산업화의 후발주자이지만 신흥공업국가로 빠른 속도로 발전하고 있는 인도(India)는 이미 액화천연가스 수입국가가 되었으며 다헤이(Dahej) 및 하지라(Hazira)에서 액화천연가스 수입터미널을 가동 중에 있다. 이외에도 현재 두 개의 액화천연가스 수입터미널 건설을 계획 중에 있다.

2008년 말 글로벌 금융위기 이후 세계경제 성장에 견인차 역할을 수행하고 있는 중국은 2006년에 중국 남서부 지역 광둥 성에 중국 내 최초로 액화천연가스 수입터미널을 가동 중에 있다. 또한 다수의 액화천연가스 터미널 건설을 현재 계획 중에 있어서 액화천연가스의 수입증가 및 소비도 급속하게 증가할 것으로 예상된다.

5.2. 일본

5.2.1. 시장상황

일본은 2010년 액화천연가스를 93BCM을 수입하여 세계 최대의 액화천연가스 수입국가의 지위를 확고하게 유지하고 있다. 또한 일본은 아랍에미레이트(UAE), 오스트레일리아(Australia), 브루나이(Brunei), 인도네시아(Indonesia), 말레이시아(Malaysia), 오만(Oman), 카타르(Qatar), 미국(USA) 등 8개 국가로부터 액화천연가스를 장기간 계약을 통해 수입하고 있다[14](www.lngworld.com).

일본 내 총 27개의 액화천연가스 수입터미널이 가동 중에 있으며 이는 숫자로 계산할 때 세계에서 최대 수입터미널 수를 보유하고 있다. 모든 액화천연가스 수입터미널은 지역의 천연가스 및 전력기업이 소유하고 있으며 각 지역 내 주요기반 시설로서 산업에 중요한 역할을 수행하고 있다(〈표 9〉 참조).

〈표 9〉 일본 액화천연가스 수입터미널

프로젝트	지역	위치	방출규모(bcf/d)	가동시기
Chita LNG Joint Terminal	Asia	Chita City	0.77	1977
Chita LNG Terminal	Asialse Bay	Chubu	1.6	1983
Chita Midorihama	Asia	Chita Pref.	0.7	2001
Fukuoka	Asia	Kyushu	0.08	1993
Futtsu	Asia	Tokyo Bay	2.13	1985
Hatsukaichi	Asia	Hiroshima	0.05	1996
Higashi Ohgishima	Asia	Tokyo Bau	1.96	1984
Himeji	Asia	Osaka	1.11	1977
Himeji Joint Terminal	Asia	Osaka	0.53	1985
Joetsu Kyodo	Asia	Joetsu	TBD	2012
Kagoshima	Asia	Kyushu	0.01	1996
Kawagoe	Asia	Ise Bay	0.72	1997
Mizushima	Asia	Mizushima	0.08	2006
Nagasaki	Asia	Nagasaki	0.01	2003
Negishi	Asia	Tokyo Bay	1.78	1969
Nihonkai Niigata	Asia	Niigata	2.28	1983
Chgishima	Asia	Tokyo Bay	0.68	1998
Ohita	Asia	Kyushu0.68	0.68	1990
Sakai LNG	Asia	Sakai	0.95	2006
Sakaide LNG	Asia	Sakaide	TBD	2010

---

14) 8개 수입국가 중 인도네시아에서 최대 규모의 액화천연가스를 수입하여 왔으나 최근에는 인도네시아의 천연가스 생산량 감소로 인하여 인도네시아로부터 수입되는 액화천연가스의 수입량은 감소하고 있는 실정이다.

Senboku I	Asia	Osaka	0.33	1972
Senboku II	Asia	Osaka	1.75	1977
Shin Minato	Asia	Sendai	1.07	1997
Sodegaura	Asia	Tokyo Bay	3.7	1973
Sodeshi	Asia	Shimizu Bay	0.85	1996
Tobata	Asia	Kyushu	0.85	1977
Wakayama	Asia	Wakayama	TBO	2013
Yanai	Asia	Hiroshima	0.32	1990
Yokaich LNG Center	Asia	Ise Bay	0.94	1987
Yokaich Works	Asia	ise Bay	0.09	1991

출처: Tusiani & Shearer, LNG, 2007.

일본은 원자력 에너지 강국 중 하나이며 원자력발전소를 지속적으로 계획하고 있으나 지진이 자주 발생하는 지역으로서 원자력발전소 안전문제에 관한 우려가 매우 심각하다. 따라서 전력설비기업이 전력수요를 충당하기 위하여 천연가스 사용 발전소를 건설하기 위해서는 2015년부터 매년 19.6BCM 액화천연가스를 더 수입하여야 하는 실정이다.

특히 2011년 3월 지진발생으로 인한 쓰나미로 후쿠시마 원자력발전소 폭발사고로 국가경제가 커다란 타격을 받게 되었다. 동시에 전력부족 현상으로 인해 이를 복구하는 방안으로 액화천연가스 수입을 증가시켜 액화천연가스 가격을 높이는 원인이 되었다(www.bloomberg.com).

5.2.2. 시장 변화 가능성

천연가스 및 전력산업의 자유시장경쟁체제 도입으로 인한 시장 변화 가능성이 점진적으로 높아지고 있으며 이러한 변화는 국내 액화천연가스 수입자의 수요계획에도 막대한 영향을 미치리라 생각된다. 또한 과거에는 천연가스 설비기업 및 전력설비기업이 전혀 경쟁하지 않는 구도하에서 사업을 영위하였으나 미래에는 이들 기업이 상호 경쟁할 가능성도 배제할 수 없다.

따라서 이들 기업은 천연가스 구입 시 단순히 가격적인 장점뿐만이 아니라 전체 수입량의 유연성 및 계절요인에 대처할 수 있는 조건들에 더욱 많은 관심을 갖게 되었다. 또한 천연가스 수입자는 국내 액화천연가스 수요에 관한 불확실성을 보다 더 효율적으로 관리하기 위해서 시장의 유연성이 보장된 외국시장에서의 판로를 개척하려고 노력 중이다[15](Tusiani & Shearer, 2007).

5.3. 타이완

5.3.1. 시장상황

중국석유공사(Chinese Petroleum Corporation: CPC)는 타이완 내 유일한 액화천연가스 수입 주체이며 타이완 내 유일한 융안 액화천연가스터미널(LNG)(Yung An LNG Terminal)을 소유 및 운영하는 주체이다. 타이완이 수입하는 액화천연가스 소비의 50% 이상은 전력생산을 위해서 사용되고 있으며 국영전력회사(Taiwan Power Company: Taipower)가 소비하고 있다. 또한 아열대기후의 특징상 난방을 위한 전력생산에 천연가스가 약 70%, 그리고 주방용에 약 30%가 소비되고 있다.

---

15) 이를 위해서 일본의 천연가스 수입업자는 영국 및 미국 등 천연가스시장이 전면적으로 개방된 시장에서 액화천연가스 수입능력을 확보하기 위하여 천연가스 기업 인수 등을 시도하고 있다.

또한 지속적인 국내 전력소비 증가와 함께 원자력발전소 및 천연가스 사용 발전소를 건설하고 있다. 따라서 천연가스 소비량은 향후 지속적으로 증가하리라 예상된다. 타이완도 일본과 마찬가지로 지진이 자주 발생하는 지역으로 원자력발전소 건설보다는 천연가스 사용 발전소 건설이 증가할 것으로 예상된다.

5.3.2. 액화천연가스 터미널 증설

지속적인 전력수요 증가에 대비하기 위하여 중국석유공사(CPC)는 기존의 융안 액화천연가스 터미널의 북쪽에 위치한 타이중(Taichung)에 신규 액화천연가스 수입터미널을 건설할 계획이다. 이 수입터미널의 주요 목적은 현재 건설 중인 타탄 발전소(Ta Tan Power Generation)에 천연가스를 2008년부터 공급하기 위한 것이다.

타이중 액화천연가스 수입터미널은 연 4.2BCM 액화천연가스를 카타르의 라스가스 II(Ras Gas II)에서 수입하고 있으며 액화천연가스 수입량은 2010년 13.3BCM, 2015년 17.4BCM 등으로 증가하여 2008년 대비 약 4.3배의 빠른 속도로 증가할 것으로 예상된다.

5.4. 중국

5.4.1. 배경

중국은 천연가스 소비를 창출하고 이를 공급하기 위한 기본인프라를 건설하는 데 시장구조를 통해서 형성하기보다는 정부정책 및 규제를 통하여 성공적인 예를 구축했다고 볼 수 있다. 그 결과 2004년 말 동서 간 약 4,000km에 이르는 천연가스 파이프라인 수송망이 건설되었다. 이는 외국계 기업 및 자본의 참여가 전혀 없는 상태에서 기존의 계획보다 1년 앞서서 완공된 쾌거이다.

중국 정부는 이러한 결과로 인하여 강한 자신감을 갖고 세계 최대의 수력 댐인 삼협댐 프로젝트(Three Gorges Dam Project)와 버금가는 제2차 천연가스 파이프라인 프로젝트를 시작하였으며 그 규모는 약 52억 달러에 달하는 대규모 프로젝트이다(Tusiani & Shearer, 2007; Paik, 2012).

5.4.2. 액화천연가스 터미널 현황

중국 정부는 경제발전의 중추역할을 수행하고 있는 해안 지역의 액화천연가스 소비가 증가하리라 예상하여 이에 대처하기 위한 방법으로 액화천연가스 수입터미널을 건설하기로 결정하였다. 따라서 최초의 액화천연가스 터미널은 광둥 다펑 액화천연가스社(Guangdong Dapeng LNG Company)가 선전(Shenzhen)에 건설하여 2006년 6월부터 가동을 시작하였다. 이 터미널은 5.2BCM 방출능력을 보유하고 있으며 이 중 2.9BCM은 전력회사에 공급하고 1.4BCM은 가정용에 공급되며 0.9BCM은 홍콩에서 사용된다.

중국의 두 번째 액화천연가스 터미널은 푸젠 성(Fujian Province)에 위치하고 있으며 2008년부터 가동 중이다. 이 터미널은 중국국영석유회사(China National Offshore Oil Company: CNOOC)와 푸젠투자개발社(Fujian Investment and Development Corporation)가 소유 및 운영주체이다. 이 액화천연가스 터미널은 2002년 인도네시아의 탕구(Tangguh) 액화천연가스 프로젝트와 연계되어 연간 3.6BCM 액화천연가스를 25년간 공급받기로 계약을 체결하였다(정기철, 2007).

5.4.3. 액화천연가스 비즈니스 전략

중국의 액화천연가스 비즈니스 전략은 아시아 태평양 액화천연가스사업에서 새로운 장을 개척한 것으로 평가받는다. 이러한 평가를 받는 가장 커다란 이유는 기존의 액화천연가스 수출기업과 쌍무협의를 거쳐서 사업을 진행한 것이 아니라 광둥 다펑 액화천연가스社(Guangdong Dapeng LNG Company)가 직접 액화천연가스 공급자에게 경쟁력 있는 입찰을 제안하였기 때문이다.[16]

이러한 새로운 시도로 인하여 광둥 다펑 액화천연가스社는 오스트레일리아로부터 매우 매력적인 가격으로 액화천연가스를 장기적이며 안정적으로 구매할 수 있었다. 따라서 그 여파는 푸젠 액화천연가스 터미널이 액화천연가스를 구매할 때 인도네시아, 카타르, 오스트레일리아 등의 천연가스 공급업자를 상호 경쟁시켜서 최종적으로 인도네시아의 탕구(Tangguh) 액화천연가스 프로젝트로부터 최저가격으로 수입할 수 있는 성과를 얻게 되었다.

5.4.4. 사업전망

현재를 기준으로 볼 때 미래 천연가스 소비는 지속적으로 증가하리라 예상하고 있다. 그러나 현실적으로 직면하고 있는 도전 또한 매우 크다. 특히 액화천연가스의 가격이 타 에너지자원, 특히 석탄보다는 가격이 상대적으로 고가이기 때문에 천연가스의 가격이 지속적으로 상승하게 되면 전력 부문에서 천연가스 소비를 지속적으로 증가하기에는 무리가 있다고 판단된다.

---

16) 중국의 이러한 시도로 인하여 인접국가인 한국, 인디아, 타이완 국영기업들도 독자적으로 직접 액화천연가스 공급자에게 입찰을 시도하였다.

따라서 중국 정부가 액화천연가스산업의 경쟁력을 강화시키기 위하여 효율적인 정부개입을 지속화하리라 판단되며 이를 위하여 액화천연가스 최종 소비자에게 지나친 부담을 경감하고 천연가스시장의 공급 및 소비구조를 효율화시키는 작업을 지속할 것으로 예상된다(www.newtest.cnooc.com).

이외에도 중국은 액화천연가스사업이 고부가가치사업이라는 전략적 판단에 근거하여 한국의 조선건조 기술의 경쟁력을 위협하며 액화천연가스 선박을 건조 중에 있다. 동시에 천연가스사업의 다양한 포트폴리오를 구축하여 수익을 극대화하는 방향전환을 시도하고 있다.

5.5. 인도

5.5.1. 배경

인도의 부적절한 에너지시장의 규제, 법률적 환경, 정부의 관리 및 감독체제에 의해 시장가격보다도 매우 낮은 가격구조 등이 액화천연가스 수입 프로젝트를 수행하는 데 가장 커다란 걸림돌이 되고 있다.[17)]

이러한 열악한 천연가스시장 환경에도 불구하고 2005년 말 두 개의 액화천연가스 터미널인 페트로넷 다헤이 터미널(Petronet Dahej Terminal)과 쉘 앤드 토털 터미널(Shell and total Terminal)이 코치

---

17) 인도시장 내 천연가스의 최종 소비자 가격이 상대적으로 낮은 이유는 비료공장 및 발전소와 같은 대규모 천연가스 소비자에게 정부가 보조금을 지급하고 있기 때문이다. 그러나 다른 한편으로 정부가 보조금을 지급하지 않는다면 천연가스의 가격은 급등하게 되며 이는 천연가스 소비를 위축시키게 되어 결과적으로 일반 국민 다수의 저항에 직면할 것으로 예상된다.

(Kochi)와 하지라(Hazira)에 각각 건설되었다. 이외에도 세 번째 액화천연가스 터미널이 다홀(Dabhol)에 곧 완공될 예정이며 네 번째 액화천연가스 터미널이 코치(Kochi)에 건설될 예정이다. 이는 액화천연가스 수입 환경이 상대적으로 열악함에도 불구하고 액화천연가스 소비가 향후 증가할 것을 예측할 수 있다.

5.5.2. 시장 특성

인도의 4개 국영석유 및 천연가스기업과 파트너십을 보유하고 있는 페트로넷 액화천연가스(Petronet LNG)社도 국내 천연가스 공급 및 판매망 구축에 많은 어려움을 겪었다. 동시에 인도 정부의 지속적인 천연가스 가격인하 요구에 재정적인 측면에서 불이익을 감수하여야만 했다.[18]

또한 액화천연가스의 안정적인 수입을 위한 다양한 조치들을 유연하게 시행할 수 있는 지원체제가 아직은 미흡하기 때문에 천연가스의 최종 소비자에게 지속적인 공급을 하기에는 현실적으로 한계가 있다. 이러한 구조적인 문제점이 해결되기까지에는 인도의 액화천연가스수입 업체인 라트나기리 천연가스 및 전력회사, 페트로넷 액화천연가스社 등은 최저가의 액화천연가스를 구매하려고 최선을 다할 것으로 예상된다(www.rgppl.com).

인도의 천연가스시장이 지속적으로 발전하기 위하여 해결해야만 하는 새로운 도전은 천연가스산업에 존재하고 있는 정부의 가격규제를 점진적으로 완화한다면 국내 천연가스생산을 증가시킬 수 있

---

18) 이외에도 페트로넷 액화천연가스社는 다헤이 터미널(Dahej Terminal) 건설을 위해서 장기적 재정지원을 획득하는 데 실패하여 단기부채가 급등하게 되었다.

다는 가능성이 존재한다는 것이다. 이외에도 인도는 이란과 페르시아 만(Persian Gulf)에 위치하고 있는 타 국가들로부터 파이프라인을 통해서 천연가스를 수입할 수 있는 지리적 여건이 충족되고 있다.

그러나 이는 현실적으로 국제정치 상황과 매우 밀접한 관계를 갖고 있기 때문에 현실성이 떨어진다. 2011년 인도는 이란과 파키스탄을 경유하여 수송되는 천연가스 파이프라인 건설에 관한 협의를 성공적으로 끝마치었으나 인도와 파키스탄 간 정치적 분쟁이 상존하는 관계로 이를 현실화시키는 데는 많은 장애점이 존재하는 것으로 인식되고 있다(글로벌에너지협력센터, 2012).

5.6. 액화천연가스사업의 틈새시장

5.6.1. 틈새시장 국가 및 규모

액화천연가스사업의 틈새시장 국가는 남미의 칠레(Chile), 오세아니아대륙의 뉴질랜드(New Zealand), 아시아의 파키스탄(Pakistan), 싱가포르(Singapore), 태국(Thailand) 등 5개 국가이며 이들 국가는 2015년에 약 14~21BCM의 액화천연가스를 소비할 것으로 예상된다.[19]

칠레는 2006년 약 4억 달러를 투자하여 칠레 중부지방인 퀸테로(Quintero)에 액화천연가스 터미널을 건설하여 2008년부터 가동 중에 있다. 이 터미널의 방출능력은 연간 1.4BCM이며 향후 연간 4.2BCM까지 증대시킬 계획이 있다.

뉴질랜드는 자체적인 천연가스전을 보유하고 있음에도 불구하고

---

19) 이들 5개 국가가 2015년에 소비하는 예상량은 2015년 타이완의 예상소비량과 거의 동일하다.

국내소비 증가가 매우 빠르게 진행되고 있어서 천연가스 공급부족이 예상되고 있다. 따라서 지상 및 해상 액화천연가스 터미널 건설을 계획하고 있다. 이 터미널 건설이 완성되면 2015년부터 연간 1.4BCM의 액화천연가스를 수입하리라 예상된다.

파키스탄 천연가스 수송 및 판매기업인 남부 수이 천연가스기업(Sui Southern Gas Company: SSGC)이 액화천연가스 터미널을 건설할 계획을 갖고 있다. 또한 카라치(Karachi) 근교의 해안 지역에 연간 3.5BCM의 터미널을 2012년 1월부터 공사를 시작하여 2013년에 완공할 계획이다(www.porttechnology.org).

싱가포르는 국영 싱가포르 에너지시장 기관(Singapore's Energy Market Authority)이 주도적으로 현재 인도네시아 및 말레이시아로부터 파이프라인을 통해서 수송되는 천연가스의 공급을 다양화하기 위하여 액화천연가스 터미널 건설을 계획하고 있다. 이 계획을 객관적으로 증명받기 위하여 동경천연가스엔지니어링(Tokyo Gas Engineering Company)社에 결과를 의뢰 중에 있다.

태국은 국내 에너지 소비의 증가가 2015년까지 연간 5~6% 증가하리라 예상되어 액화천연가스를 에너지자원 혼합(Energy Mix)을 위하여 수입을 추진 중에 있다. 현재 태국은 천연가스를 3개의 파이프라인을 통하여 수입하고 있으나 미얀마, 말레이시아 등 주변국의 불안한 정치상황 및 민족 간의 분쟁으로 인하여 발생되는 천연가스의 공급 차질을 사전에 차단하기 위하여 액화천연가스 수입터미널을 계획하고 있다. 따라서 액화천연가스가 2011년에는 총 천연가스 수요의 약 10%를 차지하게 되었다(Tusiani & Shearer, 2007; 디지털 가스신문, 2011).

PART 04

국외 액화천연가스(LNG) 터미널사업 방식

국외 액화천연가스(LNG) 터미널사업 방식

1. 액화천연가스 프로젝트의 경제성

1.1. 배경

석유 혹은 타 종류의 천연가스제조 방법과 달리 액화천연가스는 천연가스를 제조하는 과정이 전문화되어 있고 매우 고가의 장비가 필요하다. 또한 천연가스 생산의 전 가치사슬과 밀접하게 연관되어 있는 특징이 있다. 즉 액화천연가스는 석유처럼 단순한 에너지 상품이 아닌 것이다. 이와 비교할 때 액화천연가스와 달리 석유는 대체 가능한 상품으로 규명되고 있으며 석유수출 지역 및 수입 지역에서의 규제조건도 그다지 까다롭지 않다. 따라서 석유 프로젝트 개발은 특정 구매자 및 무역에 연동되어 있지 않다.

이와 비교할 때 액화천연가스를 소비시장에까지 안전하게 수송하기 위해서 액화천연가스수출국에는 천연가스 액화설비(Liquefaction Facilities)가 필요하며 수입국에는 재가스처리시설(Re-gasification Facilities)이 필수적이며 수출국과 수입국 사이를 수송하는 선박은 액화천연가스 특별선박(LNG선)이 필수적이다.

따라서 액화천연가스 수입용량을 기초로 한 정확한 수입자가 없는 상태에서 액화천연가스를 수출한다든지 충분하고 안전한 수송시설 없이 액화천연가스를 수출한다는 것은 매우 심각한 위험에 처할 가능성이 절대적으로 존재한다. 이러한 이유로 인하여 역사적으로 액화천연가스 프로젝트는 수출국에서 천연가스전을 개발할 당시 수입국의 수송 및 판매망 등이 적절하게 완비가 되어 있는지 등을 면밀하게 조사하여야 한다(Tusiani & Shearer, 2007).

1.2. 추진방법

액화천연가스 프로젝트가 추진되기 전 다수의 프로젝트 참가자들은 전 과정의 프로젝트 체인이 완벽하게 안전성을 구축할 수 있도록 하여야 한다. 액화천연가스 프로젝트는 한 주권국가 정부가 재정지원을 전적으로 담당하지 않는 한 일반적으로 둘 이상의 사업주체로 구성되며 이들 사업주체 또한 수출국의 정부 혹은 국영석유기업과 글로벌 메이저 석유기업들의 참여가 대부분이다. 그 이유는 위에서 설명한 것처럼 대규모 자본투자와 안전시설이 확보되어야 하기 때문에 중소규모의 에너지 기업이 단독으로 추진하기에는 현실적으로 불가능하기 때문이다.

일반적으로 액화천연가스 설비시설은 수출국의 정부 혹은 국영석유기업이 관리 및 통제하고 글로벌 메이저 석유기업은 천연가스사업의 상류 부문을 담당하고 있으나 이는 해당국 액화천연가스 프로젝트에 따라서 달라질 수 있다.

1.3. 투자비용

액화천연가스 프로젝트에 두 기업 이상의 참여자가 있어서 단독사업자보다 투자위험성을 많이 줄일 수는 있지만 천문학적인 투자비용으로 인하여 모든 프로젝트 참여자는 사실 많은 위험부담을 안고 있는 것이 현실이다.

따라서 상존하는 위험부담을 최소화하기 위해서 프로젝트 참여자들은 최종투자가 결정되기 전까지 액화천연가스 구매자, 수입능력, 수송수단 등에 관한 상세하며 정확한 내용을 습득하여야 한다. 한 예로 특정 천연가스 저장량을 액화천연가스 프로젝트 수행 부문으로 전환하여 위험 최소화 및 사고의 불확실성을 해소하려고 노력하여야 한다.

액화천연가스 프로젝트 자본투자비용은 상류 부문(Upstream) 중 액화처리비용(Liquefaction)이 가장 많은 부분을 차지한다. 천연가스전 개발에 상류 부문은 천연가스 생산, 천연가스 액화처리, 액화천연가스 수송 등으로 이루어지고 있다. 이러한 부문이 액화천연가스 프로젝트에 투자되는 총비용의 약 90%를 차지하고 있다 (Colin, 2006/〈그림 19〉 참조).

90%

of costs

Production   *Liquefaction*   *Shipping*

10%

of costs

Regasification   *Marketing &
Trading*

출처: Colin, Market Pricing for LNG Terminal Capacity, 2006.

〈그림 19〉 액화천연가스 프로젝트 총비용 비율

특히 액화천연가스 프로젝트 전 체인에서 액화처리비용은 백만 BTU당 80센트에서 1달러 20센트가 소요되어 천연가스 생산비용, 액화천연가스 수송비용, 재가스 처리 및 저장비용(Re-gasification and Storage)에 비하여 월등하게 고비용이다(Aljeran, 2006/ 〈그림 20〉 참조).

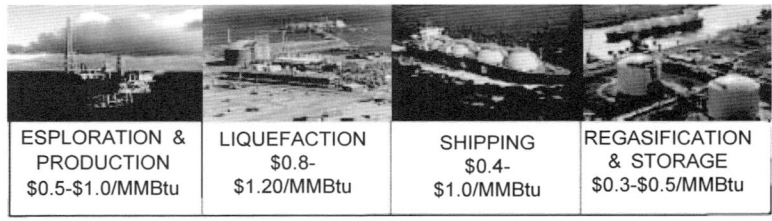

| ESPLORATION &
PRODUCTION
$0.5-$1.0/MMBtu | LIQUEFACTION
$0.8-
$1.20/MMBtu | SHIPPING
$0.4-
$1.0/MMBtu | REGASIFICATION
& STORAGE
$0.3-$0.5/MMBtu |

출처: Aljeran, Conceptual LNG Terminal Design for Kuwait, 2006.

〈그림 20〉 액화천연가스 프로젝트 체인 및 비용

2. 글로벌 액화천연가스 수입터미널 운영비용

2.1. 배경

액화천연가스 프로젝트의 전 체인 중 마지막 부분이 액화천연가스 수입터미널 건설이다. 전통적으로 액화천연가스 수입터미널은 액화천연가스 수입국의 공기업이 소유하고 있다. 또한 이 공기업과 긴밀하게 연계되어 있는 주요 관련 기업 등의 네트워크를 통하여 운영되고 있는 것이 일반적이다.

이처럼 액화천연가스 프로젝트 및 수입터미널사업은 일반적으로 상업적인 의미가 단일기업 중심으로 이루어지는 사업형태가 아니기 때문에 정확하게 확인할 수 없는 부분이 많이 노출되고 있는 것이 현실이다.

2.2. 운영비용

액화천연가스 수입터미널은 공기업의 하나로서 최종 소비자에 의해서 지불되는 모든 비용, 수익, 운영비용 등을 합하여 수입터미널 운영비용을 객관적으로 산출할 수 있다. 이를 기초로 계산하면 평균 운영비용이 백만 BTU당 약 50센트에서 1달러에 이르고 있다. 그러나 개별국가의 특이한 사정에 따라서 운영비용의 차이를 보이는데 특히 일본의 경우 토지비용과 대규모 저장시설 건설로 인하여 타 국가의 수입터미널보다 토지비용 및 건설비용이 매우 높은 관계로 인하여 평균비용보다 높은 경향을 보이고 있다.

이외에도 천연가스시장의 자유 경쟁체제 도입으로 인하여 에너지 시장 개방을 통하여 운영비용을 절감할 수 있는 방법도 창출되었다. 한 예로 멕시코 만(the Gulf of Mexico)에 위치한 체니레 에너지 社(Cheniere Energy)가 개발한 액화천연가스 수입터미널은 제3 사업자에게 개방하여 운영비용을 백만 BTU당 35센트로 절감하는 효과를 보게 되었다. 이러한 운영비용 절감효과는 천연가스시장 자유화를 주도하고 있는 미국 및 영국의 경우에 명확하게 나타나고 있다(Tusiani & Shearer, 2007).

3. 글로벌 액화천연가스 수입터미널사업 시행 형태

3.1. 배경

2010년 글로벌 천연가스시장에서 가동 중인 액화천연가스 수입터미널은 70개이며 18개 터미널이 건설 중에 있다. 이외에도 터미널 건설이 계획 중인 것은 40개에 이른다(www.globallnginfo.com/〈표 10〉 참조).

현재 진행 중이거나 혹은 건설계획이 예정 중인 글로벌 액화천연가스사업은 대규모의 자본투자가 소요되며 위험부담이 매우 큰 사업이기 때문에 위험부담을 최소화하고 동시에 이익을 최대화하기 위한 다양한 투자방식이 개발되고 있다.

<표 10> 글로벌 액화천연가스 수입터미널 현황(2010년 4월)

On-Stream:	Under Construction:	Planned:
Adriatic(Rovigo) LNG Terminal(Italy)	Bear Head LNG Terminal(Canada)	Adria LNG Terminal(Croatia)
Altamira LNG Terminal(Mexico)	Brindisi LNG Terminal(Italy)	Bradwood Landing LNG Terminal(USA)
Andres LNG Terminal(Dominican Rep.)	Brunnsviksholme LNG Terminal(Sweden)	Boryeng LNG Terminal(S.Korea)
Barcelona LNG Termianl(Spain)	Dabhol LNG Terminal(India)	Cacouna LNG Terminal(Canada)
Bilbao LNG Terminal(Spain)	Dalian LNG Terminal(China)	Calhoun LNG Terminal(USA)
Cameron LNG Terminal(USA)	El Musel LNG Terminal(Spain)	Canvey LNG Terminal(UK)
Canaport LNG Terminal(Canada)	Gate LNG Terminal(Netherlands)	Casotte Landing LNG Terminal(USA)
Cartagena LNG Terminal(Spain)	Golden Pass LNG Terminal(USA)	Corpus Christi LNG Terminal(USA)
Chita I, II, III LNG Terminal(Japan)	Gulf LNG Terminal(USA)	Creole Trail LNG Terminal(USA)
Cove Point LNG Terminal(USA)	Jiangsu LNG Terminal(China)	Crown Landing LNG Terminal(USA)
Dahej LNG Terminal(India)	Joetsu LNG Terminal(Japan)	Dunkirk LNG Terminal(France)
Dragon LNG Terminal(USA)	Kochi LNG Terminal(India)	Gioia Tauro(Medgas) LNG Terminal(Italy)
Elba Island LNG Terminal(USA)	Livorno LNG Terminal(Italy)	Godlboro LNG Terminal(Canada)
Energia Costa Azul LNG Terminal(Mexico)	Manzanillo LNG Terminal(Mexico)	Hachinohe LNG Terminal(Japan)
Energy Bridge LNG Terminal(USA)	Naoetsu LNG Terminal(Japan)	Hitachi LNG Terminal(Japan)
Everett LNG Terminal(USA)	Rayong LNG Terminal(Thailand)	Inglesid Energy LNG Terminal(USA)
Fos Cavaou LNG Terminal(France)	Singapore LNG Terminal(Singapore)	Ishikari LNG Terminal(Japan)
Fos Tonkin LNG Terminal(France)	Tianjin LNG Terminal(China)	Jordan Cove LNG Terminal(USA)
Freeport LNG Terminal(USA)	Zhejiang Ningbo LNG Terminal(China)	Kita Kyushu LNG Terminal(Japan)

Fujian LNG Terminal(China)		Kitimat LNG Terminal(Canada)
Fukuoka LNG Terminal(Japan)		Le Havre LNG Terminal(France)
Futtsu LNG Terminal(Japan)		Levan(Falcione) LNG Terminal(Albania)
Guangong LNG Terminal(China)		LionGas LNG Terminal(Netherlands)
Gwangyang LNG Terminal(S.Korea)		Mangalore LNG Terminal(India)
Hatsukaichi LNG Terminal(Japan)		Mashal LNG Terminal(Pakistan)
Hazira LNG Terminal(India)		Oregon LNG Terminal(USA)
Higashi-ohgishima LNG Terminal(Japan)		Port Arthur LNG Terminal(USA)
Sines LNG Terminal(Portugal)		Porto Empedocle LNG Terminal(Italy)
Sodeshi LNG Terminal(Japan)		Priolo(Augusta)LNG Terminal(Italy)
South Hook LNG Terminal(USA)		Rabaska LNG Terminal(Canada)
Sudegaura LNG Terminal(Japan)		Rosignano LNG Terminal(Italy)
Taichung LNG Terminal(Taiwan)		Samcheok LNG Terminal(S.Korea)
Tobata LNG Terminal(Japan)		SemanGas(ASG Power) LNG Terminal(Albania)
Tongyong LNG Terminal(S.Korea)		Shandong LNG Terminal(China)
Yanai LNG Terminal(Japan)		Shannon LNG Terminal(S.Ireland)
Yokkaichi LNG Terminal(Japan)		Sonora LNG Terminal(Mexico)
Yokkaichi Works LNG Terminal(Japan)		Sparrows Point LNG Terminal(USA)
Yung an LNG Terminal(Taiwan)		Swinoujscie LNG Terminal(Poland)
Zeebrugge LNG Terminal(Belgium)		Tenenife LNG Terminal(Spain)

Himeji Ⅰ LNG Terminal(Japan)		Texada LNG Terminal(Canada)
Himeji Ⅱ LNG Terminal(Japan)		Trieste LNG Terminal(Italy)
Huelva LNG Terminal(Spain)		Vasiliko LNG Terminal(Cyprus)
Incheon LNG Terminal(S.Korea)		Vista del Sol LNG Terminal(USA)
Isle of Grain LNG Terminal(UK)		Weaver's Cove LNG Terminal(USA)
Izmir(Aliaga)LNG Terminal(Turkey)		Wihelmshaven LNG Terminal(Germany)
Kagoshima LNG Terminal(Japan)		Zhuhai LNG Terminal(China)
Kawago LNG Terminal(Japan)		
Lake Charles LNG Terminal(USA)		
Marmara LNG Terminal(Turkey)		
Mejillones LNG Terminal(Chile)		
Mizushima LNG Terminal(Japan)		
Motoir-d-Bretagne LNG Terminal(France)		
Nagasaki Work LNG Terminal(Japan)		
Negishi LNG Terminal(Japan)		
Niigata LNG Terminal(Japan)		
Ohgishima LNG Terminal(Japan)		
Oita LNG Terminal(Japan)		
Panigaglia LNG Terminal(Italy)		
Penuelas LNG Terminal(Puerto Rico)		
Pyeong Tack LNG Terminal(S.Korea)		

Quintero LNG Terminal(Chile)		
Reganosa LNG Terminal(Spain)		
Revithoussa LNG Terminal(Greece)		
Sabine Pass LNG Terminal(USA)		
Sagunto LNG Terminal(Spain)		
Sakai LNG Terminal(Japan)		
Sakaide LNG Terminal(Japan)		
Senbokui Ⅰ, Ⅱ LNG Terminal(Japan)		
Shanghai LNG Terminal(China)		
Shin Mianto Works LNG Terminal(Japan)		

출처: www.globallnginfo.com

3.2. 사업시행 형태

액화천연가스 수입터미널사업 시행방식은 크게 건설 및 운영과 소유까지 함께하는 투자방식인 건설-소유-운영방식인 BOO(Built-Own-Operate)방식과 건설하여 운영 후 기부방식인 BOT(Built-Operate-Transfer)가 일반적이다.

건설-소유-운영방식인 BOO방식은 정부가 민간 기업에 사업권을 부여할 때 민간 기업인 사업시행자가 기반시설을 건설하여 해당 시설의 소유권을 갖고 시설을 운영하는 방식이다. 즉 이 방식은 사회간접자본 시설의 준공과 동시에 사업시행자에게 해당시설의 소유권 및 운영권을 인정해주고 있어서 장기적이며 안정적인 수익을 창출할 수 있어서 투자금액과 투자수익을 안정적으로 회수할 수 있는 반면에 전 사업과정의 높은 위험도를 부담하여야 하는 단점을 갖고 있다.

또한 정부가 특정 프로젝트에 대한 사업권을 부여할 때 민간 기업이 프로젝트를 건설하여 일정기간 운영한 후 프로젝트의 투자금액 및 투자수익을 회수하도록 한 후 해당국에 기부하는 형식으로 운영 후 기부방식인 BOT방식이 있다. 이 방식은 사업시행자가 사회간접자본 시설을 건설 및 소유하여 일정기간을 운영하고 계약기간이 만료되는 시점에서 시설소유권을 해당국 주무관청에 양도하는 방식이다(송승익, 2007).

이 방식은 기존의 풀턴키(Full Turn Key)방식을 대체하는 새로운 엔지니어링 수주방식으로서 수주기업은 프로젝트의 기획, 설계, 건설의 단계를 청부하고 프로젝트 완성 후에도 일정기간 운영을 하여 안정적인 수익을 창출하여 건설비용을 회수하고 그 이후에 소유권을 양도하는 방식이다.

이외에도 정부가 민간 기업에 사업권을 부여하는 방식은 해당국의 법률 및 프로젝트 성격에 따라 건설-대여-이전(Build-Lease-Transfer: BLT)방식, 건설-이전-운영(Build-Transfer-Operate: BTO)방식, 건설-이전(Build-Transfer: BT)방식 등이 있다.

우선, 건설-대여-이전의 BLT방식은 BOT와 유사한 사업권 부여방식이나 차이점은 프로젝트를 완공하면 즉시 해당국 정부에 운영권을 넘기는 동시에 대여기간 동안 임대료를 받아 투자금액 및 투자수익을 회수하는 방식이다. 건설-이전-운영의 BTO방식은 프로젝트 건설 시 정부가 공사완공보증을 제공하고 프로젝트가 완공되면 소유권이 해당국 정부에 이전되나 운영은 사업주인 민간 기업이 담당하게 되는 형태이다. 건설-이전의 BT방식은 해당국 정부가 공사완공

보증을 제공하고 프로젝트를 완공하면 소유권은 정부에 이전된다.
이후 운영 또한 정부가 직접 주도하게 된다(한국수출입은행, 2004).

4. 글로벌 액화천연가스 수입터미널 협정

4.1. 배경

글로벌 액화천연가스산업은 시장 자유화 정책 및 자유시장경쟁체제를 위한 다양한 법 제정 결과 액화천연가스 터미널사업에 제3사업자의 진입으로 인하여 액화천연가스 터미널 소유주와 해당 사업 부문에 진입하려는 기업들 간의 계약관계가 확대되어 가고 있는 실정이다.

이러한 글로벌 액화천연가스산업 환경변화에 능동적으로 대처하기 위하여 글로벌 천연가스시장에서 주요 액화천연가스 공급업체인 글로벌 메이저 에너지 기업인 쉘(Shell), 토탈(Total), 코노코 필립스(Conoco Philips) 등은 액화천연가스 수입터미널 능력에 따라서 제3의 운영자와 계약관계를 체결하였다. 이로써 대규모 액화천연가스 터미널 운영을 위한 규모의 경제를 창출할 수 있으며 동시에 액화천연가스시장 사업 부문의 다양화를 이룰 수 있는 장점이 있다.[20]

따라서 액화천연가스시장 자유화로 인한 글로벌시장에서의 새로운 경향이 나타나고 있다. 그 예로 시장진입이 해당국 규제 및 관리

---

[20] 실례로 카타르정유(Qatar Petroleum), 엑슨모빌(Exxon Mobil)社는 전반적인 측면에서 독점적인 액화천연가스 터미널을 개발할 것을 결정하였다. 이는 액화천연가스산업의 하류 부문을 위한 가격규제 및 전반적인 계획 및 일정을 유지하는 데 매우 효과적이다.

기관을 통해서 제3의 사업자가 액화천연가스 수입터미널 내 계약관계를 통하여 사업을 영위하는 방법이 있다. 이외에도 독점적인 액화천연가스 수입터미널에서 터미널사용협정(Terminal Use Agreement: TUA), 터미널서비스협정(Terminal Service Agreement: TSA)을 통하여 시장에 진입하는 방법이 있다.

4.2. 규제적 시장접근

규제 및 관리적 관점에서 액화천연가스시장 자유화를 통한 제3자의 시장진입 방법은 주로 관세제도(Tariffs)를 통해서 조정되는 것이 일반적인 모델이다. 즉 관세제도는 액화천연가스 수입터미널에서 일일 처리량에 관한 권한을 신청하기 위해서 고안된 제도이다.

관세제도의 많은 조항은 액화천연가스 무역과 동일한 측면으로 이루어졌으며 이는 특히 액화천연가스 측정 및 사용 등과 같은 기술적인 부문에서는 판매 및 구매협정(Sale and Purchase Agreements: SPA)의 내용과 동일하다. 이외에도 관세제도의 구체적인 내용은 용량, 수수료, 기화연료를 위한 액화천연가스 보유용량, 해상운송 및 터미널 관련 세부적 기술 부문, 인도 일자계획 액화천연가스 측정방법, 액화천연가스 질 측정 등 다양한 내용을 수록하고 있다.

관세제도는 일반적으로 터미널 운영기업의 인터넷 웹사이트 혹은 법률적 규제 및 관리기관을 통하여 개방되어 있다. 미국의 경우 메릴랜드 주에 위치한 코브포인트(Cove Point) 터미널, 조지아 주에 위치한 엘바 아일랜드(Elba Island) 터미널, 루이지애나 주에 위치한 레이크 찰스(Lake Charles) 터미널에 관한 관세제도는 연방에너지규제위원회(FERC)의 웹사이트에 공개되어 있다. 유럽의 경우에도 미국과 동일하게 관세제도가 공개되어 있다. 벨기에 쩨브뤼헤(Zeebrugge) 터미널, 영국의 그레인 액화천연가스 터미널 등이 대표적인 예다.

관세제도의 내용보다 더 중요한 것이 관세제도가 실질적으로 어떻게 운영되고 있는지 그리고 상업적 측면에서 액화천연가스사업의 결과가 실질적으로 현실화되는가 하는 것이다.[21]

4.3. 소유권적 접근

액화천연가스시장 개방과 더불어 발생되는 문제점으로 인하여 액화천연가스 공급자들의 전망은 수입터미널 서비스에 관한 규제 및 관리사항에 대하여 상이한 접근을 추구할 수 있도록 관리자를 압박하는 것이다.[22] 미국의 경우 2005년 에너지정책법령(Energy Policy Act: EPA)에 의하여 육상터미널에 15년간 유효한 소유권적 접근을 인정해주고 있다. 그리고 연방에너지관리위원회(FERC)도 이러한 권

---

21) 그럼에도 불구하고 액화천연가스 수입터미널의 시장 자유화는 미국시장에서 세 가지의 부정적인 결과를 초래하였다. 첫째는 다수의 수입터미널에서 액화천연가스 사용용량에 관한 권한이 불분명하여 제3자에게 용량에 관한 거래 혹은 할당을 하는 데 커다란 장애요소로 작용하는 점이다. 두 번째는 액화천연가스 공급자들은 자신들의 상류 부문 투자를 보호하기 위해서 하류 부문의 사업관계에 대한 안정을 보장받기를 원하고 있으나 시장 자유화는 이러한 액화천연가스 공급자의 이해관계를 대변해주지 못하고 있다. 세 번째는 액화천연가스 의무용량 보유자들이 시장 개방의 원칙에 충실하기보다는 자신의 권리를 보호하는 데 충실하다는 점이다.
22) 실례로 미국에서는 2002년에 심해항구법령(Deepwater Port Act)이 개정되면서 3마일 이외에 존재하는 석유기지뿐만이 아니라 천연가스기지까지 적용하게 되었다. 따라서 심해항구법령은 석유기지의 소유권적 접근을 인정해주고 있었기 때문에 심해에 존재하는 액화천연가스 터미널에도 소유권적 접근이 자동적으로 인정되었다.

리를 기존의 3개 액화천연가스터미널에 적용시키고 있다.

유럽의 경우에도 천연가스시장 자유화가 가장 많이 진전된 영국의 경우는 미국과 거의 동일한 상황이나 최종결정은 유럽연합의 본부가 있는 벨기에 브뤼셀(Brussels)의 유럽연합 관리자가 수행하고 있다. 이러한 유럽연합의 경향을 이탈리아와 스페인도 채택하고 있다.

액화천연가스 터미널 협정은 액화천연가스산업의 새로운 영역으로 자리 잡고 있다. 현재까지 규제적 시장접근 모델에 관한 경험은 축적되어 있는 상태이나 다수의 고객이 참여하는 소유권적 접근방법에는 실질적으로 운영의 예를 쉽게 찾아보기 힘들다. 따라서 액화천연가스사업의 시장 개방화가 매우 진전된 미국 및 서유럽, 특히 영국, 이탈리아, 스페인 등 국가의 사업 활동이 매우 강력한 대서양만(the Atlantic Basin)에서는 소유권적 접근방법이 액화천연가스 구매자 및 판매자의 미래에 중요한 방법론으로 작용할 가능성이 매우 큰 것으로 평가되고 있다(Tusiani & Shearer, 2007).

PART 05

글로벌 플랜트산업과
천연가스 플랜트시장

글로벌 플랜트산업과 천연가스 플랜트시장

1. 배경

1.1. 산업의 정의

플랜트의 정의는 발전소 혹은 정유공장과 같이 기계와 장치를 기술적으로 설치하여 생산자가 목적으로 하는 원료 또는 중간재, 최종 제품을 생산할 수 있는 제조설비를 의미한다. 이러한 플랜트를 발주자로부터 수주를 받아서 이를 기획 및 설계하고 필요한 자재를 조달하여 시공하는 데 필요한 전 분야를 포함하여 플랜트산업이라 정의하고 있다.

플랜트산업의 최대 장점은 설계(Engineering), 조달(Procurement), 시공(Construction) 등이 복합된 산업 부문으로 한 국가 내 전후방 산업연관효과가 매우 높다. 따라서 그 결과 플랜트산업을 추진하는 국가의 산업구조 고도화에 많은 기여를 할 수 있다는 점이다.

1.2. 플랜트산업 부문 및 특성

플랜트산업은 제조대상 혹은 생산 공정에 따라서 5개 플랜트 부문으로 나누어진다. 5개 부문은 석유 및 가스 플랜트, 환경 및 담수 플랜트, 발전 플랜트, 신재생에너지 플랜트, 정유 및 화학 플랜트 등으로 구성되어 있다. 플랜트산업은 부가가치가 매우 높은 가치집약형 산업이며 제조업과 서비스업의 성격을 동시에 보유하고 있는 융합산업이다. 동시에 플랜트산업은 엔지니어링, 기계설비, 건설산업 등이 복합적으로 구성되어 있는 복합산업으로서 산업 간 파급효과가 매우 큰 산업이다.

이외에도 플랜트 수주가 후속 기계류산업의 수출확대를 유발시키고 이로 인한 중소기업 기자재업체의 일반기계류 수출도 증가하는 선순환의 기능을 창출하고 있다. 따라서 플랜트산업은 궁극적으로 전반적인 산업구조 고도화를 견인하는 데 결정적인 역할을 수행하고 있다(한국과학기술기획평가원, 2010).

2. 글로벌 플랜트산업

2.1. 글로벌 플랜트산업 특징

2010년 글로벌 플랜트산업 공개시장 부문의 규모는 약 8,200억 달러에 이르렀으며 2015년까지 연간 약 7~10%의 높은 성장을 달성할 것으로 예상하고 있다. 이처럼 지속적인 고도성장이 예상되는 산업 부문임에도 불구하고 시장 점유는 상위 10개 국가가 글로벌 플랜트시장의 약 90%를 점유하고 있다. 따라서 글로벌 플랜트시장은 소수 선진국 중심의 과점시장을 형성하고 있는 것이 현실이다.

10개 국가 중 7개국이 미국, 서유럽, 일본 등 기술선진국이며 3개국이 우리나라, 중국, 인도 등 신흥공업국 혹은 현재 높은 경제성장률을 달성하고 있는 개발도상국이다. 글로벌 플랜트시장의 특성은 2005년 기술선진국의 시장 점유율은 71.7%에서 2007년 64.9%로 6.8% 감소하고 있는 추세를 보이고 있는 반면에 우리나라, 중국, 인도 등 시장추격자들의 시장 점유율은 17.7%에서 23.5%로 5.8% 증가하고 있는 상황이다(〈그림 21〉 참조).

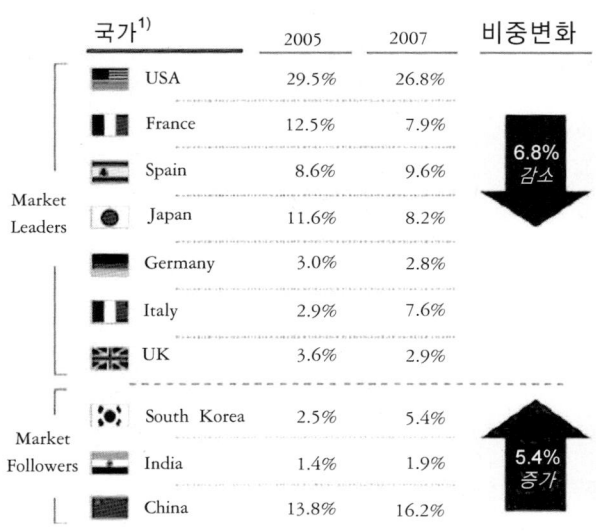

출처: Arthur D. Little, 『대한민국 플랜트 강국 보고서』, 2009.

〈그림 21〉 글로벌 플랜트산업 시장 점유상황(2005~2007)

글로벌 플랜트시장 주요 시장지배국가 중 미국, 중국, 프랑스, 일본, 스페인 5개 국가의 시장 점유율은 2005년 76%에서 2007년 81%로 증가하여 시장지배력을 강화하는 경향을 나타내고 있다. 5개 국가 중 중국의 시장지배력 증가가 뚜렷하게 나타나고 있으며 우리나라도 시장 점유율을 증가시키고 있다. 이로써 글로벌 플랜트시장의 선두그룹과 추격그룹의 극심한 경쟁이 예상되고 있다(〈그림 22〉 참조).

출처: Arthur D. Little, 『대한민국 플랜트 강국 보고서』, 2009.

〈그림 22〉 글로벌 플랜트시장 점유 그룹

2.2. 글로벌 플랜트산업과 우리나라

글로벌 플랜트산업에서 우리나라는 후발주자임에도 불구하고 건설, 엔지니어링, 화학산업 부문의 대기업이 존재하고 있는 장점을 충분히 활용하여 단시간에 8위의 주요 시장 점유국가가 되었다. 특히 적극적인 글로벌시장 진출과 중동시장에서의 수주증가로 2007년 글로벌 플랜트시장에서 5.4%의 시장 점유율을 나타내고 있다. 우리나라는 2015년 글로벌 플랜트시장에서 점유율 약 11%인 1,000억 달러의 수주를 달성하여 5대 글로벌 플랜트강국이 되는 것을 목표로 선정하고 있다(한국플랜트산업협회, 2012).

그러나 아직은 시장 규모가 상대적으로 작은 정유 및 석유화학 플랜트 부문에 강세를 보이고 있는 반면에 시장 규모가 매우 큰 석유 및 가스 플랜트, 환경 및 담수 플랜트, 발전 플랜트산업 부문에서는 상대적으로 약세를 보이고 있는 것이 현실이다(한국과학기술기획평가원, 2010).

2.3. 글로벌 플랜트산업 전망

글로벌 플랜트산업 전망은 분야별 전망과 지역별 전망으로 분석할 필요가 있다. 우선 분야별 전망으로 석유 및 가스 플랜트 부문은 부가가치가 매우 높은 해양 플랜트를 중심으로 타 플랜트 부문보다 높은 성장이 예상된다. 동시에 부가가치가 높기 때문에 이 부문에서 사업기회 확대를 추구하는 기술선도 업체 간 치열한 경쟁이 이루어질 것으로 전망된다.

환경 및 담수 플랜트 부문은 물 부족 현상이 심각한 나라를 중심으로 성장할 것으로 예상되며 인구증가, 환경오염, 지구온난화현상 등으로 인한 물 부족 심화로 인하여 지속적인 수요가 창출될 것으로 예상된다. 이외에도 발전 플랜트 부문은 전력수요가 급속하게 증가하는 신흥개발도상국을 중심으로 수요가 증가할 것으로 예상된다.

발전원별로는 석탄 및 천연가스 소비가 지속적인 성장이 이루어질 것으로 예상된다. 그러나 원자력 기술보유국가의 경우에는 고유가 및 기후정책 등 글로벌 에너지환경변화로 인하여 원자력발전 플랜트의 성장이 예상된다.

신재생에너지 플랜트 부문은 과다한 초기 투자로 인하여 특히 태양열/광 부문에 공급과잉현상이 발생하고 있는 상태로 어려움이 존재하지만 기존 에너지자원과 비교할 때 가격경쟁력을 회복할 수 있는 시점에 도달하면 빠른 속도로 발전할 수 있는 가능성이 존재한다. 석유화학 플랜트 부문은 설비시설의 과잉공급과 제품수요 감소로 인하여 일시적 침체가 이루어지고 있는 실정이다. 그러나 2011년 이후에는 빠른 속도로 회복이 예상되고 있다.

부문별 상황을 종합적으로 판단해보면 플랜트산업의 부문별 전망 중 석유 및 가스 플랜트, 석유화학 플랜트, 발전 플랜트 부문 순으로 성장이 이루어지리라 판단된다. 그 이유로는 석유 및 가스 플랜트 부문은 해양 플랜트(Offshore Plant) 부문이 높은 고부가가치를 창출할 수 있는 여건으로 인하여 기술선진국의 경쟁적인 참여가 예상되고 석유화학 플랜트 부문은 경기 순환적 성장이라는 특성으로 인하여 글로벌 경기침체 이후 회복기에는 높은 성장을 달성할 수 있는 특성을 보유하고 있기 때문이다. 또한 발전 플랜트 부문은 개발도상국 중심의 높은 경제성장으로 인한 발전수요 증가를 근거로 할 수 있다. 환경 및 담수 플랜트 부문은 환경악화 및 물 부족 현상으로 인하여 해당국가에서 지속적인 성장이 예상되나 이들 국가가 대부분 저개발국가로 글로벌 플랜트산업의 평균성장에는 미치지 못하리라 예상된다(ADL, 2009/〈그림 23〉 참조).

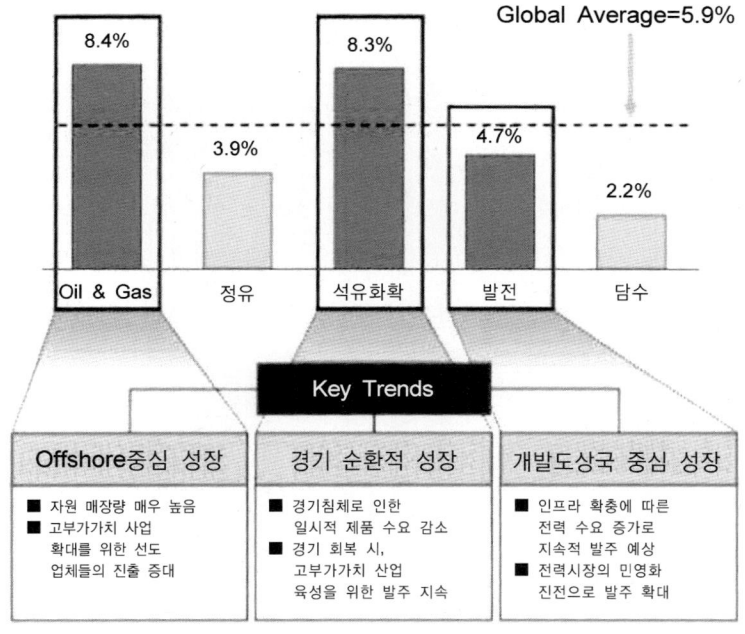

Global Average=5.9%

| 8.4% | 3.9% | 8.3% | 4.7% | 2.2% |
| Oil & Gas | 정유 | 석유화확 | 발전 | 담수 |

Key Trends

Offshore중심 성장	**경기 순환적 성장**	**개발도상국 중심 성장**
■ 자원 매장량 매우 높음	■ 경기침체로 인한	■ 인프라 확충에 따른
■ 고부가가치 사업	일시적 제품 수요 감소	전력 수요 증가로
확대를 위한 선도	■ 경기 회복 시,	지속적 발주 예상
업체들의 진출 증대	고부가가치 산업	■ 전력시장의 민영화
	육성을 위한 발주 지속	진전으로 발주 확대

출처: Arthur D. Little, 『대한민국 플랜트 강국 보고서』, 2009.

〈그림 23〉 부문별 플랜트산업 성장률 전망(2010~2015)

지역별 전망을 살펴보면 글로벌 경제성장 엔진의 역할변화로 인하여 기존의 북미 및 서유럽 지역에서 신흥개발 국가로 이동할 가능성이 매우 높다. 우선 중동 지역은 2008년 글로벌 경제위기로 인하여 발생한 글로벌 경기침체로 플랜트사업이 연기되는 사례가 이어지고 있으나 다른 지역과 비교하면 상대적으로 사업 환경이 매우 긍정적이다. 특히 높은 석유가격으로 축적된 오일달러를 바탕으로 대규모 자금투자를 추진할 수 있다. 그 결과 높은 수준의 경제성장과 빠른 속도로 진행되고 있는 도시화로 인하여 에너지 수요급증현상이 예상되고 있어서 석유 및 가스 플랜트, 그리고 발전 플랜트 부문이 성장할 것으로 예상된다.

중국, 인도, 동남아시아 지역은 지속적이며 높은 경제성장으로 인한 에너지 소비의 증가가 타 지역보다 매우 높은 특성을 나타내고 있다. 이러한 현상은 향후에도 지속될 것으로 예상되고 있다. 따라서 글로벌 에너지자원이 아시아 지역으로 흡수되고 있는 상황이며 에너지 부족문제를 해결하기 위하여 발전 플랜트 부문의 성장이 높을 것으로 예상된다.

중남미 지역은 에너지가격 및 원자재가격의 상승, 정치적 안정 등으로 과거보다는 높은 경제성장률을 달성하고 있으며 사회간접자본 확충과 에너지개발로 인한 석유 및 화학 플랜트 그리고 발전 플랜트 부문의 높은 성장이 예상되고 있다.

이처럼 지역별 플랜트산업의 사업 환경이 중동 지역, 중국, 인도, 동남아시아 지역, 중남미 지역이 타 지역보다 긍정적인 구체적인 이유는 거시경제, 경쟁, 정책, 발주기관, 리스크 측면 등 다양한 플랜트사업을 결정짓는 요소들에서 우수하기 때문이다. 동시에 이들 지역에서의 플랜트산업이 높은 성장이 예상되는 이유로는 중동 지역에서의 해외자금유치 확대가 진행되고 있으며 중국, 인도, 동남아시아 지역에서는 발전 플랜트사업이 집중되고 있다는 점이다. 또한 중남미 지역에서는 미국 및 서유럽 EPC 업체(Engineering-Procurement-Construction: 설계-자금조달-시공)들의 과점방지를 위하여 아시아 국가 업체들과 협력관계를 강화하고 있는 실정이다(한국과학기술기획평가원, 2010/〈그림 24, 25〉 참조).

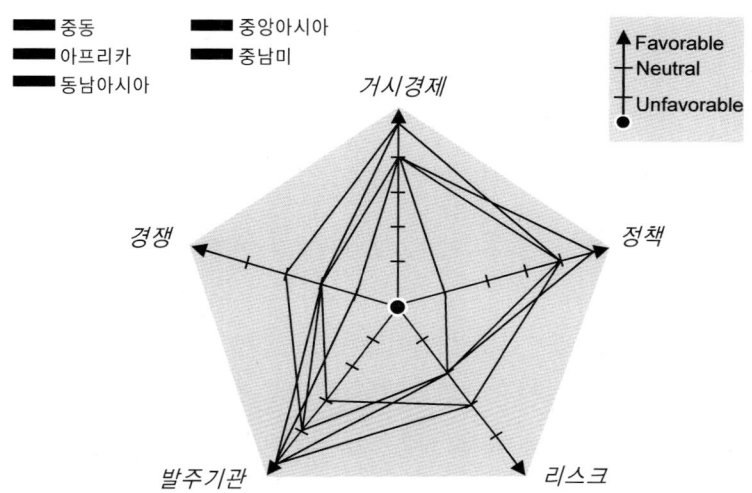

출처: Arthur D. Little, 『대한민국 플랜트 강국 보고서』. 2009.

〈그림 24〉 지역별 플랜트산업 환경

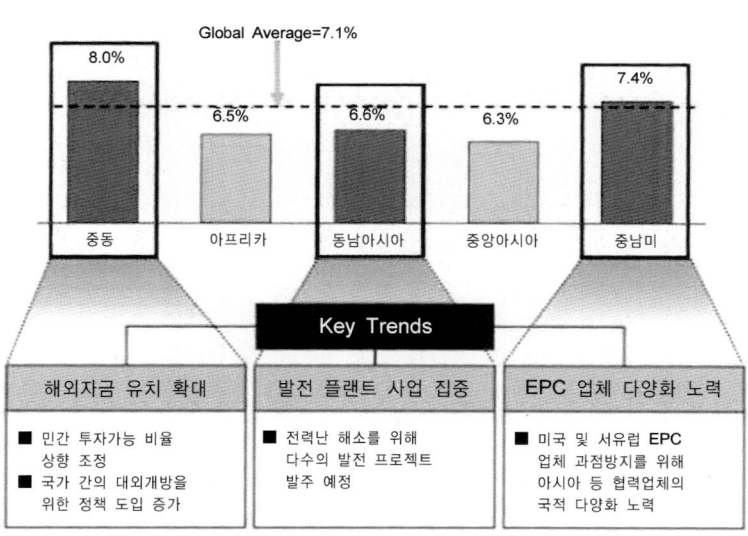

출처: Arthur D. Little, 『대한민국 플랜트 강국 보고서』. 2009.

〈그림 25〉 지역별 플랜트산업 성장률 전망(2010~2015)

3. 글로벌 천연가스 플랜트시장

3.1. 배경

　글로벌 플랜트시장은 2007년까지 글로벌 경제호황으로 2008년 중반까지 급속하게 증가하는 추세를 보였으나 2008년 9월 글로벌 금융위기로 인해 경기침체기에 진입하면서 2009년 수주가 대폭 감소하였다. 이후 2010년 미국, 서유럽 국가, 중국 및 일본 등의 대규모 재정 투입으로 2010년 회복기를 나타내었으나 2011년 유럽연합의 재정위기로 플랜트시장은 재차 위축되고 있는 것이 현실이다.
　이처럼 경기침체기에 플랜트시장이 위축되는 이유는 플랜트산업이 대규모 금융자본조달이 필수적이고 유가하락에 따른 자원보유국의 프로젝트 자본조달 어려움이 상승하기 때문이다. 또한 프로젝트 입찰단가를 낮추기 위한 프로젝트 입찰연기 등도 발생하기 때문으로 분석된다. 특히 고유가로 막대한 오일머니를 축적한 중동 산유국이 원유매장량 감소에 대비하여 지속적인 부가가치를 창출하기 위하여 에너지산업의 수직계열화를 구축하기 위하여 막대한 대규모 정유 및 석유화학 플랜트 발주를 확대하였으나 글로벌 금융위기로 인한 자금조달의 불리한 조건으로 인하여 신규 프로젝트 발주를 감소시키고 있는 실정이다.
　중동 산유국의 대규모 설비투자, 중국, 인도를 비롯한 동남아시아 국가들의 산업발전 및 높은 경제성장으로 인한 급격한 설비투자 증가, 심해유전개발, 친환경에너지개발 등으로 인하여 최근에는 플랜트산업의 규모가 대규모로 추진되고 있는 실정이다.

플랜트산업에 직접적인 영향을 주는 주요 요소는 유가, 경제성장률, 설비투자규모, 정부정책, 자본조달, 환율 등으로 분석되고 있으며 2008년 글로벌 금융위기 및 2011년 유럽연합 재정위기 등으로 부정적인 요인인 유가하락, 경제성장 둔화, 시설투자 감소, 자본조달의 어려움, 환율불안 등이 크게 발생하고 있는 것이 현실이다(하나 산업정보, 2009; Financial Times, 2011).

이처럼 어려운 글로벌 플랜트시장의 상황하에서도 천연가스 플랜트시장은 2008년과 비교할 때 2009과 2010년에는 높은 성장을 달성하였다. 그러나 2011년에는 유럽연합의 재정위기로 인하여 다소 침체된 상태를 보이고 있다. 그럼에도 불구하고 향후 글로벌 경제회복과 더불어 천연가스 소비 증가와 함께 천연가스 플랜트시장은 지속적으로 성장하는 추세를 나타낼 것으로 전망된다.

3.2. 천연가스 플랜트시장 현황

원유, 석탄, 천연가스 등 에너지자원 가격은 장기적이며 필수적으로 연동되어 있다. 따라서 제1차 주요 화석연료인 원유의 가격이 상승하면 천연가스의 가격도 상승하게 된다. 이 경우 특히 천연가스로부터 원유를 대체할 합성섬유를 생산할 수 있는 플랜트시장은 더욱 성장할 수밖에 없는 상황이다.

천연가스 사용량은 2000년 2조 6,000억 큐빅미터에서 2030년 4조 7,000억 큐빅미터로 증가할 것으로 국제에너지기구(IEA)는 전망하고 있다. 이처럼 천연가스 소비증대로 인하여 천연가스 플랜트 건설이 증가할 것이며 이를 가능하게 하는 이유는 다음과 같은 세 가지로 분석되고 있다(IEA, 2010).

첫째는 비경제적 가스자원의 현금화 추세이다. 전 세계 천연가스 매장량은 약 3,963조 큐빅미터로 예측되고 있다. 매장량은 석유와 비교할 때 상대적으로 풍부한 편이지만 매장 지역과 소비 지역이 지리적으로 거리가 매우 멀다는 점이다. 따라서 단거리는 파이프라인으로 천연가스 수송이 가능하지만 원거리일 경우에는 천연가스를 액화 처리하여 액화상태로 수송할 수 있는 가스액화 연료화 시설을 통하여 액화된 기체제품으로 전환한다. 이 제품은 낮은 증기압의 액화상태로 별다른 처리과정 없이 특별히 배송 인프라를 필요로 하고 있지 않다. 따라서 기존의 수송인프라를 통하여 선적, 보관 및 배급경로를 원활하게 수행할 수 있다. 그 결과 LNG 플랜트 및 GTL 플랜트는 비경제적인 가스전에서도 사업을 수행할 수 있는 가능성을 높여준다.

둘째는 청정연료에 대한 글로벌 수요가 증가하고 있는 점이다. 선진국을 중심으로 환경오염에 대한 규제를 강화하고 있는 추세가 진행되고 있다. 특히 대기오염과 관련하여 자동차에서 발생되는 배기가스 규제를 강화하고 있는 상황에서 청정연료인 천연가스 사용이 증가할 것으로 예상하고 있으며 특히 석유와 동일한 액체상태의 기체제품이 선호될 것이다.

셋째는 환경에 대한 영향이다. 주요 산유국들은 현재 상당한 양의 천연가스를 효율적으로 이용하지 못하고 공중에서 연소시키고 있다. 나이지리아의 경우 석유와 함께 생산되는 천연가스의 75%, 이란 17%, 사우디아라비아 15.5%, 인도네시아 5.3%를 연소시키고 있다. 문제는 천연가스는 청정연료이나 대량으로 공중에서 연소될 경우 이산화탄소, 메탄 등 온실가스가 발생한다는 점이다. 따라서 이를 해결할 수 있는 대안이 가스액화 연료화 시설(GTL)을 통한 플랜트 건설이다(윤승용, 2008).

글로벌 액화천연가스시장의 약 45%가 액화터미널 부분이며 그다음으로 규모가 큰 사업 부문이 액화천연가스 운송선박, 액화천연가스 인수기지 터미널 등이다. 액화천연가스 플랜트사업 부문의 핵심 부문인 액화터미널시장은 아시아, 아프리카, 중동이 최대시장이다. 이 세 지역의 천연가스 플랜트시장 규모는 2006년 전 세계의 약 83%를 차지하였으며 2011년에도 약 80%를 상회하고 있다. 특히 중동 지역에서의 액화천연가스 플랜트시장 확대가 2007년 이후 지속되고 있다.

천연가스 플랜트 중 액화천연가스 플랜트와 다른 한 축을 이루고 있는 가스액화 연료화 시설 플랜트도 역시 중동시장에서 대규모 프로젝트가 발주되고 있는 상황이다. 특히 2006년 카타르에서 가스액화 연료화 시설 프로젝트를 시작으로 대규모 플랜트가 건설되고 있는 상황이다.

2007년부터는 원자재 가격급등 및 설계인력 부족 등으로 일부 프로젝트가 지연되고 있는 실정이다. 그러나 이는 가스액화 연료화 시설 플랜트 자체의 수요가 부족해서가 아니기 때문에 글로벌 경제 회복과 더불어 원유가격이 상승하게 되면 가스액화 연료화 시설 플랜트시장은 더욱 팽창하리라 예상된다(윤승용, 2008).

3.3. 천연가스 플랜트시장 특성

액화천연가스 플랜트시장은 프로젝트의 규모가 20억 달러(약 2조 2,000억 원)가 넘는 초대형 프로젝트로 대규모 자본투자로 인한 장기적이며 안정적인 수익이 보장되므로 기술선진국들의 치열한 경쟁이 이루어지는 진입장벽이 매우 높은 시장이다. 그 이유는 시장에 일찍 진입한 선발기업들이 후발업체들이 시장에 진입하지 못하도록 진입장벽을 높이기 위하여 핵심기술이전 등을 회피하고 있기 때문이다.

액화천연가스 플랜트시장에서 엔지니어링 설계기술 등 원천기술을 보유하고 있는 기업은 미국, 일본, 독일, 프랑스의 KBR-JGC, Chiyoda, Bechtel, Technip 등 4개 기업에 불과하며 이 중 KBR-JGC, Chiyoda, Bechtel社 등 3개 기업이 전체 시장의 약 90%를 점유하고 있는 카르텔 구조를 형성하고 있다(〈그림 26〉 참조).

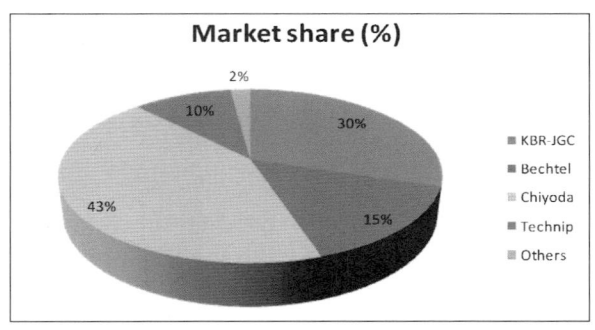

출처: LNG 플랜트사업단, 『LNG-FPSO 기획연구 보고서』, 2010.

〈그림 26〉 액화천연가스 플랜트시장 주요 기업

액화천연가스 플랜트는 2010년 18개 국가에서 44개 프로젝트를 운영 중에 있으며 전체 트레인 수는 93개로 연간 생산능력은 약 264.3MTPA에 이른다. 이 중 2005년 이후 21개 프로젝트가 준공되어 25개의 트레인이 증가하여 전체 생산량의 43.3%인 117.3MTPA가 이 기간 중에 증가하였다(LNG 플랜트 사업단, 2010).

3.4. 천연가스 관련 해양 플랜트시장

원유 및 천연가스는 육지 유전 및 가스전(Onshore Wells)에서만 생산되는 것이 아니라 해양 유전 및 가스전(Offshore Wells)에서도 생산이 되는 천연자원이다. 따라서 해양 원유 및 천연가스 공급사슬(Supply Chain)이 형성되어 있으며 해양 플랜트는 이러한 공급사슬에서 해양에 설치되는 설비를 의미한다. 최근에는 심해 해상가스 플랜트 프로젝트를 추진하기 위하여 액화천연가스 부유식 저장하역설비(LNG Floating Production Storage Offloading: FPSO)를 건설하고 있다(〈그림 27〉 참조).

해양 플랜트시장은 글로벌 원유 및 천연가스 소비량과 밀접한 관련을 갖고 있다. 그 이유는 육상 유전 및 가스전은 고갈되고 있는 반면에 해상 유전 및 가스전은 미개발 부문이 많이 존재하고 있기 때문이다. 따라서 에너지 소비량이 증가하면 해상 유전 및 가스전 개발이 활발해질 가능성이 높아지게 된다.

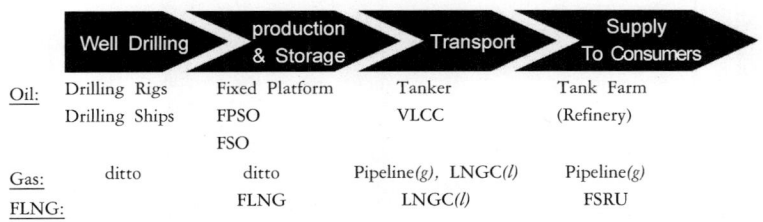

	Well Drilling	production & Storage	Transport	Supply To Consumers
Oil:	Drilling Rigs Drilling Ships	Fixed Platform FPSO FSO	Tanker VLCC	Tank Farm (Refinery)
Gas:	ditto	ditto	Pipeline(g), LNGC(l)	Pipeline(g)
FLNG:		FLNG	LNGC(l)	FSRU

FLNG: Floating LNG production Unit
F(P)SO: Floating, (Production,)Storage, and Offloading Unit
FSRU: Floating, Storage, and Regasification Unit
VLCC: Very Large Crude Carrier

출처: LNG 플랜트사업단, 『LNG-FPSO 기획연구 보고서』, 2010.

〈그림 27〉 해양 원유 및 천연가스 공급사슬

글로벌 에너지 소비는 2010년 기준으로 2030년에는 40% 증가할 것으로 예상하고 있으며 해상에서 생산되는 원유 및 천연가스의 비율이 지속적으로 증가하는 추세를 보일 것으로 전망된다. 따라서 심해 원유 및 천연가스 생산량 증가는 필수적으로 부유식 생산설비 시장의 증대를 발생시킬 것으로 예상된다.

이러한 이유로 인하여 해상 생산 플랜트의 초기투자비용(Capital Expenditure)은 2005년 이후 지속적인 증가세를 나타내고 있으며 2009년에서 2013년까지 5년간 약 460억 달러(약 50조 원)의 해상 플랜트시장이 전망되고 있다. 이 중 72%에 달하는 331억 달러(약 36조 원)가 부유식 저장하역설비(FPSO) 부문일 것으로 예상되고 있다(Douglas Westwood, 2009/〈그림 28〉 참조).

2010년 액화천연가스 부유식 저장하역설비(LNG FRSO)를 포함하여 추진 및 검토되고 있는 해양 플랜트는 약 159건이며 이외에도

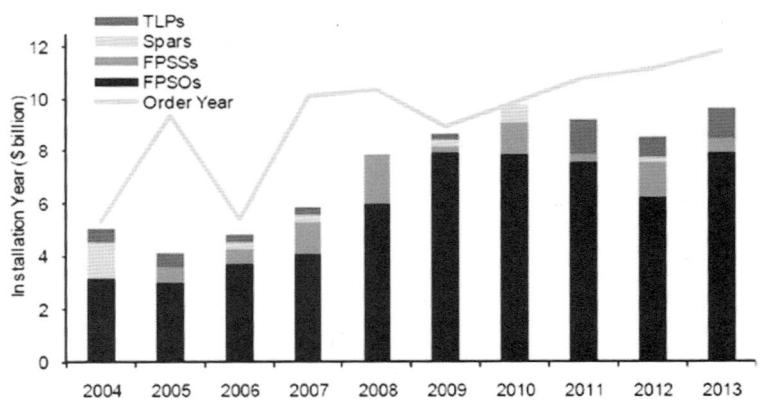

출처: Douglas Westwood, the World Floating Production Report 2009~2013, 2009.

〈그림 28〉 글로벌 부유식 생산설비 투자추이(2004~2013)

약 150여 건의 프로젝트가 계획 중에 있다. 해양 플랜트 건설을 결정짓는 가장 중요한 결정요소는 석유가격이며 글로벌 메이저들의 참여가 진행 중에 있다(〈표 11〉 참조).

〈표 11〉 액화천연가스 부유식 저장하역설비(LNG FPSO) 프로젝트

Project	Capacity (mtpa)	Liquefaction Process	Storage (x 1000 Ton)	Status
Flex LNG	1.7	Costain Dual N2	220	EPC
Shell	3.5	Shell DMR	436	FEED
SBM Offshore	2.5	Linde MFCP	230	Generic FEED
Hoegh	1.6~2.0	Lummus C1-N2	190	Generic FEED
Inpex	4.5	MR	230	Feasibility
Aker Kvaerner	5.8	MR	160~200	FEED
Bluewater		N2 or MR		Concept
BW Offshore	1.0~2.0	Mustang MDX	165~180	Concept
Hanmworthy	0.5~2.2	N2		Studies
Teekay	0.5~1.0	Mustang N2		Concept
Exmar/Excelerate	1.0~2.0	B&V PRICO		Concept
Saipem	1.0~2.5	N2 or MR	270	Studies
TGE Marine	0.4~1.5	MR		Concept
ConocoPhilips	5.3	Optimized Cascade	350	Concept
Sevan Marine	1.5	Costain Dual N2	200	Concept
Proteus LNG	2.0	Turbo Expander	160	Concept
Petrobras	2.7	N2 or MR		FEED
Pechora LNG	2.7	APCI DMR		Studies
PNG	3.0	Lummus C1-N2		FEED
DFLNG	2.0	SMR	270	Concept

출처: LNG 플랜트사업단, 『LNG-FPSO 기획연구 보고서』, 2010.

PART 06

우리나라 글로벌 자원개발 지원정책 및 에너지공기업 글로벌사업

우리나라 글로벌 자원개발 지원정책 및 에너지공기업 글로벌사업

1. 글로벌 자원개발정책 및 지원제도

1.1. 자원개발정책

1.1.1. 배경

우리나라의 글로벌 자원개발정책은 1978년 12월 해외자원개발촉진법이 제정되면서 본격적으로 추진되기 시작하였다. 이를 바탕으로 1978년 국가중앙부서로서 동력자원부가 신설되었으며 한국전력이 오스트레일리아에서 처음으로 우라늄을 개발하는 성과를 거두었다. 이후 1982년 12월에는 해외자원개발사업법으로 명칭을 변경하였다.[23]

이후 1983년 12월에는 유전탐사에 대한 성공 시 융자를 인정하

---

23) 해외자원개발사업법에는 농축산물, 수산물 및 임산물을 해외자원의 범위에 추가하였다.

지 않는 제도를 도입하여 유전탐사 실패 시에는 융자금 반환의무를 면제해주고 그 반대로 탐사가 성공하였을 시에는 특별 부담금을 부과하였다. 또한 1994년 12월에는 기업 활동 규제완화에 관한 특별조치법의 개정을 통하여 해외자원개발사업의 허가제를 신고제로 전환하였다.

1997년 시작된 아시아 외환위기로 인하여 우리나라가 IMF 관리경제체제로 전락하면서 해외자원개발사업 투자가 대폭 축소되면서 해외자원개발사업은 커다란 위기를 맞게 되었다. 이후 2000년 경제위기 극복과 함께 해외자원개발 활성화를 위하여 해외자원개발사업법에 10년 단위로 구성된 장기계획을 중기 및 단기 계획을 3년마다 수립하도록 입법화하였다.

우리나라의 글로벌 자원정책이 적극성을 띠게 된 것은 2004년 정부의 역할을 지금까지의 후방지원체제에서 사업선도라는 정책적 변화에 의해서 이루어졌으며 이러한 정부정책의 변화는 유가상승이 과거와는 달리 절대생산량의 한계로 인하여 장기적이며 구조적인 현상이라는 판단에 의한 것이다.[24]

따라서 정부는 자원개발 정책의 위상 및 행정조직을 크게 격상하여 2005년에는 산업자원부 자원개발과를 1국 3과로 확대 개편하고 대통령이 의장이 되는 국가에너지위원회를 신설하여 그 산하에 자원개발전문위원회를 설치하였다.[25]

이후 2008년 이명박 정부가 시작되면서 글로벌 자원개발체제는

---

24) 2004년 이전의 경향은 정부는 해외자원개발정책에서 주로 재정지원에만 주력하였고 사업권 확보는 기업이 담당하는 체제를 고착화하였다.

25) 당시 산업자원부 자원개발과는 자원개발국으로 격상되어 그 밑에 자원개발총괄과, 유전개발과, 광물자원개발과 등의 3과를 신설하게 되었다.

더욱 확대되어 국무총리실에 자원협력과를 설치하였으며 외교통상부에도 에너지자원협력과를 신설하여 국외 52개 주재국공관을 에너지거점 공관으로 지정하여 글로벌 자원 확보를 위한 글로벌 자원외교를 추진하고 있다(한국경제, 2009).

1.1.2 자원개발 현황과 실적

2010년 말 글로벌 석유개발은 36개 국가에 155개 사업을 추진 중에 있으며 광물자원개발사업은 39개 국가에 219개 사업을 시행하고 있다. 이 중 석유자원은 탐사, 개발, 생산의 수가 각 98개, 14개, 43개 사업이 진행되고 있으며 광물자원의 경우 탐사, 개발, 생산이 각 117, 61, 41개 사업이 진행되고 있다(지식경제부, 2010).

글로벌 자원개발사업의 수가 증가하면서 2005년 이후 자원개발 투자비용도 급증하고 있으며 특히 2008년에는 글로벌 자원개발 투자비용이 2007년 대비 77%가 증가한 57억 달러에 이르렀다. 이 투자액 중 석유 및 가스 부문이 42억 달러에 달해 전체 투자액 중 약 74%를 차지하였으며 철광석, 구리 등 6대 전략광물에 대한 투자액은 15억 달러로 전체 투자액 중 약 26%를 차지하였다.

이처럼 적극적인 에너지 및 자원개발을 위한 협력과 기업의 투자 활성화로 글로벌 자원개발에 신규진출이 증가하여 2008년에는 석유 및 가스 자원개발이 35건, 6대 전략광물개발이 42건으로 총 77건의 신규사업이 확보되었다. 이외에도 글로벌 자원개발 방식의 변화도 이루어지고 있어서 과거의 단순 지분투자에서 기술 및 경험을 보유할 수 있는 운영권을 확보한 사업이 증가하게 되었다. 그 결과 사업운영권을 보유하고 있는 석유 및 가스개발사업이 2007년 52개에서 2008년 67개로 크게 증가하였다(정우진, 2009).

1.1.3. 주요정책

글로벌 자원개발정책은 전략광물자원의 자주개발을 위한 목표설정, 자주적인 개발비율을 달성하기 위한 지역진출 전략수립, 진출전략을 추진하기 위한 기관협력 및 지원체계 구축, 전략추진을 위한 재정 및 인력, 기술, 정보 등과 같은 기초인프라를 구축하기 위한 지원제도 등의 4단계로 이루어진다.

제1단계에 해당하는 전략광물자원의 자주적인 개발비율을 달성하기 위하여 시행하는 그 선정기준은 국내에 정제 및 가공, 그리고 원광 및 정광 처리설비가 구비되어 있으며 수입규모 1억 달러 이상, 수입의존도가 90% 이상이 되는 광물들이다. 천연가스도 이에 해당되며 2008년 자주적 개발비율은 12.7%이나 2016년에는 39%에 이르는 높은 목표율을 설정하고 있다(지식경제부, 2009/〈표 12〉 참조).

〈표 12〉 전략광물자원별 자주적 개발비율 목표(2008~2016, %)

에너지 자원	2008	2012	2016	원료자원	2008	2012	2016
석유	3.8	17	24	철광	10.5	17	30
천연가스	12.7	31	39	동광	10.0	21	35
유연탄	37.9	45	50	아연	27.6	33	40
우라늄	N. A.	1	15	니켈	25.7	29	30

출처: 지식경제부, 2009.

글로벌 자원개발사업 진출 전략은 전략적 자원외교의 추진, 지역별 및 광물자원별 진출전략 추진, 우리나라의 강점산업과 광산개발권 확보를 연계하는 동반진출 전략추진, 인수 및 합병(M & A), 그리고 생산광구 확대추진 등을 실시하고 있다. 글로벌 자원개발 협력 및 지원체계를 구축하기 위하여 자원개발 관련 정부 및 공적기관들이 상호 연계되어 시너지효과를 일으킬 수 있도록 정책연계를 실시하고 있으며 이들 관련기관들은 정부, 공적기관, 협회 및 각종 위원회 등으로 구성되어 있다(〈표 13〉 참조).

〈표 13〉 글로벌 자원개발 협력 및 지원기관

정부기관	담당부서	자원외교 관련업무
지식경제부	자원개발원전정책실	자원개발 총괄, 석유, 광물자원개발
외교통상부	개발협력국	ODA, KOICA 정책, 인도적 지원
	에너지 기후변화과	에너지팀, 에너지협력외교, 에너지거점공관 운영
	각 지역국	동북아국, 중남미국, 아프리카 중동국의 지역외교
재정경제부	개발협력과	EDCF 업무 총괄, ODA 정책
건설교통부	해외건설과	해외 지역 수주활동지원(중동, 아제르바이잔, 아프리카, CIS 등)
국무총리실	자원협력과	해외자원개발 업무지원, 정책조정
공적기관 및 협회	담당부서	자원외교 관련업무
KOTRA	해외지사	자원개발 관련 정보수집 및 제공
수출입은행	금융부서	자원개발사업에 대한 융자지원 업무 수행
수출보험공사	보험 및 투자보증부서	자원개발사업에 대한 보험 및 자원개발펀드 투자보증사업 실시
해외자원개발협회	특정부서 없음	자원개발사업의 상호 협력 및 공동 참여방안, 정부대행사업 수행 등
협의회	담당부서	자원외교 관련업무
에너지산업해외진출협의회	특정부서 없음	자원개발기업과 인프라, 건설기업 간의 정보교환 및 공동사업진출
에너지협력외교지원협의회	특정부서 없음	자원외교와 관련된 이슈가 발생했을 때 동 이슈에 대한 관계부처 간 협력을 논의

출처: 지식경제부, 2010.

1.2. 지원제도

글로벌 자원개발을 위한 지원제도로는 재정 및 인력, 기술, 정보 등의 기본인프라 지원제도가 대표적이며 자원개발 관련 정부예산은 에너지 및 자원사업특별회계에서 대부분이 편성되어 운용된다. 이 외에도 세제지원이 시행되고 있으며 대표적인 것이 해외자원개발투자 배당소득에 대한 법인세면제(조세특별법 제22조), 해외자원개발 설비투자 세액공제(조세특별법 제25조), 해외자원투자개발투자에 대한 세액공제(조세특별법 제104조 15항) 등이 있다.

정부 및 관련기관 지원예산으로는 위에서 언급한 것처럼 우리나라의 자원개발과 관련된 정부예산이 재정공급의 주요 원천이다. 정부예산은 에너지 및 자원사업특별회계에서 대부분 편성되어 운용되고 있으며 2008년도 예산은 약 9천3백억 원이며 2009년도 예산은 약 1조 원으로 약 7.5% 증가를 나타내고 있다. 2010년도 예산은 전년도 대비 70% 증가한 1조 7,021억 원에 달하였다(국회예산정책처, 2010/〈표 14〉 참조).

〈표 14〉 자원개발 관련 에너지 및 자원사업 특별회계예산(백만 원)

회계/사업 구분	2008(A)	2009(B)	증감액(B-A)	증감률(%)
유전개발	791,500	867,600	69912	7.5
유전개발사업출자	364,700	509,400	144,700	39.7
해외자원개발융자	426,000	358,200	67,800	15.9
해외석유개발조사	800		800	100
일반광물개발	142,442	136,254	6,188	4.3
해외자원개발투자	89,000	4,300	84,700	95.2
일반광업육성지원	10,288	8,000	2,288	22.2

광산안전시설	3,496	3,496		0.0
광산물비축사업출자	8,469	8,469		0.0
광산물비축자산관리보조	689	589	100	14.5
대한광업진흥공사출자	30,000	110,700	80,700	269.0
자원협력기반구축	500	700	200	40.0
총계	**933,943**	**1,003,854**	**69,912**	**7.5**

출처: 재정경제부, 2010.

이외에도 에너지관련 공기업인 한국석유공사, 한국광물자원공사, 한국가스공사 등이 해외자원개발을 위한 출자방식 및 공적 금융기관의 자원개발 지원제도 등이 있다.

인프라 지원제도로는 인력양성, 기술육성, 정보력 강화 등을 위한 기본인프라를 지원하기 위하여 전국에 10개 대학을 자원개발 특성화 대학으로 지정하고 자원개발 관련 학과에 대한 지원을 실시하고 있으며 또한 실무자 교육을 위하여 6개월 과정의 자원개발아카데미 프로그램을 운영하고 있다. 이외에도 지질자원연구원을 중심으로 자원개발기술 로드맵을 수립하여 자원탐사를 위한 기술개발 예산을 지원하고 있으며 자원부국에 대한 정보력 제고 및 기업에 이와 관련된 정보를 지원하기 위하여 정보지원 시스템을 구축 중에 있다.[26]

---

26) 이를 위하여 한국석유공사, 한국광물자원공사, KOTRA 등에 정보를 제공하고 있으며 정부 내에 종합정보시스템 구축을 추진 중에 있다.

2. 한국가스공사 글로벌시장 수익사업

2.1. 국가에너지 기본계획과 천연가스산업

2005년부터 시작된 고유가 상황이 지속되고 2008년 말부터 시작된 글로벌 경제위기로 인하여 2009년 에너지 소비가 잠시 감소상태를 보이다가 2010년부터 세계경제의 점진적인 회복세로 인하여 석유가격 및 가스 가격의 상승이 예상되어 에너지 상류 부문 설비투자 및 산업의 설비수요가 지속적으로 증가하리라 판단된다. 그러나 2011년 유럽연합의 재정위기로 인하여 글로벌경제가 재차 침체기에 들어서고 있는 관계로 에너지 가격의 상승은 글로벌 경제가 전반적으로 회복되기 시작하는 2013년 말까지는 제한적인 것으로 예상되고 있다.

우리나라는 에너지 부문 중 석유, 가스, 전력 부문의 설비건설과 운영 및 관리 부문에 저렴하고 효율적인 시스템을 운영하고 있으며 선진국 대비 최고 70% 수준에 이르는 능력을 보유하고 있어서 이러한 기술 및 운영능력을 활용하여 글로벌 에너지시장에 진입할 수 있다고 판단하고 있다.[27] 이를 위하여 에너지 플랜트 해외수주 확대 및 해외발전 사업 부문에 우리의 역량을 집중하여 글로벌 에너지시장의 대상 지역을 다각화하여 주요 선진국 중심의 글로벌 에너지시장의 장벽을 넘어야 한다.

---

[27] 그러나 현실적으로 미국, 프랑스, 영국, 네덜란드, 독일 등 글로벌 에너지시장의 메이저 기업들과 비교할 때 해외사업 경험, 네트워크, 브랜드파워 등과 같은 소프트 부문의 인프라가 절대적으로 부족하여 글로벌 에너지시장의 진입을 위한 전략적인 지원 방향이 필요하다.

글로벌 에너지시장의 주요 부문인 에너지플랜트사업 부문과 해외 발전사업 부문에서 우리나라는 주요 선진국에 비하여 매우 저조한 시장 점유율을 보유하고 있기 때문에 국가적인 차원에서 전략적으로 시장 점유율을 증가시킬 필요가 있다. 이를 위하여 에너지 플랜트시장 점유율을 2005년 2.6%에서 2030년 10%까지 증가시키도록 계획하고 있으며 글로벌 발전사업 진출을 위하여 우리나라 전력회사 총매출액 중 국외매출 비중을 같은 기간 내 15%까지 증가시킬 것을 목표로 설정하였다(국무총리실, 2008/〈표 15〉 참조).

〈표 15〉 글로벌 에너지 플랜트 수주전망

구분		2005	2006	2007	2008	2009	2010	2015	2020	2030
수주	금액 (억 달러)	150	226	393	450	510	582	890	1161	1734
	증가율	85.8	50.2	73.9	14.2	13.3	14.2	8.9	5.5	4.1
	시장 점유율	2.6	3.4	5.6	6.0	6.5	7.0	8.0	9.0	10
시장	금액 (억 달러)	5,786	6,586	6,981	7,400	7,844	8,315	11,127	12,899	17,335
	증가율	4.7	13.8	6.0	6.0	6.0	6.0	6.0	3.0	3.0

출처: 국무총리실, 2008.

천연가스산업의 전략화도 중요한 사업수행 과제이다. 글로벌 가스산업은 중국, 인도 등 신흥공업국의 급격한 경제성장으로 인한 에너지 소비 증가, 지구온난화로 인한 청정에너지연료 사용의 필요성 대두로 인하여 전 세계적으로 천연가스의 사용량 중 액화천연가스의 소비량이 증가하리라 예상된다.

글로벌 액화천연가스 소비량의 증가는 2001년부터 2005년까지

는 연평균 6.8%, 2006년부터 2010년까지는 연평균 11.5%, 2011
년부터 2015년까지는 연평균 6.2% 증가할 것으로 세계 액화천연가
스수입자 그룹(The International Group of LNG Importers:
GIIGNL)은 예상하고 있다(www.giignl.org).

그러나 글로벌 경제위기로 인한 경기침체는 2008년 4/4분기부
터 액화천연가스 수요도 급격하게 감소시키고 있으며 2009년 중반
에는 액화천연가스 거래가 최근 5년간 최저수준까지 감소하였으며
2009년 말부터 다시 증가하고 있다. 따라서 2008년도 글로벌 액화
천연가스 소비량은 7.2% 증가하였으며 2009년도에는 4.1% 증가
에 그쳤다(Oil & Gas, 2010).

액화천연가스 수입을 국가적 차원에서 전담하고 있는 공기업 한
국가스공사(KOGAS)는 단일 기업으로서는 세계 최대의 천연가스
수입업체로서 글로벌 천연가스시장에서 액화천연가스 구매교섭력
(Bargaining Power)을 보유하고 있다. 동시에 세계 최대의 액화
천연가스 터미널을 건설하고 이를 운영할 수 있는 노하우를 보유하
고 있다. 그러나 글로벌 메이저 석유기업과 비교할 때 액화천연가스
수송과 터미널 건설, 운영 등과 같은 하류 부문에는 글로벌 경쟁력
을 보유하고 있으나 가스전 개발, 액화처리 등과 같은 상류 부문에
는 경쟁열위에 있는 것이 현실이다.

따라서 액화천연가스 구매교섭력을 바탕으로 상대적으로 부가가
치가 큰 액화천연가스 플랜트시장에 신규진입을 추진하여야 하며
이를 위한 기술력 향상을 위하여 연구개발(R&D) 부문에 집중적인
투자가 필요하다. 이를 위해서 2008년까지 천연가스 분야 연구개
발 부문 기술로드맵을 완성하고 2013년까지 액화공정개발 및 플랜

트 설계기술 확보를 추진하고 있다.

또한 액화천연가스 수송선박의 화물탱크 제조핵심기술을 국산화하여 수송선 핵심경쟁력을 확보하고 기술선진국인 독일과 프랑스처럼 러시아에서 천연가스 도입 시 파이프라인 천연가스(PNG) 구축사업에도 참여할 수 있는 역량을 보유하여야 한다.[28] 이외에도 한국가스공사의 최대 강점인 액화천연가스 터미널 건설 및 운영에 관한 노하우를 활용하여 신규 액화천연가스 사용국가, 천연가스 생산국의 액화천연가스 터미널 건설 및 운영사업에 적극적으로 사업 확대를 시도하여야 한다[29](국무총리실, 2008).

2.2. 한국가스공사 글로벌시장 수익사업

한국가스공사는 1983년에 설립되어 우리나라 액화천연가스 수입을 전담하는 공기업으로 2010년 액화천연가스 판매량이 3천만 톤으로 단일 기업으로는 세계 최대의 액화천연가스 수입업체이다. 27년간의 짧은 역사 속에서 세계 최대의 액화천연가스 수입업체로 성장하였으나 공기업의 한계를 극복하지 못하여 자체적인 수익사업은 최근에 개발하기 시작하였다. 이를 위하여 그동안 축적한 액화천연가스 터미널 건설 및 운영에 관한 노하우, 구매교섭력을 활용한 고

---

28) 액화천연가스 수송선 1척을 건설 시 화물창고 제조관련 기술비용은 약 1천만 달러에 이르며 액화천연가스 수송선 1척 평균가격은 약 2억 5천만 달러에 이른다.

29) 세계 액화천연가스 사용 국가는 액화천연가스 수요증가에 따라서 액화천연가스 터미널의 확장 및 신설을 적극적으로 추진하고 있으며 2008년 1월 태국의 액화천연가스 터미널, 동년 3월 멕시코의 액화천연가스 터미널을 국내기업이 수주하는 성과를 올리게 되었다.

부가가치 산업에 신규진입, 투자사업, 탐사사업, 개발사업 등을 통하여 진정한 글로벌 에너지기업으로 성장하려는 목표를 설정하고 있다. 이를 위하여 고객과 함께하는 글로벌 KOGAS라는 2017비전을 설정하여 천연가스자원의 안정적인 확보뿐만 아니라 글로벌 에너지시장에서 지속적인 수익창출을 통한 지속적인 성장전략을 채택하였다(KOGAS, 2009).

글로벌 수익사업 창출을 위하여 2010년 세계 10개 국가 16개 광구에서 에너지사업을 진행하고 있으며 2017년 에너지 자주개발목표 25%라는 정확한 목표치를 설정하여 진행하고 있다. 글로벌 수익사업의 종류는 투자사업, 개발사업, 탐사사업, 가스전사업, 액화천연가스 터미널사업, 기술자문사업 등 7개 부문으로 진행되고 있으며 투자사업 3개, 개발사업 2개, 탐사사업 3개, 가스전사업 1개, 액화천연가스 터미널사업 3개, 기술자문사업 1개 등으로 총 13개 사업이 진행 중에 있다.

투자사업으로는 카타르의 라스가스(Ras Gas), 오만의 액화천연가스, 예멘의 액화천연가스사업 등이 있으며 개발사업으로는 나이지리아 가스개발사업, 미얀마 A-1, A-3 광구 개발사업 등이 있다. 탐사사업으로는 우즈베키스탄의 우준루이 광구탐사, 이탈리아 ENI 광구탐사, 동티모르 및 오스트레일리아의 JPDA 06-102 광구탐사 등이 있으며 가스전사업으로는 우즈베키스탄의 수르길 가스전사업이 있다.

이외에도 액화천연가스 터미널사업으로 멕시코 만사니요, 태국의 PTT, 중국 푸젠 성 액화천연가스 터미널사업이 진행 중에 있으며 기술자문사업으로는 베트남 배관건설공사사업 등이 있다. 이 중 멕시코 만사니요 액화천연가스 터미널사업은 2011년 8월 완공하여 20년간 장기 운영사업에도 직접 참여하고 있다(KOGAS, 2009, 2012).

PART 07

우리나라 플랜트산업 및
글로벌시장 진출전략

우리나라 플랜트산업 및
글로벌시장 진출전략

1. 우리나라 플랜트산업 현황

1.1. 배경 및 현황

우리나라 플랜트산업은 대기업을 중심으로 글로벌 경쟁력을 확보해나가고 있는 상황이며 수출주도형 경제구조하에서 그 중요도가 더욱 심화되고 있다. 우선 2007년에는 260억 달러에 이르는 수출 실적으로 수출산업 부문 중 7위를 차지하였으며 2008년에는 281억 달러 수출을 달성하여 9위로 뒷걸음쳤으나 2009년에는 364억 달러 수출로 선박수출에 이어 제2위의 수출산업으로 위상을 높였다 (통계청, 2010/〈그림 29〉 참조).

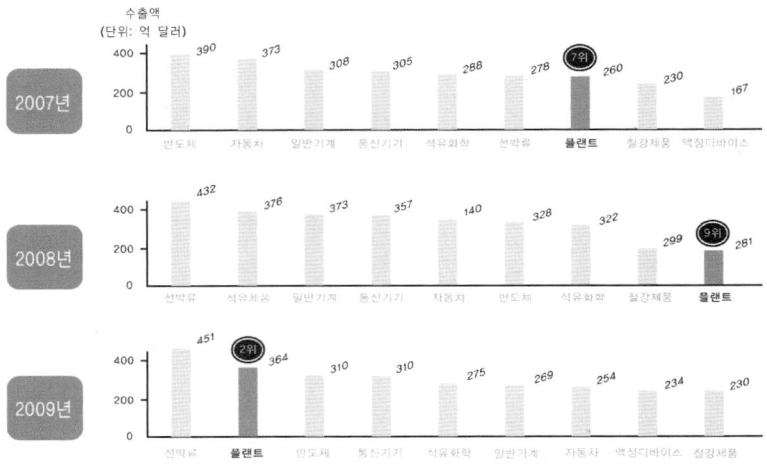

출처: 통계청, 2010.

〈그림 29〉 국내플랜트산업 성장추이(2007~2009)

　이로써 플랜트산업은 반도체, 통신기기, 석유화학, 자동차산업 등 우리나라 기간산업보다도 중요한 수출산업으로 자리 잡게 되었으며 차세대 성장 동력을 위하여 국가적 차원에서 전략적으로 활용하여야 할 중요 산업 부문으로 인식되기 시작하였다(지식경제부, 2010).

　플랜트산업은 2008년 글로벌 금융위기로 인한 경제침체에도 불구하고 2009년 전년대비 약 30% 성장하여 364억 달러 수출을 달성한 효자산업으로 자리 잡게 되었다. 그러나 모든 플랜트산업 부문에서 성장을 달성한 것이 아니라 석유 및 가스 플랜트 부문에서 2007년 대비 2008년 170% 그리고 2008년 대비 2009년에는 약 440%의 괄목할 만한 성장을 보였으며 발전담수, 해양 플랜트, 석유화학, 기자재 부문에서는 2007년 대비 2008년에 낮은 성장을 보였으나 2008년 대비 2009년에는 성장감소를 경험하였다.

2001년에서 2010년까지 지난 10년간 플랜트산업 수주 측면에서 분석해보면 플랜트산업 수주는 2001년에서 2003년까지 감소기, 2004년부터 2008년까지 급성장기, 2009년 침체기를 거쳐서 2010년 재도약기를 거치는 패턴을 보이고 있다. 특히 2010년에는 아랍에미리트공화국(UAE)에서 수주한 대규모 원자력발전소 플랜트사업으로 인하여 전체 수주액이 급성장하였다(〈그림 30〉 참조).

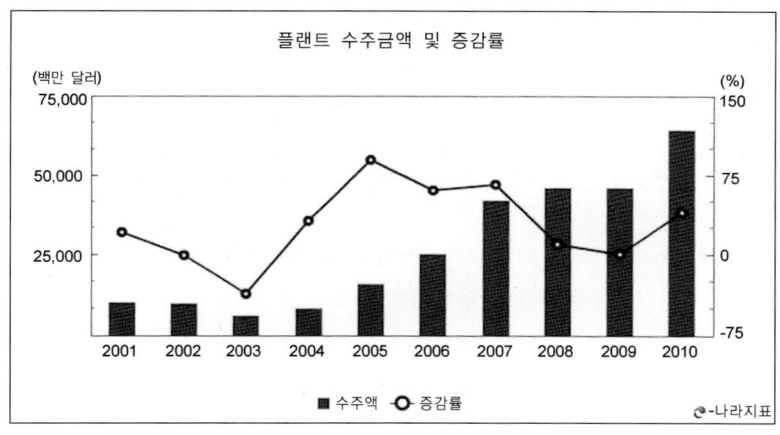

출처: 지식경제부. 한국플랜트산업협회. 2011.

〈그림 30〉 우리나라 플랜트 수주액 및 증감률(2001~2010)

플랜트산업 분야별 수주 실적은 자원개발용 해저시추선(Drill Ship) 건설 등 해양 플랜트 수주가 급증하여 2008년 161억 달러를 기록하였으나 석유화학, 발전 및 담수설비는 2007년과 비교할 때 2008년에는 뚜렷한 감소세를 나타내고 있다. 그러나 2009년에서 2010년의 시장상황을 분석하면 석유 및 가스 부문 그리고 산업시설 부문은 감소세를 나타내고 있는 반면에 석유화학, 발전 및 담수 부문은 크게 증가하고 있다[30](〈표 16〉, 〈표 17〉 참조).

〈표 16〉 플랜트산업 분야별 수주실적(2007~2008)

(백만 달러, %)

구분		2007		2008		
		실적	점유율	실적	점유율	증감률
설비	발전·담수	12,794	30	10,086	22	-21
	해양	13,685	33	16,144	35	18
	오일/가스	3,058	7	8,277	18	170
	석유화학	9,723	23	6,188	13	-36
	산업시설	849	2	3,454	7	306
	기자재	1,953	5	2,058	5	5
계		42,162	100	46,207	100	10

출처: 지식경제부, 『Eco-Energy 플랜트 경쟁력 확보산업』, 2009.

〈표 17〉 플랜트산업 분야별 수주실적(2009~2010)

(백만 달러, %)

구분		2009		2010		
		실적	점유율	실적	점유율	증감률
설비	발전·담수	7,664	16.6	35.914	55.7	368.4
	해양	5,242	11.3	8,860	13.7	69.0
	Oil&Gas	27,858	60.2	11,964	18.6	△57.1
	석유화학	2,615	5.6	6,066	9.4	131.9
	산업시설	2,234	4.8	1,498	2.3	△32.9
	기자재	688	1.5	178	0.3	△74.1
계		46,304	100	64,480	100	39.3

출처: 지식경제부, 한국플랜트산업협회, 2011.

---

30) 수출액과 수주액은 항상 일정하지 않다. 그 이유는 플랜트 수주 후에 경제상황이 변하면 플랜트 수주를 취소 혹은 발주를 연기하기 때문이다. 이러한 현상이 발생하는 가장 커다란 이유는 플랜트산업은 대규모 자본투자가 필요한 사업으로 글로벌 경제상황이 위축되면 자본조달 비용이 급증하기 때문이다.

해양 플랜트 부문에서는 국내 3개 플랜트기업인 현대중공업, 삼성중공업, 대우조선해양 등이 해저시추선, 반잠수시추선 건설 부문에서 독보적인 시장 점유율을 나타내고 있다. 이외에도 증발식 담수 플랜트 부문에서는 두산중공업이 글로벌시장에서 40%의 시장 점유율을 기록하며 세계 1위로 기록되고 있다(한국과학기술기획평가원, 2010).

플랜트산업의 수주는 일반적으로 에너지 관련 기업과 발전회사, 그리고 외국정부가 발주를 하게 되면 국내외 플랜트업체가 수주를 하게 되고 프로젝트를 진행하면서 기자재업체들도 이에 참여하는 구도로 진행된다. 우리나라의 경우 대형 플랜트 업체를 제외하고는 글로벌경쟁력은 상대적으로 매우 부족한 편이다. 이외에도 기자재 업체들도 대부분이 중소기업으로 구성되어 있어서 글로벌 경쟁력이 낮은 편이다.

국내 플랜트업체의 글로벌 경쟁력은 상세설계, 시공관리 부문에서는 높게 평가되고 있으나 원천기술 및 기본설계기술은 낮은 것으로 평가되고 있다. 이외에도 기자재 부문에서 일반적인 범용부품에서는 기술경쟁력을 확보하고 있으나 중국 등 후발 경제개발국가와는 가격경쟁력에서 비교열위의 위치에 있다.

1.2. 주요시장

우리나라 플랜트산업의 주요 시장은 중동 지역, 아시아 태평양 지역, 아프리카 지역, 유럽 지역, 미주 지역 등 전 세계적으로 시장을 확보하고 있다. 글로벌시장에서 2008년 수주한 총액은 462억 달러에 이르고 있으며 2010년에는 645억 달러로 약 40% 증가하였다. 특히 중동 지역과 미주 지역에서 괄목할 만한 성장을 달성하였다 (〈표 18〉 참조).

〈표 18〉 주요 시장 지역별 플랜트 수주현황(2008~2011)

구분	2008	2009	2010	2011.05.	2011.06.
수주액	46,207	46,304	64,480	8,055	2,398
(증감률, %)	(9.6)	(0.2)	(39.3)	(298.0)	(-35.6)
아시아(중동 제외)	6,069	6,882	12,168	725	727
중동	20,031	31,118	38,122	4,446	499
아프리카	2,314	4,222	4,151	5	0
미주	12,343	2,969	3,778	603	1,142
기타	5,450	1,113	6,261	2,276	0

구분	2011.07.	2011.08.	2011.09.	2011.10.
수주액	3,299	2,383	7,437	4,715
(증감률, %)	(-55.7)	(-26.5)	(14.2)	(118.1)
아시아(중동제외)	279	920	2,119	988
중동	1,189	1,460	4,178	1,501
아프리카	4	2	0	252
미주	705	0	8	1,974
기타	1,122	0	1,132	0

출처: 지식경제부, 한국플랜트산업협회, 2011.

수주증가의 배경으로는 산유국들의 산업인프라 투자확대, 각 국가의 에너지자원 확보 및 유전개발 경쟁으로 인한 심해저시추선(Drill Ships) 등 해양플랜트 건설증대, 오일 및 가스프로젝트 발주 증가가 중요한 역할을 한 것으로 분석되고 있다.

지역별로 분석하면 중동 지역에서 2008년 상반기까지 고유가에 따른 오일달러 투자가 오일 및 가스, 석유화학, 정유시설 등 산업인 프라 건설에 약 200억 달러 이상의 프로젝트가 발주되었다. 또한 미주 지역에서는 자원개발 경쟁에 따른 해저시추선 등 해양 플랜트 발주액이 동년 약 123억 달러에 이르렀다. 이로써 2008년 글로벌 금융위기로 인한 경제 위축에도 불구하고 중동 지역 및 미주 지역에서의 플랜트산업 수주액은 증가하였으며 아시아 태평양, 아프리카, 유럽 지역에서의 수주액은 크게 감소한 경향을 나타냈으나 2008년 이후에는 아프리카 지역을 제외하고는 성장세로 전환되었다(지식경제부, 2009, 2011; 한국플랜트산업협회, 2011/〈표 19〉, 〈표 20〉 참조).

〈표 19〉 플랜트산업 지역별 수주현황(2007~2008)

(백만 달러, %)

구분		2007		2008		
		실적	점유율	실적	점유율	증감률
지역	중동	12,265	29	20,031	43	63
	아시아	11,572	27	6,069	13	-47
	아프리카	7,934	19	2,314	5	-70
	유럽	6,556	16	5,450	12	-16
	미주	3,835	9	12,343	27	221
계		42,162	100	46,207	100	10

출처: 지식경제부. 『Eco-Energy 플랜트 경쟁력 확보산업』. 2009.

〈표 20〉 플랜트산업 지역별 수주현황(2009~2010)

(백만 달러, %)

구분		2009		2010		
		실적	점유율	실적	점유율	증감률
지역	중동	31,118	67.2	38,122	59.1	22.5
	아시아&대양주	6,882	14.9	12,168	18.9	76.8
	아프리카	4,222	9.1	4,151	6.4	△1.7
	유럽	1,113	2.4	6,261	9.7	462.5
	미주	2,969	6.4	3,778	5.9	27.2
계		46,304	100	64,480	100	39.3

출처: 지식경제부, 한국플랜트산업협회, 2011.

2. 우리나라 플랜트산업 글로벌 경쟁력과 취약점

2.1. 국내 플랜트산업 글로벌경쟁력

플랜트산업에 참여하는 국내기업의 글로벌 경쟁력은 엔지니어링의 상세설계 및 시공관리 부문은 글로벌 경쟁력을 확보하고 있으나 원천기술은 기술선진국과 비교할 때 전반적으로 낮은 수준이며 기본설계와 기자재 부문도 선진국 대비 비교열위를 나타내고 있다. 특히 원유 및 가스 플랜트 부문이 취약한 것으로 분석되고 있다. 그러나 6대 플랜트산업 부문 중 전 부문에서 글로벌 경쟁력이 취약한 것이 아니라 정유, 석유화학, 해양 플랜트 부문에서는 원천기술과 기자재 부문을 제외하고는 선진국 기술수준을 확보하고 있는 것으로 조사되었다.

국내기업이 위의 3개 플랜트산업 부문 이외에도 상세설계 및 시공 부문에서 글로벌 경쟁력으로 확보하고 있는 가장 큰 이유는 국내 대형건설업체 및 엔지니어링기업이 글로벌시장에서의 풍부한 플랜트건설 및 시공경험을 확보하고 있기 때문인 것으로 판단된다.

그러나 원천기술, 기본설계 부문은 기술선진국의 메이저기업들이 독점하고 있는 상태이며 핵심기자재 부문도 국내기업의 기술능력 부족 및 실적 부족, 국외 벤더등록 미흡 등으로 수주물량의 대부분을 수입에 의존하고 있다. 이는 국내 플랜트기자재 및 부품기업들이 소수의 일부기업을 제외하고는 중소기업으로 형성되어 있으며 높은 단순조립의존도, 저수익구조로 인한 인력개발 및 연구개발 부문의 투자능력 취약, 플랜트산업 특성상 높은 영업비용으로 인한 신규시장 접근 어려움 등으로 분석되고 있다(〈표 21〉, 〈표 22〉 참조).

〈표 21〉 국내 플랜트산업 글로벌경쟁력(기술선진국 100 기준)

연도	국내산			해외산			국산율
	장비비	자재비	합계	장비비	자재비	합계	
2003	7.7	49.2	56.9	92.4	318.1	410.5	12.2
2004	19.1	188.6	207.7	137.0	627.9	764.9	21.4
2005	76.0	256.2	332.2	824.6	1,174.6	1,999.2	14.2
2006	16.1	492.2	508.3	182.5	502.5	685.0	42.6
2007	19.3	170.7	190.0	132.3	542.7	675.0	22.0
2008	0.3	74.6	74.9	121.2	338.5	459.7	14.0

출처: 기획재정부 외, 『플랜트 수출확대 및 경쟁력 제고방안』, 2009.

〈표 22〉 국내 플랜트기업 글로벌 플랜트 수주 시 국산장비 사용비율 현황

(백만 달러, %)

플랜트	엔지니어링(E)			기자재(P)	시공/관리(C)
	원천기술	기본설계	상세설계		
정유/석유화학	55	80	95	70	98
Oil/Gas	40	50	80	50	90
발전/환경	60	70	95	75	95
담수	65	75	95	85	98
해양	75	85	98	80	98
종합	50	60	90	65	95

출처: 국토해양부, 2009.

2.2. 낮은 시장 점유율 및 지역편중

우리나라의 글로벌 플랜트시장 점유율은 2005년 1.9%에서 2007년 5.4%로 크게 증가하였으나 미국, 일본, 프랑스, 스페인, 이탈리아 등 5개 기술선진국과 중국의 글로벌시장 점유율과 비교하면 매우 낮은 편이다. 또한 우리의 플랜트시장 점유율은 시장 규모가 상대적으로 작으며 부가가치가 낮은 정유 및 석유화학 분야에서 강세를 보이고 있는 것도 특징이라 할 수 있다.

글로벌 플랜트시장의 주요 시장은 중동 지역으로 2009년 전체 시장에서 67.2%를 차지하였으며 2010년에는 59.1%에 이르렀다. 중동 지역과 아시아 태평양 지역을 합치면 전체 시장 중 약 80% 이상에 이를 정도로 지역편중이 매우 심화되어 있는 실정으로 이들 시장에 지나치게 플랜트시장 의존도가 높은 편이다(〈그림 31〉 참조).

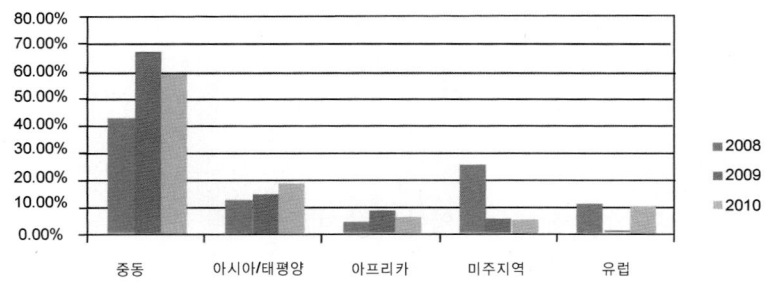

출처: 지식경제부, 한국플랜트산업협회, 2011.

〈그림 31〉 플랜트시장 지역별 의존도(2008~2010)(%)

2.3. 낮은 수익률 및 외화 가득비율

플랜트산업은 프로젝트 규모가 대규모인 반면에 사업수행에 따른 수익률은 상대적으로 낮은 편이다. 글로벌 메이저 플랜트기업의 평균 수익률은 2007년 약 8%대로 나타나고 있다. 우리나라 플랜트기업의 평균 수익률은 약 5.36%로 분석되고 있으나 후발주자로서 발주기관을 대상으로 한 수주영업활동비를 계산하면 평균수익률이 약 3% 내외로 낮은 것이 현실이다.

이외에도 주요 핵심설계 분야 및 기자재 공급에서 많은 부분이 선진국에 의존하는 상황으로서 총 플랜트 수주금액에서 우리나라가 직접적으로 외화를 벌어들일 수 있는 외화 가득비율은 약 30% 정도로 매우 낮은 편이다. 이처럼 불리한 조건에서 플랜트 프로젝트를 수행하는 이유는 프로젝트 발주자가 플랜트 프로젝트를 수행하는 조건으로 핵심설계 부문은 선진국 특정기업에 의뢰하도록 요구하며 이 설계업체는 전체 수주액의 약 45%에 해당하는 핵심부품은 자국 혹은 선진국 제품을 사용하도록 하고 약 25%에 해당하는 저가의 기자재는 중국산 혹은 현지에서 조달하도록 요구하고 있기 때문이다.

이로써 총수주액의 약 70%는 국외로 재지출되는 비용으로 국내기업의 성장에는 직접적인 영향을 미치지 못한다. 이는 플랜트 발주국가 혹은 발주기업이 자국의 경제 활성화를 위하여 자국산 기자재 사용 의무비율을 높이고 있는 추세이다. 따라서 플랜트산업 외화 가득비율은 자동차, 조선, 반도체산업 부문보다 상대적으로 매우 낮은 것이 현실이다(한국과학기술기획평가원, 2010/〈그림 32〉 참조).

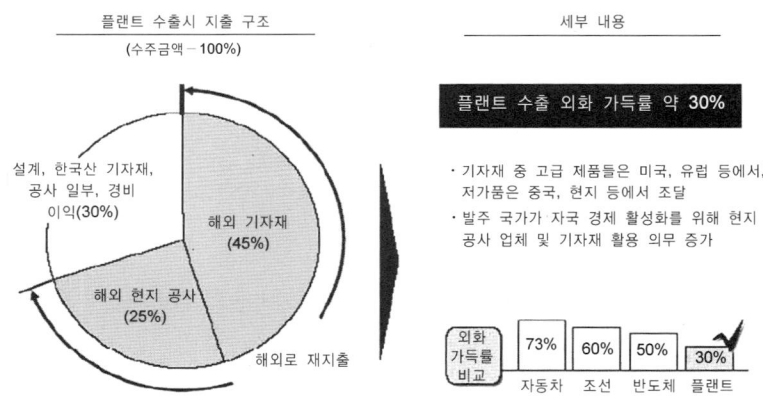

출처: 한국플랜트산업협회, 2007.

〈그림 32〉 플랜트수출 지출구조 및 산업별 외화 가득률 비교(2007)

이처럼 플랜트산업에서 우리 기업의 수익률과 외화 가득률이 선진국과 비교할 때 상대적으로 낮은 이유는 플랜트산업의 공급사슬

(Supply Chain)에서 수행하는 우리 기업의 역할이 부가가치가 낮은 부문에 위치하고 있기 때문인 것으로 분석되고 있다. 즉 원천기술을 보유하고 있는 선진국 메이저기업과 국내 대기업이 컨소시엄 형태 혹은 선진국 엔지니어링 및 플랜트기업이 에너지 관련 기업 혹은 외국정부로부터 수주한 프로젝트를 국내기업이 하청을 받아서 수행하는 형태로 진행되며 이 경우 원천기술은 주요 메이저기업이 독점하고 있기 때문에 국내 플랜트기업은 상세설계 및 시공 부문에 집중하는 역할분담이 이루어진다. 따라서 국내 플랜트기업이 고부가가치 부문의 결정권을 갖지 못하는 경우가 대부분이다(〈그림 33〉 참조).

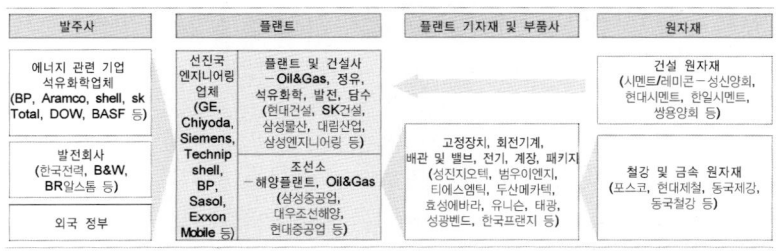

출처: 하나금융경영연구소, 2009.

〈그림 33〉 플랜트산업 공급사슬 구조

2.4. 낮은 기자재 국산화 비율

이처럼 플랜트산업에서 고부가가치를 창출하지 못하는 이유는 대부분의 플랜트 기자재를 미국, 영국, 프랑스, 독일 등 기술선진국 기업으로부터 수입에 의존하고 있다. 따라서 국내 대형 플랜트기업 및 엔지니어링 기업의 대규모 플랜트 프로젝트 수주에도 불구하고 중소기업체의 플랜트 프로젝트 참여가 매우 저조한 수준이다.

플랜트 수주에 참여하는 기업은 2010년 총 284개로 이 중 94개 기업은 순수 하청업체이다. 총 기업 중 1억 달러(약 1,100억 원) 이상의 원청 및 합작 프로젝트에 참여하는 기업의 수는 23개 사에 불과하고 230개 사는 1천만 달러 미만의 중소기업이다.

낮은 기자재 국산화 비율은 국내 플랜트 대기업이 주요 플랜트 기자재를 기술선진국으로부터 직접 수입에 의존하고 동시에 중소기자재 기업의 수익률이 대기업의 절반에 불과하여 설비투자, 기술인력 확보, 지속적인 연구개발(R&D) 활동에 투자할 여력이 없기 때문이다. 이 결과 주요 분야의 국산기자재 적용률은 매우 낮은 상황이며 특히 고부가가치를 창출할 수 있는 핵심기자재 부문은 심각하게 우려해야 할 정도로 낮은 수준이어서 국가적 차원에서 해결을 모색하여야 할 실정이다.

이처럼 낮은 기자재 국산화 비율의 근본적인 원인은 기자재 시험인증 기반부족에 있다. 현재 플랜트산업의 지원체계는 글로벌 플랜트시장에서 수주경쟁력을 강화하는 데 정책적 초점이 맞추어져 있다. 따라서 핵심기자재의 성능시험, 신뢰성 평가 및 공인인증 등 기자재 상용화와 수출에 필요한 지원체계는 매우 미흡한 실정이다.

플랜트 기자재 시험인증에 관한 지원체계가 필수적인 이유는 국내에서 개발된 우수한 기자재라고 할지라도 플랜트산업의 특성상 이의 성능을 실제로 증명할 수 있는 신뢰성을 제도적으로 확보할 수 없으면 시장에서 가치를 인정받을 수 없기 때문이다. 또한 국외에서 성능시험을 하고 인증을 받는 경우 매우 높은 비용을 지불하여야 하며 동시에 기술적 종속의 위험이 존재하고 있어 국산화 개발에 매우 큰 장애적 요소로 작용하고 있는 것이 현실이다.

3. 플랜트산업 정부정책

3.1. 정책방향 및 관련 정책

플랜트산업은 산업의 전후방 연관효과가 매우 큰 산업 부문이다. 특히 2007년 이후 플랜트산업 수출이 국내산업 수출에서 차지하는 비중이 높아지고 있으며 2009년에는 조선산업에 이어 제2위의 수출산업 부문으로 자리 잡게 되었다. 이처럼 빠른 성장과 향후 화석 연료 고갈로 인한 에너지 가격 상승 전망으로 글로벌 플랜트시장은 더욱 성장할 것으로 판단되어 정부도 플랜트산업을 신성장산업으로 인식하고 있다.

따라서 정부는 플랜트산업을 2008년 국정과제로 채택하여 글로벌 플랜트 분야 고부가가치 신성장 동력 개발을 위하여 플랜트 분야 연구개발(R&D) 투자를 활성화하여 플랜트 원천기술을 개발하고 산업 연관 효과가 크고 기자재 수출과 연관된 플랜트사업을 적극적으로 지원하겠다는 계획을 명시하고 있다. 또한 플랜트산업을 신성장 동력으로 육성하기 위하여 정부 차원에서 연구개발(R&D)사업을 추진 중에 있는 중앙부서는 국토해양부, 지식경제부, 환경부 등이다.[31]

---

31) 지식경제부는 2013년 2월 25일 박근혜 정부의 정부조직개편으로 인하여 산업통상 자원부로 변경되었다.

플랜트산업 육성을 국정과제로 채택한 정부는 이를 추진하기 위하여 다양한 정책들과 연계하여 시너지효과를 극대화시키려고 노력하고 있다. 이를 위해 우선 2007년 발표된 제2차 과학기술기본계획(2008~2012)과 연계하여 글로벌 이슈 관련 연구개발 추진 내용 중 수소에너지 생산저장기술, 에너지자원 개발기술 등과 연계하여 연구개발 활동을 추진하도록 하고 있다.

동시에 2009년 1월 국가과학기술위원회와 미래기획위원회가 발표한 녹색기술연구개발 종합대책과 플랜트사업과 연계하기 위하여 27개 중점육성기술 중 에너지자원기술 및 사후처리기술 등을 포함시켜 연구개발 활동을 진행하고 있다(국가과학기술위원회&미래기획위원회, 2009).

이외에도 신성장 동력산업으로 채택된 17개 부문 중 탄소저감에너지, 고도 수자원처리산업, 그린수송시스템과 연계하여 플랜트산업 연구개발을 진행하고 있다. 또한 2009년 1월부터 시행 중인 현 정부의 경제정책인 녹색뉴딜정책 중 재활용 청정에너지 보급 중 해수담수화 기술개발, 자원재활용 확대 등과 연계하여 정책을 수행 중이다.

3.2. 플랜트산업 관련 연구개발(R&D)사업 주체 및 내용

플랜트산업과 직접적으로 관련되어 연구개발사업을 추진하는 중앙정부부서는 국토해양부, 지식경제부, 환경부로 2008년 이후 국토해양부가 1개 사업에 2개의 연구개발 과제, 지식경제부가 3개의 사업에 6개 연구개발 과제, 환경부가 1개 사업에 1개 연구개발 과제를 지원하였다.

각 중앙정부가 추진하는 사업의 내용은 플랜트산업이 핵심 원천기술을 개발할 수 있도록 하는 것에 정책의 초점을 맞추고 있다. 이를 위하여 국토해양부는 액화천연가스 플랜트 및 해수담수화 플랜트 부문 사업, 지식경제부는 친환경에너지 플랜트사업, 환경부는 PET (Polythene Terephhalale) 재생플랜트사업을 추진하고 있다(한국과학기술기획평가원, 2010/〈표 23〉 참조).

〈표 23〉 플랜트산업 관련 정부 연구개발(R&D)사업

관련 부처	관련 사업명	담당 플랜트 기술 분야	비고(예산)
국토해양부	「플랜트기술 고도화 사업」	· 천연가스 액화 플랜트 및 해수담수화(역삼투) 플랜트 핵심공정, 기본설계, 실증 플랜트 건설 및 기자재 개발	332.5억 원 (10년)
지식경제부	「Eoo-Ener 플랜트 경쟁력 확보사업」	· 미래유망 친환경 고효율 에너지 플랜트 원천기술, 기자재 개발 및 인증기반 구축 · 해수담수화(정삼투) 플랜트, 이산화탄소액화 플랜트, GTH 플랜트, 수소액화 플랜트	55억 원 (10년)
지식경제부	「신재생에너지 기술개발사업」	· 석탄가스화복합발전(IGCC) 플랜트 가스화 공정 종합설계 및 테스트 베드 구축	43억 원 (09년)
지식경제부	「에너지자원기술 개발지원사업」	· NGH 저장·운송 및 이용기술 · BTL 합성원유생산·이용기술 · 목질계 바이오매스 연료화 기술	12억 원(08년) 4억 원(08년) 2.8억 원(08년)
환경부	「차세대핵심환경 기술개발사업」	· PET재생플랜트 등의 폐기물 활용 소규모 실증 플랜트 개발	연 10억 원 이내

출처: 한국과학기술기획평가원, 『플랜트산업 기술과 정책동향』, 2010.

3.3. 플랜트산업 관련 정부지원 분야

정부는 플랜트산업의 경쟁력을 향상시키기 위하여 2009년부터 6대 플랜트산업 분야에서 국내기술수준을 분석한 후 이를 기초로 중점적인 지원 분야를 선정하여 지원할 것을 계획하고 있다. 이러한 정부의 정책적인 지원에 힘입어 지원 분야에서 주요 플랜트 부품 혹은 기술을 보유하고 있는 기업은 경쟁력을 강화할 수 있는 제도적 기회를 획득하게 될 것이다(〈표 24〉 참조).

〈표 24〉 플랜트산업 정부 6대 중점 지원 분야

분야	국내 기술 수준	중점 개발
Oil&Gas	주요 플랜트 원천기술 미보유	가스액화 및 합성 공정기술 FLNG 등 플랜트 기본설계기술
담수	증발식: 세계 1위 역삼투식: 분리막 등 일부 기술만 확보 핵심기자재 국산화율 저조	역삼투막, 에너지 처리·회수 기술 정삼투막 유도용액 분리기술
원전	세계 최고의 건설·운영 기술 확보 일부 원천기술 해외의존	원자로 냉각재 펌프. 제어계측설비 등
화력발전	현존 세계 최고 수준의 火電 기반기술 획득 상용화 미실현	610℃ USC급 상용화 기술 700℃ HSC급 부품소재 기술
석탄가스화 복합발전	설비 제작기술 경쟁력 有 상용화 설계능력 부족	300MW급 설계, 제작기술
해양	제작기술은 절대적 우위 고부가가치기술 추가확보 필요	FPSO 계류시스템, 심해 석유시추선 위치제어 등

출처: 기획재정부 외, 『플랜트 수출확대 및 경쟁력 제고방안』, 2009.

정부 지원 분야 중 엔지니어링 분야에서는 에너지플랜트 부문에서 4개 부문의 플랜트 관련 그리고 산업용 플랜트 분야에서는 2개 부문, 기자재 부문에서 2개 부문의 주요기술개발 부문을 발표하였다. 이외에도 연구개발(R&D) 상용화의 효율적 추진을 위하여 민관 합동으로 엔지니어링펀드 및 글로벌 인프라펀드 조성을 추진하기로 하였다(하나금융경영연구소, 2009).

PART 08

천연가스 플랜트산업의
아프리카 진출전략

천연가스 플랜트산업의
아프리카 진출전략

1. 아프리카 진출의 필요성

1.1. 배경

우리나라에 있어 아프리카는 최근까지 미지의 대륙이었다. 지리적으로 원거리일 뿐만 아니라 정치적·경제적 관계도 적었고, 사회·문화적으로도 교류가 거의 없었던 지역이다. 반면에 구미 열강들은 아프리카와는 과거 식민지 시대를 통한 오랜 역사적 관계가 있는 가운데 현재도 정치·경제적으로 매우 밀접하게 관계를 맺으면서 활발하게 교류하고 있다. 특히 아프리카 대부분의 나라들이 불어, 영어, 포르투갈어를 사용하여 언어적 동질성도 매우 깊다.

아시아 국가 중에는 중국이 석유수입국으로 전환되는 1990년대 중반부터 아프리카에 눈을 돌리고 대규모 경제적 지원을 통해 영향력을 급속하게 확대하고 있다. 인도는 영국 식민지 시절 아프리카 동부에 진출하여 이 지역의 상권을 지배해왔으며 현재는 이를 바탕으로 아프리카 전역으로 영향력을 확대 중이다.

이런 가운데 2000년대 들어서면서 아프리카의 상황이 매우 빠르게 변하고 있다. 아프리카 대부분의 국가에서 부족 간의 내전과 독재, 부패로 혼란했던 상황에서 서서히 벗어나 산업화를 시작하면서 새로운 신흥시장(Emerging Market)으로 부상하고 있다. 특히 이곳에 매장되어 있는 풍부한 천연자원으로 인하여 세계 많은 국가가 아프리카에 대한 경제적 관심을 높이면서 아프리카에 대한 전략들을 새롭게 모색하는 계기를 만들었다.

1.2. 천연가스 플랜트시장 진출 필요성

천연자원의 보고라고 할 수 있는 아프리카 대륙은 자원공급지로서 중요할 뿐만 아니라 이들의 산업화에 적극적으로 동참함으로써 장기적으로 우리나라 경제발전에 새로운 동력을 제공해줄 수 있는 신흥시장이라고 할 수 있다. 그러나 이 같은 희망은 우리나라뿐만 아니라 세계 대부분의 국가들도 갖고 있는 생각이며, 특히 고유가시대를 맞아 대부분의 에너지 수입국들이 아프리카를 자국이 필요로 하는 자원 확보를 위한 중요한 전략 지역으로 인식하고 있다. 따라서 아프리카에서의 자원개발사업에는 첨예한 경쟁적인 환경이 조성되고 있는 것이 현실이다.

특히 해외자원개발의 주요 경쟁자들이 아프리카와는 이미 성숙된 관계를 맺고 있는 구미 국가들과 중국, 인도 등이다. 이들과 비교할 때 우리의 진출역량은 자본과 기술뿐만 아니라 아프리카와의 외교적·경제적·문화적 관계 등 모든 면에서 크게 열악한 상황이다. 이와 함께 점진적으로 개선되고 있지만 아프리카 대부분의 국가들은 아직도 정치가 불안정하고 제도적 불투명성이 높으며, 일부 자원보유국에서는 아직도 내전 상황이 일어나거나 테러가 발생되고 있어 사업을 수행하는 데 위험도 높다고 할 수 있다.

이와 같이 기회(Opportunity), 위험(Risk), 경쟁(Competition)이 동시에 존재하는 아프리카에서의 천연가스 플랜트시장 진출을 위한 사업을 추진하기 위해서는 단순히 진출기업의 개별적 전략만으로는 소기의 목적을 달성하기가 매우 어렵다. 따라서 정부와 기업, 기타 관련 기관들이 갖고 있는 내재적 자원을 모두 동원하여 아프리카사업에 효과적으로 진입할 수 있는 포괄적인 전략수립이 필요한 실정이다.

아프리카는 사하라사막을 중심으로 북쪽과 남쪽에 서로 다른 이질적인 사회가 존재하며, 동시에 자원부존 여건과 진입환경도 크게 다르다. 북부 아프리카는 지중해와 접해 있는 모로코, 알제리, 튀니지, 리비아, 이집트 등 마그레브(Maghreb) 국가들로 인종적으로나 종교, 문화, 관습 모든 면에서 사실상 중동 지역(Middle East)에 속해 있다. 이들 국가들은 흔히 중동과 함께 MENA(Middle East and North Africa)로 불리며 아랍민족과 회교국이라는 점에서 중동 지역과 인종적·종교적 공통점을 지니고 있다. 그 반면에 Sub-Saharan Africa로 불리는 사하라 이남은 이른바 Black Africa로 통상 우리가 생각하는 전형적인 아프리카의 모습을 보이는 지역이다.

이러한 종교, 인종뿐만 아니라 양 지역은 천연자원의 매장 여건에서도 매우 큰 차이가 난다. 북쪽은 대부분 성숙된 석유자원 국가들이며, 서유럽 및 북미국가의 에너지 메이저기업들이 자원개발사업을 지배하는 지역이다. 반면에 남쪽은 일부 국가를 제외하고는 아직 미탐사 지역이 대부분이며 자원개발 진출환경도 북쪽과는 크게 차이가 난다.

우선 정치적으로 사하라 이남 아프리카 국가들은 과거의 정치적 혼돈에서 벗어나 정치적 안정이나 민주화에 진전을 보이고 있다. 이와 함께 그동안 아프리카의 발전을 저해하는 고질적인 분쟁과 내전 문제도 점진적으로 호전되고 있다. 그러나 대다수의 국가들에서 부정과 부패가 여전히 만연되어 있고, 정부의 거버넌스, 경제 및 사회제도의 불투명성이 높은 상황이다. 따라서 이들 국가에서 자원개발사업을 추진하기에는 아직 위험성이 높다고 할 수 있다. 다만, 위험의 내용과 강도는 국가마다 편차가 크기 때문에 천연가스 플랜트시장 진출사업을 추진하려면 진출을 계획하고 있는 국가들의 환경을 보다 정밀하게 살펴보아야 한다.

아프리카의 석유와 천연가스의 매장량과 생산량은 전 세계의 약 7~12%를 차지하고 있으나 자원개발의 증가속도가 매우 빠른 특징을 갖고 있다. 지난 10년간 아프리카는 석유의 매장량과 생산량 측면에서 세계에서 가장 빠르게 증가했고, 천연가스의 경우는 중동 다음으로 그 증가속도가 빨랐다. 따라서 향후에도 탐사개발이 진전됨에 따라 이러한 추세는 계속될 것으로 전망된다.

2. 천연가스 플랜트산업의 아프리카 진출방안

2.1. 배경

2010년 말 우리나라 해외 플랜트 수주액은 645억 달러로 2010년 우리나라 전체 산업수출액 4,674억 달러의 약 14%에 달하는 역대 최고의 수주실적을 달성하였다. 이로 인해 국외 플랜트산업은 반도체(507억 달러), 자동차(354억 달러) 산업[32]을 능가하는 우리나라의 명실공히 주요 수출산업의 하나로 부상하게 되었다. 이 중 에너지 관련 플랜트 부문[33]은 비록 200억 달러 규모의 UAE 원전 수주와 같은 특이한 상황이 포함되어 있지만, 약 432억 달러를 달성함으로써 국외 플랜트사업에서 차지하는 비중이 제일 크다. 글로벌 금융위기에 촉발된 세계 경기의 침체 속에서도 우리나라의 국외 플랜트 수주 실적이 이렇게 상승할 수 있었던 이유는 중동, 아시아 자원보유국들이 석유 및 가스 발전 플랜트와 관련한 신규 에너지사업을 지속적으로 발주하였고, 우리나라 기업들이 이에 대응하여 적극적으로 수주 확보를 위해 노력하였기 때문이다.

따라서 글로벌 플랜트산업의 지속 성장의 중요 열쇠는 에너지 관련 플랜트 부문의 수주 확대에 달려 있다고 할 수 있다. 하지만 우리나라 글로벌 플랜트 수주량의 약 80% 이상은 중동과 동남아와 같은

---

32) 반도체, 디스플레이패널과 휴대폰 등 3대 IT 산업의 전체 수출액은 1,540억 달러로 전체의 33%를 차지.

33) 석유나 가스와 같은 천연자원이나 에너지 관련 중간재 및 최종재를 생산해내기 위해 장치나 기계 설치에 필요한 설계 및 엔지니어링의 소프트웨어 그리고 건설시공 및 유지보수와 같은 하드웨어가 포함된 설비로 정의.

특정 지역에서만 달성된 것으로 이러한 사실은 우리나라 플랜트산업의 성장에 커다란 장애요인으로 작용하고 있다(〈그림 34〉 참조).

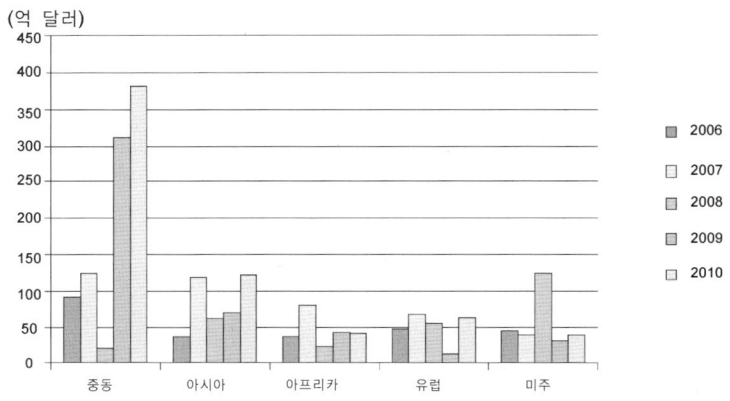

출처: 한국플랜트산업협회, 2011.

〈그림 34〉 최근 5년간 우리나라 해외 플랜트 수주 실적

이는 특정 지역에 수주가 집중됨으로써 그 지역의 플랜트 발주가 증가하느냐 감소하느냐에 따라 우리나라의 글로벌 플랜트사업뿐 아니라 더 나아가 우리나라 경제에까지 영향을 미칠 수 있기 때문이다. 중동과 동아시아 지역의 신규 발주 물량은 지속적인 경제성장과 유가 등 에너지 가격의 상승에 힘입어 여전히 높을 것이라는 긍정적인 전망도 있다. 그러나 2009년 상반기 유가 급락의 영향으로 중동 지역의 에너지 설비 관련 프로젝트가 취소되거나 지연되면서 같은 기간 내 우리나라 전체의 에너지 플랜트수출이 74억 달러에 그쳤던 과거의 전례가 있었던 것을 고려할 때 글로벌 플랜트사업의 확대와 이에 대한 진출 방안이 절대적으로 필요하다.

2.2. 아프리카 천연가스 플랜트시장 특성

아프리카 지역은 우리나라의 글로벌 플랜트시장 다변화 필요성에 적합한 지역이라 할 수 있다. 에너지 및 자원생산 잠재력만 보면 중남미, 중앙아시아 지역도 아프리카에 버금가는 지역이라 할 수 있지만, 중남미 지역은 자원민족주의의 경향이 강해 에너지 부문에 외국 기업들의 진출이 어렵고, 중앙아시아 지역은 에너지 플랜트 부문에 우리 기업들의 진출이 거의 전무하여 진출 확보보다는 진출 기반부터 조성하는 것이 필요한 지역이다.

그러나 아프리카는 석유, 가스, 광물 등 풍부한 자원을 가지고 있을 뿐만 아니라 그 개발 속도도 빠른 증가세를 보이고 있다. 주요 에너지 메이저기업인 영국의 브리티시 페트롤(British Petrol: BP)에 따르면 아프리카 석유 부문은 지난 10년간 원유 매장량과 생산량의 증가율이 세계에서 가장 빨리 성장하고 있으며, 알제리, 리비아, 나이지리아 등지에서 생산되고 있는 천연가스도 지난 10년간 생산이 두 배로 늘어났다. 이런 생산 증가에도 불구하고 아프리카는 여전히 미탐사 지역이나 미개발 지역이 많아 투자만 계속 이루어진다면 매장량과 생산량은 지속적으로 증가할 것으로 전망되고 있으며 더불어 자원 생산 및 설비와 같은 인프라 개발 수요도 동반 상승할 것으로 예상하고 있다(BP, 2011).

3. 천연가스 플랜트시장 진출 여건 및 진출 확대전략

3.1. 천연가스 플랜트시장 부문의 진출 여건

아프리카 천연가스 매장량은 2009년 기준 14.76TCM으로 세계 매장량의 7.9%를 차지하고, 생산량은 203.8BCM으로 세계 천연가스 생산량의 6.8%를 차지하고 있다. 주요 천연가스 생산국은 알제리, 이집트, 리비아 등 북아프리카 국가들과 사하라 이남 아프리카 국가로는 나이지리아이다. 천연가스는 이들 북부 아프리카에 집중되어 아프리카 전체 생산량의 80%가량을 생산하고 있다. 이 중 아프리카의 천연가스 최대 생산국은 알제리로 2009년도에 81.4BCM의 가스를 생산하였다(BP, 2011).

석유, 가스의 생산 및 소비전망을 보면, 아프리카의 천연가스 소비는 2008년 기준 약 100BCM에서 2035년에는 약 164BCM으로 연평균 2%의 소비 증가추세를 보일 것으로 예상된다. 따라서 향후 아프리카는 석유 소비보다 가스 소비가 더 증가될 것으로 예상된다(IEA, 2010).

아프리카 지역에서 생산된 원유 및 가스물량은 대부분 미국과 유럽 지역으로 수출되고 있는데 알제리, 이집트, 리비아와 같은 북아프리카 국가들은 대부분 유럽 지역으로, 나이지리아, 앙골라 등 사하라 이남 아프리카 국가들의 생산량은 주로 미국으로 수출되고 있다. 아프리카 주요 원유국가들의 석유 및 가스수출은 자국 경제에서 차지하는 비중이 매우 높아 OPEC 국가인 알제리, 리비아, 앙골라,

나이지리아의 경우 석유 및 가스 부문이 정부 재정수입의 70% 이상 그리고 수출액의 거의 100%를 차지하고 있다.

아프리카 국가들의 천연가스 플랜트 부문의 진출 잠재력을 분석하기 위해서 아프리카 주요국별 석유 및 가스 부문의 생산 및 소비 현황과 2020년까지의 전망을 살펴볼 필요가 있다. 천연가스 부문의 경우 가스 생산국들 모두 2020년까지 지속적으로 생산이 늘어날 것으로 보인다. 이를 바탕으로 2020년까지 수출잠재력은 천연가스의 경우 세계 6위의 천연가스수출국인 알제리가 약 95BCM의 수출이 가능할 것으로 예상되어 천연가스 수출 관련 가스파이프라인 및 가스처리, LNG 시설 등의 수요 잠재력이 가장 클 것으로 보이고 있다(〈표 25〉 참조).

〈표 25〉 아프리카 주요국들의 석유 및 가스 생산과 소비 전망(2009~2020)

구분		석유 부문(천 배럴/일)			
		2009	2015	2020	수출규모
알제리	생산	1,811	2,010	2,400	1,893
	소비	331	417	507	
앙골라	생산	1,784	2,250	2,100	1,684
	소비	85	215	416	
적도기니	생산	307	447	420	418
	소비	1	1	2	
리비아	생산	1,652	1,880	2,250	1,845
	소비	274	333	405	
나이지리아	생산	2,061	2,750	3,500	2,933
	소비	280	395	567	
수단	생산	490	735	710	568
	소비	84	111	142	

구분		가스 부문(BCM)			
		2009	2015	2020	수출규모
알제리	생산	81.4	118.0	140.0	94.7
	소비	26.7	34.8	45.3	
앙골라	생산	4.0	17.6	36.4	15
	소비	4.0	10.6	21.4	
적도기니	생산	6.2	6.8	7.5	4.9
	소비	1.5	2.1	2.6	
리비아	생산	15.3	25.0	27.0	14.9
	소비	5.8	10.0	12.1	
나이지리아	생산	24.9	59.0	80.0	39
	소비	8.9	24.0	41.0	
수단	생산				na
	소비				

주: * 수출규모는 2020년 기준. 출처: BMI Report, 2011.

LNG를 통한 천연가스 수출에서도 아프리카 최대 천연가스수출국인 알제리의 경우에는 대부분 유럽으로 PNG 형태의 수출이 많기 때문에 향후 LNG 수출증대는 그리 크지 않을 것으로 보인다. 반면 나이지리아는 2015년 LNG 수출규모가 2009년 대비 약 1.8배 정도 증대될 것으로 예상됨에 따라 LNG 수출 부문에서 아프리카 지역 내 가장 큰 시장으로 부각될 전망이다. 앙골라도 2009년까지는 생산된 가스를 자국 내에서 소비하는 데 그쳤으나 자국 최초의 LNG 처리시설이 2010년 첫 가동을 시작하면서 2015년쯤에는 잉여생산량을 LNG 형태로 수출할 수 있을 것으로 예상된다(BMI Report, 2011/〈표 26〉 참조).

<표 26> 아프리카 주요국들의 LNG 수출 전망

(단위: BCM)

국가	2009	2015
알제리	20.9	24.2
앙골라	N.A.	7.0
적도기니	4.7	4.7
리비아	0.7	4.0
나이지리아	16.0	30.0
아프리카 전체	55.1	84.8

출처: BMI Report, 2011.

2010~2035년까지 아프리카 지역 천연가스 공급 인프라 투자전
망을 보면 LNG 인프라 시설 누적 투자액은 약 1,220억 달러, 파이
프라인과 같은 수송망 투자액은 약 600억 달러로 추산하고 있다.
따라서 아프리카 지역의 천연가스 관련 인프라 투자가 석유 관련 인
프라 투자보다 월등히 많을 것으로 보인다(IEA, 2010).

3.2. 천연가스 부문 아프리카 주요국들의 진출 전략

아프리카는 미개발 천연가스 잠재량이 많은 지역이지만 국가별로
보면 자원 부국과 그렇지 못한 국가들로 나누어져 있다. 자원 부국
들의 경우 천연가스시장 잠재력이 풍부하고 외국기업들이 진출할
수 있는 제도적 인프라 시설과 같은 진출여건도 상대적으로 좋지만
외국 선진기업들로부터의 시장 잠식이 심한 반면, 기타 아프리카 국
가들의 경우 진출여건이 상대적으로 열악한 실정이어서 외국 기업
들의 진출이 상대적으로 낮다.

기술력과 자금력이 부족하고 아프리카 진출 후발주자인 우리 기업들이 자원 부국보다는 자원 잠재국에 대한 진출을 확대하는 것이 전략적으로 바람직하다. 그러나 우리나라 기업들의 아프리카 석유 및 가스 관련 글로벌 플랜트 수주 실적은 북아프리카 지역인 중동 비중이 약 70%로 최대를 차지하고 있는 것이 현실이다(해외자원개발협회, 2011/〈표 27〉 참조).

〈표 27〉 에너지 플랜트 유형별 우리나라 플랜트 기업들의 수주현황
(2001~2010년 말까지 누적)

구분	사하라 이북(북아프리카)		사하라 이남	
	건수	수주액(천 달러)	건수	수주액(천 달러)
발전소	20	6,689,464	5	678,204
화학공장	5	1,311,063	1	38,274
가스처리시설	4	753,599	9	1,850,502
가스부대시설	2	19,783	5	939,668
파이프라인	6	268,145	15	919,525
정유공장	5	2,480,747	2	34,447
정유시설	4	2,962,564	4	179,392
원유시설	7	35,847	13	2,871,983
소계	53	14,521,742	54	7,510,995
세계 전 지역	876건 1,950억 달러(중동 비중 70%)			

주: * 리비아, 알제리, 이집트, 모로코 등 4개국 한정.
출처: 해외자원개발협회, 2011.

사하라 이남 아프리카 국가에서는 나이지리아나 알제리와 같은 자원 부국에 대한 진출이 압도적으로 높다. 이는 이미 진출한 대상 국들로부터 대규모 에너지 플랜트 수주가 연속적으로 성사되었기 때문이다. 에너지 플랜트사업은 대규모 자금이 소요되고 플랜트 수요는 시장 잠재력이 높은 자원 부국에서 많다는 점을 고려한다면 이

들 국가에 대한 진출확대를 추가적이면서도 지속적으로 추진할 필요가 있다.

따라서 천연가스 플랜트시장 진출을 위한 전략으로 판단할 때 나이지리아는 천연가스의 경우 수출목표를 2030년까지 현 21BCM에서 100BCM으로 정하고 LNG, 가스파이프라인 설비투자를 확대하고 있다. 우리나라 기업들도 이러한 LNG 플랜트사업에 많은 참여를 하고 있다. 그러나 민간투자 활성화 정책보다는 정부 주도의 중앙집권적 형태로 인해 국외사업의 진출 리스크가 큰 국가이다. 알제리도 유럽이나 인근 아프리카 지역으로 석유제품 및 가스수출을 위해 정제시설 및 천연가스 플랜트, 가스파이프라인 노후화 개선사업을 우선적으로 추진하고 있다.

4. 천연가스 플랜트시장 진출 확대 제약요인과 극복전략

4.1. 제약요인

아프리카 지역의 천연가스 플랜트시장 부문의 진출 확대 제약요인으로 먼저 우리나라 기업들의 아프리카 지역에서의 수주 실적 저하와 국가별 편중성을 지적할 수 있다. 2010년 말까지 에너지 플랜트 부문에 우리 플랜트 기업들이 달성한 누적 실적은 도표에서 본 바와 같이 총 876건에 1,950억 달러이다. 하지만 아프리카 지역에서 달성한 실적은 총 실적의 8%에 불과할 정도로 미약하다.

또한 수주를 달성한 지역도 집중화·편재화되는 경향이 있는데 북아프리카 4개국의 수주물량이 40여 개 이상 국가들이 속해 있는 사하라 이남보다 2배 이상 많고, 북아프리카 수주의 73%가 알제리(30억 달러), 리비아(70억 달러)에서 서아프리카 지역 수주의 약 90% 이상이 앙골라, 나이지리아 등 2개국에서 달성된 것이다.

단기적 관점에서 보면 현재 우리 기업들의 수주활동이 활발한 이들 몇 개 국가는 에너지 플랜트 부문에서 아프리카 지역 중 가장 유망한 국가들이면서 향후 발전 잠재력도 크기 때문에 오히려 이 지역에 대한 수주 활동을 더 강화해야 하는 것이 바람직하다. 그러나 장기적인 측면에서는 수주 대상국 편중 및 유형별 집중화는 사업 리스크가 상당히 클 수 있기 때문에 아프리카 지역 내 진출 수주국 및 진출 유형별 다변화를 위한 업계 및 정부 차원의 대책 마련이 필요하다.

4.2. 극복전략

이러한 제약요인을 극복하기 위해서는 이들 국가 이외에 진출이 유망한 국가를 선정하고 진출 기반을 조성하기 위해 정부 주도의 자원외교를 통한 인적 네트워크 강화를 추진해야 한다. 그 이유는 플랜트산업은 대부분 국가 또는 공기업이 발주하는 경우가 대부분이고 수주 기업 선정에 해당 정부의 영향력이 절대적이기 때문이다. 또한 정부는 국내 기업과 함께 철저한 현지화 전략을 통해 에너지자원 개발과 인프라 건설을 함께 추진하여야 한다.

현재 우리나라 기업이 진출하고 있는 LNG 및 정유설비 프로젝트는 액화 처리시설이나 관련 엔지니어링과 같은 주 공정 부문이 아닌 파이프라인이나 LNG 기지와 같은 저장 및 출하 설비 그리고 저부가가치인 시공 분야가 대부분이다. 따라서 우리 기업들은 대규모 석유 및 가스 플랜트 부문의 지속적인 수주를 위해서는 핵심 엔지니어링 기술의 경쟁력 확보를 통해 장기적으로 원유 및 LNG 프로젝트의 안정적인 수주를 도모해야 한다.

엔지니어링 부문의 기술력은 단기간에 향상시키기 어렵기 때문에 고도의 기술력과 경험을 가지고 있는 외국의 중소 엔지니어링업체를 인수하는 방안도 고려할 필요가 있다. 하지만 중장기적으로는 우리가 부족한 기술력 개발 노력의 일환으로 기초 기술과 설계 능력을 갖추는 것뿐만 아니라 경쟁력 있는 특정 분야의 기술을 집중 육성할 필요가 있다. 따라서 경쟁기업들과의 경쟁력 강화 차원에서 고부가가치 설비 쪽으로 전환을 위한 기술력 증대와 저가 시공이 가능할 만큼의 경쟁력을 강화시키는 방향으로 기업 및 정부의 노력이 절대적으로 필요하다.

PART 09

천연가스 플랜트산업의
동유럽 진출방안 및
국가별 진출전략

천연가스 플랜트산업의
동유럽 진출방안 및
국가별 진출전략

1. 동유럽 진출의 필요성

1.1. 배경

동유럽의 천연가스 소비량은 서유럽과 비교할 때 상대적으로 매우 적은 규모이다. 그럼에도 불구하고 동유럽 천연가스시장의 중요성이 대두되는 것은 북아프리카, 중동, 중앙아시아 등으로부터 수입되는 파이프라인 천연가스(PNG) 및 액화천연가스 등이 동유럽시장의 수요만을 위한 것이 아니라 서유럽시장 공급에 지리적으로 매우 중요한 특성이 있기 때문이다.

동유럽시장은 러시아의 에너지 공급의존도가 매우 높은 지역으로 특정국가로부터 과도한 에너지 의존도를 낮추고 안정적인 에너지 공급 및 수요를 예측할 수 있는 시스템이 상대적으로 낮은 지역이다. 따라서 천연가스 관련 시장진입은 상대적으로 낮은 신흥시장으로 인식되고 있는 것이 일반적이다.

동유럽 천연가스시장은 크게 발트 3국(리투아니아, 에스토니아, 라트비아), 폴란드 등 북동유럽시장과 흑해연안(우크라이나, 루마니아, 불가리아) 및 지중해 지역(크로아티아, 그리스, 몬테니그로, 마케도니아, 보스니아, 헤르세고비나, 알바니아)의 7개 국가, 동유럽 내부 지역(헝가리, 슬로바키아, 슬로베니아)의 3개 국가 등으로 이루어진 남동유럽시장으로 구성되어 있다.

1.2. 시장 특성

동유럽 천연가스시장은 서유럽 천연가스시장과 에너지 안보 부문인 안정적인 에너지 수요와 공급 부문과 밀접하게 연계되어 있다는 점이다. 이러한 이유 때문에 북동유럽 천연가스시장인 발트 3국 및 폴란드, 남동유럽 천연가스시장 국가들이 액화천연가스 터미널을 건설하는 프로젝트에 유럽연합이 보조금을 지원하고 있다[34](Unihovskyi et al., 2009).

동유럽 천연가스시장은 유럽연합의 에너지 수요와 공급안정을 위한 다양한 에너지자원 창출의 일환이다. 특히 유럽연합 신흥회원국인 동유럽 국가 중 발트 3국, 몇몇의 남동유럽 국가는 에너지 공급

---

34) 실례로 폴란드 스위노우슈시에 액화천연가스 터미널(Swinoujscie LNG Terminal) 건설프로젝트에 유럽연합은 2009년 1월 약 1억 500만 달러(약 1,250억 원)를 지원하였다. 이처럼 유럽연합이 폴란드 액화천연가스 터미널 건설사업을 지원한 이유는 이 터미널이 완공되면 서유럽 회원국으로 액화천연가스가 연간 약 60억 달러 분량이 공급되어 천연가스 수요에 안정적인 공급기반을 마련하기 위함이다.

기본 인프라가 구축되어 있지 않은 관계로 이들 회원국의 에너지 공급을 유럽연합 에너지 네트워크에 접속시켜 유럽연합의 전반적인 에너지정책의 일환으로 접근하고 있다.

이외에도 동유럽에서 진행되고 있는 대다수의 액화천연가스 터미널 건설사업은 기존의 액화천연가스 생산자의 지원에 의하여 추진되고 있으며 이들은 신규시장 진입과 신흥시장 점유확대에도 높은 관심을 갖고 있다. 또한 기존의 사업자뿐만이 아니라 액화천연가스 생산 및 터미널 건설과 관련된 경험을 보유하고 있는 국가 및 기관들도 시장진입에 많은 관심을 갖고 있는 사업이다.

동유럽 천연가스시장에서 액화천연가스 터미널 건설사업은 유럽연합뿐만이 아니라 미국도 재정적인 지원을 제공하고 있다. 2008년 1월 미국무역개발청(the US Trade and Development Agency)은 루마니아(Rumania)와 리투아니아(Lithuania)에서 건설되는 액화천연가스 터미널 건설공사에 필요한 일정 부문의 재정지원을 약속하였다(www.ustda.gov).

이처럼 동유럽 천연가스시장에서 액화천연가스 터미널 건설사업에 유럽연합 및 미국까지 재정지원을 제공하는 가장 커다란 이유는 러시아 1개 국가에 지나치게 에너지자원 수입의존도가 높기 때문이다. 유럽연합의 경우 동유럽 신흥회원국의 에너지 공급을 유럽연합 차원의 에너지 네트워크에 편입하여 전체적인 에너지 수요와 공급을 안정시킬 필요성이 있다고 판단하고 있다. 미국의 경우 유럽연합의 안정적인 에너지 수요와 공급이 글로벌 경제에 중요한 요소로 작용하고 있으며, 이는 미국경제에도 중요한 영향을 미치고 있기 때문이다.

1.3. 동유럽 천연가스 수요 및 공급 상황

유럽연합 27개 국가 전체의 천연가스 수요는 지난 1990년 이후 2007년까지 지속적인 증가를 나타내고 있다. 특히 서유럽 회원국 15개 국가의 천연가스 수요 증가세는 지속적으로 이루어지고 있는 반면에 동유럽 12개 국가 회원국의 천연가스 수요증가는 커다란 변화를 나타내고 있지 않는 것이 특징이다(〈그림 35〉 참조).

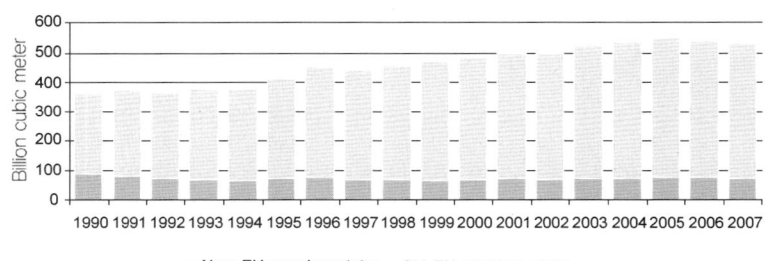

출처: Eurostat, June 2009.

〈그림 35〉 유럽연합 회원국 천연가스 소비추이(1990~2007)

동유럽 천연가스 소비가 서유럽 국가의 소비와 비교할 때 커다란 변화가 없었지만 천연가스 공급 및 수요 측면의 중요성은 더욱 높아지고 있는 것이 현실이다. 그 이유는 동유럽 천연가스 소비는 유럽연합의 신흥회원국의 경제발전에 필수적인 주요 에너지자원으로 인식되고 있으며 서유럽이 필요로 하는 지속적인 에너지 공급에서 지리적으로 주요 관문의 역할을 수행하고 있기 때문이다.

유럽연합 27개 회원국이 소비하는 천연가스는 전체 글로벌 천연가스 소비량의 약 19%에 달한다. 최근 유럽연합 내 천연가스 소비는 지속적으로 증가하고 있으며 특히 전력 및 난방용 소비가 증가하는 경향을 나타내고 있다. 2008년 글로벌 금융위기 이후 경기침체로 인하여 총 에너지 소비 증가가 주춤하고 있는 상황이지만 신흥회원국인 동유럽 국가들의 왕성한 경제발전으로 인하여 동유럽 에너지 소비는 빠르게 증가하리라 예측되고 있다. 이 중 특히 천연가스의 소비가 증가하리라 예상하고 있다(IEA, 2008; Lajtai et al., 2009).

유럽연합은 구조적으로 천연가스 에너지자원의 공급을 충족시키는 데 한계를 나타내고 있다. 그 이유는 회원국 중 두 개의 국가인 덴마크와 네덜란드만이 천연가스를 수출할 수 있는 능력을 보유하고 있으며 영국과 루마니아도 천연가스를 생산은 하지만 국내소비로 모두 충당하고 있는 실정이다. 따라서 이 외의 회원국은 천연가스 수입비중이 약 70~100%에 이르고 있으며 유럽연합 전체의 천연가스 수입의존도는 전체 소비의 약 64.5%에 달하고 있다.

유럽연합은 2011년 러시아로부터 약 35%, 노르웨이에서 29%, 북아프리카 국가에서 16%, 기타 아시아 국가로부터 13%의 천연가스를 수입하고 있다. 이처럼 천연가스 수입원이 상대적으로 다변화되어 있는 상황이나 천연가스 수입 부문별로 분석하면 전체 천연가스 수입 중 85%가 파이프라인 천연가스(PNG)이며 15%가 액화천연가스로 파이프라인 천연가스 수입비중이 월등하게 높은 편이다(BP, 2012).

27개 유럽연합 회원국과 예비후보 국가인 크로아티아, 회원을 희망하는 우크라이나(Ukraine) 등 모든 동유럽 및 서유럽 국가 중 천연가스를 수입하는 모든 국가는 액화천연가스 수입을 해안 지역의 접근성에 의존하려 하고 있다. 따라서 동유럽 국가인 우크라이나보다 천연가스 소비가 적은 동유럽의 유럽연합 회원국가도 흑해연안 (Black Sea Basin)에 액화천연가스 터미널을 건설하려는 계획을 수립하고 있어서 이 지역의 천연가스 신규시장이 형성되고 있다.

액화천연가스 터미널을 건설하려고 계획하고 있는 동유럽 국가 중 천연가스를 가장 많이 생산하는 국가는 우크라이나와 크로아티아이다. 그럼에도 불구하고 국내소비량이 많아서 국내생산량으로는 충족이 되지 않으며 러시아로부터 천연가스를 수입하여야 하는 실정이다. 타 동유럽 국가는 러시아로부터 수입하는 천연가스 의존량이 100%이며 우크라이나 75%, 크로아티아 31% 등으로 러시아 의존도가 절대적이다(〈표 28〉, 〈그림 36〉 참조).

〈표 28〉 동유럽 국가 천연가스 생산량 및 소비량(2007년 말 기준)

| | Production | Consumption | Import | | |
			Total	Including from Russia	Russia's share in total imports, %
Lithuania	-	3.70	3.70	3.70	100.0
Latvia	-	1.60	1.60	1.60	100.0
Estonia	-	0.85	0.85	0.85	100.0
Romania	11.00	16.00	5.20	4.90	94.2
Coratia	3.00	3.20	0.80	0.80	100.0
Poland	6.00	16.40	10.00	6.85	68.5
Bulgaria	0.30	3.60	3.50	3.50	100.0
Ukraine	20.00	68.00	51.00	51.00	100.0

	Dependence on gas supply from Russia, %	Capacity of LNG terminal
Lithuania	100.0	2
Latvia	100.0	NA
Estonia	100.0	NA
Romania	31.0	To be specified by feasibility study
Coratia	25.0	10-15
Poland	42.0	2.5-7.5
Bulgaria	100.0	NA
Ukraine	75.0	5-10

출처: Unihovskyi et al., 2009.

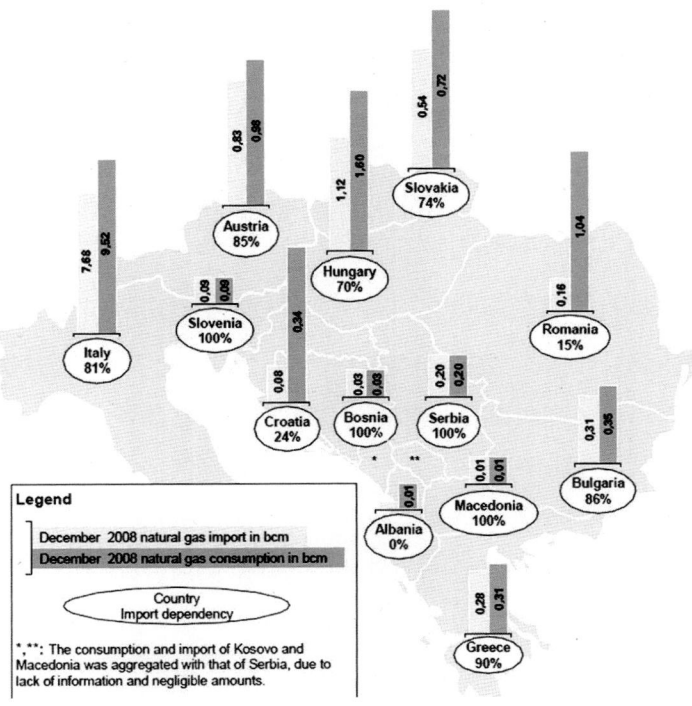

출처: Eurostat, 2009; IEA, 2009.

〈그림 36〉 동유럽 국가 천연가스 소비량 및 수입의존율(2008년 기준)

우크라이나의 경우 러시아 천연가스 수입의존도를 줄이기 위한 방법으로 최단 거리에 위치한 북아프리카 지역 국가인 이집트, 알제리, 리비아 등에서 액화천연가스를 수입하여 흑해연안에 액화천연가스 터미널을 건설하여 국내에 공급하는 것이 경제적으로 가장 효율적일 것으로 판단하고 있다.

그 이유로는 북아프리카 국가로부터 지중해, 흑해를 거쳐서 수송하는 거리가 최단 거리이며 이들 국가에서 보유 및 생산 가능한 천연가스의 양이 풍부하기 때문이다. 또한 이들 국가의 천연가스 업체들이 북해연안에 새롭게 형성되는 천연가스시장에 적극적으로 참여하려는 의지가 매우 강하다는 점이 주요 이유라 할 수 있다(Unihovskyi et al., 2009).

1.4. 남동유럽 천연가스 수요 및 공급 특수상황

남동유럽 국가는 천연가스의 안정적인 공급과 관련하여 구조적인 취약성을 나타내고 있다. 특히 러시아라는 과도한 특정국가로부터의 천연가스 수입의존도가 매우 높으며, 지역 내 상호 천연가스 수요 및 공급 관련 연관성이 매우 취약하다. 이외에도 천연가스 저장소 부족, 액화천연가스 소비가 전무, 공정경쟁 부재로 인한 높은 천연가스 공급가격 형성, 에너지 효율성 저하, 역내 천연가스 생산부족 등으로 이루어지고 있는 것이 특징이다.

그 결과 지역 내 천연가스 소비증가 가능성이 매우 높음에도 불구하고 다수의 지역 내 국가들은 천연가스 접근성이 부족한 것이 현실

이다. 따라서 크로아티아, 루마니아, 알바니아(Albania)를 제외한
국가들은 천연가스 수입의존율이 70% 이상을 나타내고 있다. 이러
한 높은 천연가스 수입의존율은 특정국가인 러시아에 집중된 것으
로 천연가스 수입과정 중 발생할 수 있는 정치적 분쟁, 기술적 문제
발생, 수입시기 지연 가능성 등 다양한 문제에 직면할 수 있는 가능
성이 항시 존재하고 있다(〈그림 37〉 참조).

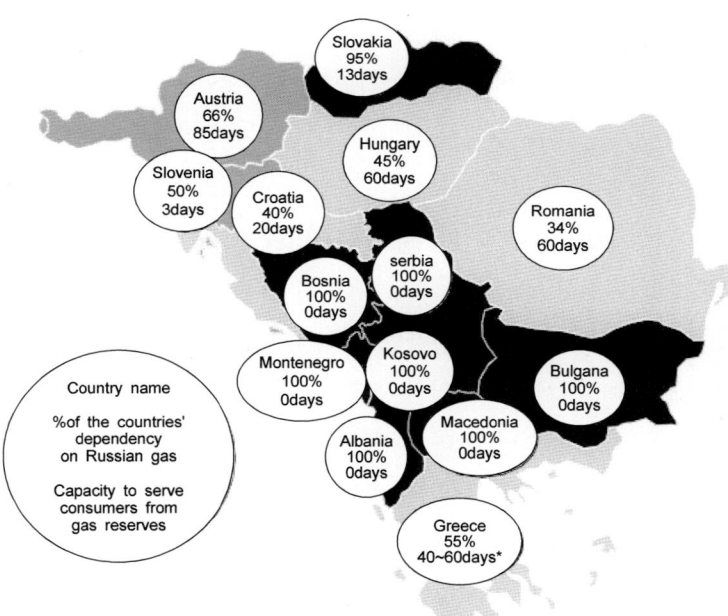

출처: BP Statistical Review, 2009; KPMG, 2009.

〈그림 37〉 남동유럽 국가 천연가스 수입 러시아 의존도
및 비축량 사용기간(2008년 말 기준)

이외에도 특정국가에 천연가스 수입의존율이 매우 높다 보니 천연가스 수입에 필요한 다양한 기간 인프라가 발전되어 있지 않은 상태로 남동유럽 국가의 천연가스 에너지 공급 안정에 문제점으로 작용하고 있다. 즉 천연가스의 공급수송로가 동유럽에서 서유럽으로 일방적으로 설정되고 동시에 북동유럽에서 서유럽으로 수송되는 과정에서 서유럽에서 동남유럽 그리고 북동유럽에서 남동유럽 국가로 수송되는 천연가스의 연계점은 존재하고 있지 않은 것이 현실이다. 따라서 서유럽 국가와 근접 지역에 위치하고 있는 남동유럽 국가의 경우에도 천연가스 소비량을 단기간 사용할 수 있는 최소한의 양만을 공급받을 수 있는 실정이다.

따라서 동유럽 국가가 지속적인 경제 및 사회발전을 추진하기 위해서는 안정적인 에너지 공급이 필수적이며 이를 위하여 천연가스 수요증가를 대비한 공급망을 확충하여야 한다. 즉 안정적인 에너지 자원 확보를 위해서는 에너지자원 수요와 공급 간 균형을 맞추어야 하며 이를 위하여 에너지자원 수입원 다변화, 인프라 확충 등에 투자가 반드시 이루어져야 한다. 이를 위한 대안 중 하나가 남동유럽 국가는 액화천연가스 수입을 추진하는 것으로 인식하고 있다(Lajtai et al., 2009).

1.5. 동유럽 천연가스 터미널시장 진출 필요성

동유럽 국가의 천연가스시장 규모는 글로벌시장에서 차지하는 비율로 비교할 때 매우 큰 시장은 분명 아니다. 그러나 동유럽 천연가스시장은 동유럽뿐만이 아니라 서유럽시장의 천연가스 공급을 주요 목적으로 하고 있는 특수한 상황이기 때문에 시장의 중요성을 인정하는 것이 바람직하다.

또한 동유럽 천연가스시장은 발전 초기 단계로 향후 유럽연합의 동유럽 확대와 함께 경제 및 사회개발로 인한 에너지 소비 증가와 함께 발전 잠재력이 매우 높은 시장이다. 따라서 북아프리카 천연가스 생산국가도 동유럽 천연가스시장에 많은 관심을 기울이고 있으며 경쟁이 제한적인 상황으로서 일단 시장진입이 성공을 하게 되면 장기적인 수익을 확보할 수 있는 특성을 나타내고 있는 것이 장점이라 할 수 있다.

동유럽 국가의 천연가스 공급은 특정 국가인 러시아에 의존하고 있기 때문에 동유럽 국가는 에너지 안보 차원에서 천연가스 수입원을 다변화하려고 노력하고 있다. 그 대안으로 추진하고 있는 것이 러시아로부터 직수입하는 파이프라인 천연가스(PNG) 이외에 북아프리카 국가 및 아시아 지역으로부터 수입하는 액화천연가스로 일정부분을 대체하는 것이다. 그러나 동유럽 국가는 액화천연가스 수입을 위한 기본 인프라를 전혀 갖추지 않은 상황으로서 액화천연가스 터미널 건설 프로젝트에 적극적으로 참여하는 것이 시장 진출에 매우 중요하다.

2. 동유럽 국가 내 액화천연가스 도입 주요 이슈

2.1. 파이프라인 천연가스(PNG) 및 액화천연가스 경쟁력

2012년 말까지 동유럽 국가의 천연가스 수입은 모두 파이프라인 천연가스(PNG)로 이루어지고 있다. 따라서 에너지 공급의 안정을 위하여 천연가스 수입원 다변화를 위하여 추진되고 있는 액화천연가스 수입방안을 현실화시키기 위해서는 두 가지의 수입방안에 대한 경쟁력 분석이 필수적이다.

일반적으로 파이프라인 천연가스(PNG) 수입의 경제성은 수송거리 약 3,000km까지는 액화천연가스 수송방식보다는 경제성이 우수한 것으로 분석되고 있다. 그 이유는 파이프라인 구축비용은 3,000km까지는 천연가스 공급량 규모를 조정하여 건설비용을 효율화시킬 수 있으나 이러한 지리적 거리를 상회하면 효율성이 떨어지기 때문이다.

그 반면에 액화천연가스 수송방식은 액화처리, 수송, 기화처리 등 상류 부문의 건설비용이 천문학적으로 필요하나 수송적인 측면만을 보면 3,000km 이상의 장거리 수송에는 파이프라인 천연가스(PNG) 수송보다 경제성을 확보할 수 있는 것으로 분석되고 있다(방선혁, 2011, Cornot-Gandolphe et al., 2003).

2.2. 액화천연가스 도입 주요 이슈

액화천연가스를 도입하는 데 약 10가지의 이슈가 존재한다. 이 중 첫째 이슈는 이를 추진하는 해당 국가 및 주요 주주들이 정치적 및 경제적으로 강력한 지지를 확보할 수 있느냐가 관건이다. 두 번째 이슈는 동유럽 국가 내 액화천연가스 도입 이후 전략적 측면의 제고이다. 따라서 액화천연가스의 안정적인 공급이 중요하며 지역 내 경제 및 사회발전을 뒷받침할 수 있는 에너지자원의 수요와 공급 관계의 균형을 유지하는 점 등이 세 번째 및 네 번째 주요 이슈로 부각되고 있다.

이외에도 다섯째, 기본 인프라구축 및 액화천연가스 관련 기술발전에 관한 이슈도 중요성이 증대되고 있다. 여섯째로 액화천연가스와 파이프라인 천연가스(PNG) 간 부가가치 창출 연계 고리(Value Chain) 차이점에서 발생할 수 있는 천연가스 가격에 관한 이슈도 매우 중대하다.

또한 유럽연합의 법률적 규정 및 유럽연합 에너지 네트워크에 귀속되는 것에 따른 영향 등이 있다. 이외에도 유럽연합의 주요 에너지정책 목표인 에너지자원 수입 다변화에 관한 이슈와 타 지역에서 천연가스 관련 분쟁발생 시 액화천연가스 수입에 의존하는 전략이 바람직한가에 관한 이슈 등이 존재한다.

2.3. 액화천연가스 도입에 따른 장단점

액화천연가스 수입을 위해서는 신규 에너지원 도입을 위한 명확한 장단점 분석이 선행되어야 한다. 특히 액화천연가스 도입 시 이를 기화시킬 수 있는 액화천연가스 터미널 건설이 필수적이며 이를

위한 경제적 발전 가능성 및 에너지자원의 경쟁력이 확보되어야 한
다. 이를 위해서 에너지자원 공급원의 다변화, 에너지자원 확보능력
향상, 글로벌 액화천연가스 현물시장(Spot Market)에 직접적인
참여 가능성 등은 장점으로 작용하고 있다.

이에 반하여 단점으로 인식되고 있는 것은 파이프라인 천연가스
수송과 비교할 때 액화천연가스 터미널 건설에는 막대한 자본이 필
요한 것이 사실이며 천연가스 가격결정에 부가가치사슬 창출이 매
우 길며, 액화천연가스 보급 시 지역 내 인프라에 종속되는 점 등이
다. 또한 터미널 운영이 장기공급 계약에 의하여 진행되는 점 등이
단점으로 작용하고 있다.

파이프라인 천연가스(PNG)의 경우 수송비용의 경제성 확보 및
가격결정 측면에서 부가가치사슬 창출이 짧은 것은 장점으로 작용
하고 있으나 천연가스 수송로선이 특정지역에만 가능하여 수송의
유연성이 결여되어 있다. 따라서 장거리 수송 시 다수 국가의 경계
선을 지나야 하기 때문에 국가 간 분쟁 발생 시 에너지자원의 안정
적인 공급에 부정적인 영향을 미치는 것이 단점으로 지적되고 있다.
따라서 동유럽 국가에 액화천연가스를 수송하는 방식은 러시아로부
터 수송되는 파이프라인 천연가스(PNG)와 강력한 경쟁구도를 나타
내는 것이 기정사실이다(Lajtai et al., 2009).

3. 동유럽 국가 액화천연가스 수송 프로젝트

3.1. 배경

동유럽 국가의 액화천연가스 수입과 관련된 모든 프로젝트는 이미 설명한 것처럼 파이프라인 천연가스(PNG) 수입의 과도한 러시아 의존도를 줄이고 에너지 안보를 확보하기 위한 에너지 정책의 일환이다. 따라서 에너지 수입원을 다변화시키고자 하는 데 정책의 초점을 맞추고 있다.

이러한 이유로 인하여 액화천연가스 수입이 파이프라인 천연가스(PNG) 수입보다는 경제적인 측면에서 상대적으로 높은 비용을 지불한다고 하더라도 지역 내 장기적인 사회 및 경제발전에 필수적으로 필요한 에너지 수요를 안정적으로 충족하기 위한 장기적인 공급 방법을 마련하기 위한 방안으로 접근하고 있다. 이처럼 동유럽 국가의 에너지 공급의 안정 및 에너지 안보를 확보하고 이를 유럽연합의 에너지 네트워크에 편입시키려 하는 가장 커다란 이유는 동유럽 국가를 통하여 수입되는 액화천연가스는 동유럽 국가의 에너지 수요에만 관련된 것이 아니라 서유럽 국가의 에너지 소비에도 직접적인 영향을 미치고 있기 때문이다.

3.2. 동유럽 국가 내 액화천연가스 수송 필요성

동유럽 국가의 천연가스 공급량은 매우 낮은 관계로 루마니아, 크로아티아, 우크라이나를 제외한 모든 국가가 전적으로 러시아의 천연가스 공급에 의존하고 있다. 한 특정국가에 전적으로 천연가스 수입을 의존하고 있기 때문에 대다수의 동유럽 국가는 에너지자원의 안정적인 공급에 매우 높은 사회 및 경제적 비용을 지불하고 있는 것이 현실이다.

이외에도 에너지자원 수입과 관련된 가격 경쟁체제가 확립되어 있지 않기 때문에 수입가격의 경쟁력을 확보하기 어려우며 과도한 파이프라인 천연가스(PNG)에 의존하고 있기 때문에 천연가스 소비에 필요한 기본 인프라 건설 및 설비시설이 매우 부족한 것이 현실이다. 따라서 파이프라인 천연가스(PNG)뿐만이 아니라 액화천연가스 수입을 통하여 천연가스 수입 다변화도 확보하고 천연가스 관련 기본 인프라를 획기적으로 발전시켜 장기적 사회 및 경제발전을 지속할 수 있는 시스템을 구축할 필요가 있다.

이로써 천연가스 수입 다변화를 통한 가격경쟁력 확보, 에너지 공급 안정화 기여, 특정 국가 의존도 감소, 기초 인프라시설 건설 등 다양한 목적을 달성할 수 있는 것으로 분석되고 있다. 이러한 이유로 인하여 동유럽 국가 내 액화천연가스 수송의 필요성이 존재한다.

3.3. 액화천연가스 관련 프로젝트

동유럽 국가 내 천연가스 관련 프로젝트로서는 나부코 프로젝트(Nabucco Project)가 있다. 이 프로젝트를 추진하는 주요 목적은 파이프라인 천연가스(PNG) 수송에 있어서 천연가스 공급 국가인 아자바잔(Azerbaijan), 투르크메니스탄(Turkmenistan), 카자흐스탄(Kazakhstan), 이집트(Egypt), 러시아(Russia), 이란(Iran), 이라크(Iraq) 등으로부터 수송되는 천연가스 공급원 및 수송루트를 다변화시키고 이를 최대한 확대시키는 것이다.

이 프로젝트는 역내 다수 국가의 천연가스 기업인 오스트리아의 OMV, 헝가리의 MOL, 루마니아의 TRANSGAZ, 불가리아의 BULGARGAZ, 터키의 BOTAZ, 독일의 RWE 등의 참여와 유럽연합의 지원으로 구성되어 있다. 천연가스 수송용량은 연간 8BCM이며 전량 서유럽 및 동유럽 국가에 공급될 예정이며 2014년에는 수송용량을 31BCM 으로 증가시킬 예정으로 계획되어 있으며 총 수송거리는 약 3,300km 이다. 이 프로젝트는 2010년 시작될 예정이었으나 글로벌 금융위기 로 인한 경기침체로 인하여 아직까지 시행하고 있지 못하고 있는 상황이다.

이 외의 파이프라인 천연가스(PNG) 프로젝트는 사우스 스트림 프로젝트(South Stream Project)로서 에너지자원 다원화 측면보 다는 에너지자원 수송루트의 다변화에 초점이 맞추어져 있다. 이 프 로젝트의 천연가스 수송은 전적으로 러시아로부터 수입되는 천연가 스의 수송을 의미하며 러시아 이외의 독립국가연합(Commonwealth Independent States: CIS) 국가로부터 천연가스를 수입하려는 수송루트도 고려하고 있으나 이를 위해서는 러시아의 승인이 필수 적인 것이 현실이다(Sofia Echo, 2009).

이 프로젝트의 건설주체는 러시아 천연가스 국영기업인 가스프롬 (Gazprom)社와 이탈리아 에너지기업인 에니(Eni)社가 공동으로 기획하고 있다. 이 프로젝트는 타 정부도 사업파트너로 참여할 수 있도록 문호를 개방하고 있다. 천연가스의 수송용량은 연간 30BCM

이며 차후 연간 60BCM까지 증가시킬 예정이다. 프로젝트 건설 시기는 2013년 착공할 예정이나 경제 환경의 변화 및 신규사업 파트너 참여와 관련하여 미결정된 사항 등으로 인하여 현재로서는 예측이 불가능한 상황이다.

동유럽 국가 내 액화천연가스 관련 프로젝트는 남동유럽 지역 액화천연가스 터미널건설 프로젝트가 있다. 2012년 남동유럽 국가 액화천연가스 공급은 매우 제한적인 것이 현실이며 현재 계획되고 있는 프로젝트는 계획단계의 수준이다. 남동유럽 국가 중 액화천연가스 터미널 건설 중 액화 재처리시설(Regasification Terminal)을 건설하여 이미 운영하고 있는 국가는 그리스이다. 그리스는 2000년부터 레비타우사 터미널(Revithoussa Terminal)을 운영하고 있으며 연간 처리능력은 2.26BCM으로 매우 소규모이다.

그러나 레비타우사 터미널의 액화천연가스 수송은 지역 내 천연가스 수송 다변화에 전혀 영향을 미치지 못하고 있다. 그 이유는 그리스의 경우 수입된 액화천연가스 전량이 내수용으로 소비되고 있기 때문에 지역 내 인접국가로 재수송하는 것은 불가능한 것이 현실이다.

그리스 레비타우사 터미널 이외에 현재 계획 중인 액화천연가스 터미널은 크로아티아의 아드리아 터미널(Adria Terminal)과 알바니아의 피에르 터미널(Fier Terminal), 루마니아의 콘스탄타 터미널(Constanta Terminal) 등이 있으나 이 중 크로아티아의 아드리아 터미널 건설이 가장 가능성이 높은 것으로 평가받고 있다(Lajtai et al., 2009/〈그림 38〉 참조).

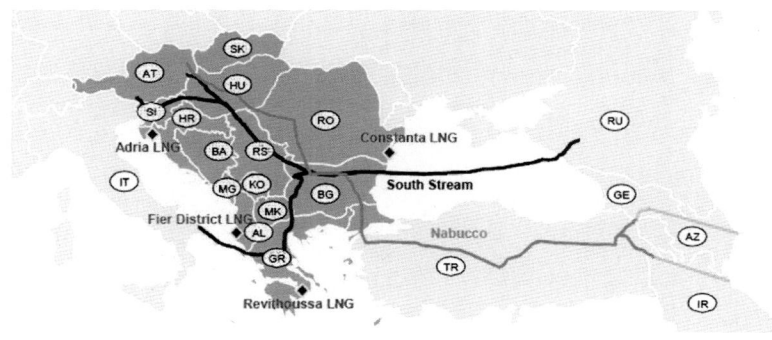

출처: www.newsimg.bbc.co.uk

〈그림 38〉 남동유럽 천연가스 수송관련 프로젝트 및 액화천연가스 터미널 건설 지역

 이처럼 크로아티아의 아드리아 터미널 건설 프로젝트가 가장 높은 가능성을 갖고 있는 이유는 천연가스와 관련된 기본 인프라가 발달된 것 이외에도 천연가스 공급안전과 관련된 사항에도 가장 긍정적으로 평가되고 있기 때문이다. 아드리아 액화천연가스 기화터미널(Regasification Terminal)은 천연가스 수입 및 수송루트 다변화라는 목적에 충분하게 부합하고 있으며 2014년에는 예정대로 터미널 운영이 가능하리라 판단하고 있다.

 신규 액화천연가스 기화터미널이 건설될 예정인 크르크 섬에 최초 연간 10BCM의 액화천연가스 수송을 향후 2단계에서는 연간 15BCM을 수입할 예정이다. 이 터미널 건설에 필요한 투자규모는 약 10억 3,000만 달러(약 1조 2,000억 원)에 이를 것으로 예상하고 있다. 이는 국내 파이프라인 천연가스(PNG)와 연결시키는 비용은 제외한 것이다.

 아드리아 기화터미널이 완공되면 크로아티아는 2009년 수입한 천연가스의 총량보다 4배에 달하는 천연가스를 수입하는 효과를 창출할 수 있다. 따라서 국내 소비를 충족한 이후 여유분을 남동유럽 국가에 수송할 수 있는 여력을 갖게 된다. 이러한 계획을 충족시키기 위하여 크로아티아는 기존의 파이프라인 천연가스(PNG) 수입과는 별도의 천연가스 원거리 수입원을 확보하기 위하여 연간 265,000CM 용량의 액화천연가스 수송선을 100회 터미널에 접안시키는 계획을 수립하고 있다.

아드리아 액화천연가스 터미널 건설 프로젝트를 수행하는 국제컨소시엄에 참여하는 주요 기업은 독일의 E. On Ruhrgas社, RVE社, 프랑스의 TOTAL 社, GEOPLIN社, 오스트리아의 OMV社 등이 참여하고 있다. 또한 당사국인 크로아티아 에너지 관련 국영기업인 Ina社(석유정제 및 판매회사), HEP(국영전력위원회), Plinacro社(가스기업) 등이 참여하여 24%의 지분으로 최대주주의 역할을 수행할 예정이다(〈그림 39〉 참조).

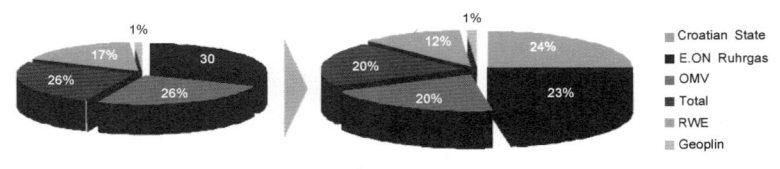

출처: www.adrialng.org

〈그림 39〉 아드리아 액화천연가스 터미널 건설 소유 지분구조

동유럽 국가 중 가장 많은 인구를 보유하고 있으며 러시아로부터 유럽연합으로 수송되는 천연가스의 주요 통과국인 우크라이나도 액

화천연가스 터미널 건설에 많은 관심을 보이고 있다. 우선 액화천연가스 터미널 건설이 가능한 예상 지역은 피브덴니(Pivdennyi), 오차키브(Ochakiv), 페오도시아 항구(Feodosiya Sea Port) 등이 거론되고 있다.

우크라이나의 경제상황을 감안하면 액화천연가스 수입량은 연간 약 10BCM 규모가 적정한 것으로 판단되고 있다. 또한 투자비용을 감안하면 제1단계에서는 5BCM 그리고 제2단계에 10BCM 규모로 처리능력을 증가시키는 것이 바람직하다. 총투자비용은 후보 지역에 따라서 차이가 있지만 약 10억 달러에서 18억 달러에 이를 것으로 예상하고 있다(〈표 29〉 참조).

〈표 29〉 우크라이나 액화천연가스 터미널 건설 예상 지역

Item of expenses	Ulkrainian ports, specifically					
	Ochakiv		Pivdennyi		Feodosiya	
	Cost	Note	Cost	Note	Cost	Note
Construction of an LNG admission terminal	750		750		750	
2. Arrangement of port infrastructure(berths, fairway, navigation, tugs, control system, deepening, etc.)	1,060	Large volume of deepeing operations	195/ 360	Dependent on the option chosen	70	
3. Connection to Ukraine's GTS(construction of a gas metering station, compressor staions, lines, refitting of existing systems)	40		100	Additionally requires reequipment of Berezivka compress or station	350～ 460	Additonally requires construction of 1-2 compressor stations
Total	1,850		1,045/ 1,210	Intense traffic, long time of demurrage	1,170 ～ 1,280	Best fit port

출처: www.ukrtransgas.naftogaz.com

액화천연가스 터미널 제1단계 건설은 약 3년 6개월이 소요될 것으로 예상되며 제2단계 공사는 4년 6개월로 총 8년간의 공사기간을 예상하고 있다. 따라서 우크라이나에 액화천연가스 터미널이 가동되는 시기는 2020년 이후에야 가능할 것으로 예측되고 있다(Unihovskyi et al., 2009).

4. 동유럽 액화천연가스 터미널 프로젝트 분석

4.1. 배경

동유럽 천연가스 관련 프로젝트는 대부분 대규모 주요 프로젝트인 파이프라인 천연가스(PNG) 수입과 관련된 프로젝트이다. 구체적으로 나부코 프로젝트(Nabuco Project), 사우스 스트림 프로젝트(South Stream Project), 북유럽 발트 해를 통과하는 노스 스트림 프로젝트(North Stream Project) 등이 있다. 이 중 나부코 프로젝트와 사우스 스트림 프로젝트는 천연가스 수입원을 러시아뿐만이 아니라 중동 지역 및 중앙아시아 지역으로부터도 수입할 수 있는 천연가스 수입원의 다변화를 통하여 에너지의 안정적인 공급노선을 확보하는 것이 주요 목적이다.

이와 비교할 때 액화천연가스 터미널 프로젝트는 천연가스 수입원을 중동 지역, 북아프리카 지역 등으로 더욱 다변화시킬 수 있으며 지역 내 증가하는 천연가스 수요증대에 효과적으로 대응할 수 있다. 또한 이러한 역할 이외에도 러시아의 과도한 에너지 의존도를 획기적으로 감소시킬 수 있는 역할도 수행할 수 있는 장점이 있다. 따라서 동유럽 액화천연가스 터미널 건설 프로젝트는 정치, 경제, 사회, 기술 부문 등 다양한 측면에서의 분석이 필요하다.

4.2. 크로아티아 아드리아 액화천연가스 터미널 경쟁력 분석

4.2.1. 분석방법

크로아티아 아드리아 액화천연가스 터미널 경쟁력 분석을 위하여 거시적 환경 측면으로 정치적·경제적·사회적·기술적 측면에서의 영향력 제고에 관한 다양한 요소들을 조사 및 분석하는 것이 매우 유용하다. 이를 위해서 위에서 제시한 각 측면에서 액화천연가스 터미널 건설이 필요한 이유를 조사 및 분석하여 이에 대한 타당성·합목적성·지속 가능성에 관한 사항 등을 확인할 필요가 있다. 따라서 정치적·경제적·사회적·기술적 측면의 조사 및 분석은 다음과 같다.

4.2.2. 정치적 측면

우선, 정치적 그리고 법률적인 배경을 살펴보면 아드리아 액화천연가스 프로젝트 추진이 가능한 주요 이유들을 이해할 수 있다. 우선, 사회간접자본 개발계획의 일환으로 추진되는 아드리아 액화천연가스 터미널 프로젝트는 전 국민의 천연가스 공급혜택, 에너지 안보 확보, 환경보호, 국민후생복지 증대 및 경제성장 창출이라는 강력한 정치적 지지를 확보할 수 있다.

남동유럽 국가뿐만이 아니라 유럽연합 국가가 러시아로부터 수입되는 천연가스에 지나치게 의존하고 있는 현 상황에서 자국의 국민과 지역 국가로부터 광범위하게 정치적 지지를 받는 것은 매우 중요하다. 이처럼 주요 청정에너지인 천연가스와 관련하여 지역 내 국가가 민감하게 반응하는 것은 2006년 및 2009년 러시아와 우크라이나 사이에 발생한 천연가스 수송문제와 관련하여 지역 내 국가 등도 경제 및 사회적으로 매우 큰 손실을 보았기 때문이다(방선혁, 2011).

따라서 남동유럽 국가 및 유럽연합은 러시아로부터 수입되는 천연가스 의존도를 줄이고 유럽연합 차원에서 추진하는 유럽연합 에너지 네트워크를 구축하고 에너지 수입원을 다원화하는 차원에서 액화천연가스 터미널을 구축하는 데 높은 정치적 관심을 나타내고 있다. 또한 액화천연가스 터미널을 직접 건설하는 투자자는 경제적 이익이 창출될 수 있는 액화천연가스의 시장성 확보와 액화천연가스 전 과정에서 발생하는 가치사슬에서 발생하는 비용을 감수할 수 있는지가 주요 관심사이다.

액화천연가스 터미널 건설은 모든 가치사슬이 수직 계열화되어 있지 않으면 경제적 이익을 창출하는 것이 불가능하기 때문에 대규모 투자를 유치하고 장기 프로젝트를 완성하기 위해서는 전반적이며 강력한 정치적 의지를 확보하여야 한다. 아드리아 액화천연가스 터미널 규모는 연간 10BCM을 수입할 수 있는 능력으로 추진되고 있으며 이는 단순히 러시아로부터 수입되는 파이프라인 천연가스(PNC)를 대체하는 기능이 아니라 러시아로부터 수입되는 천연가스의 공급이 지연 혹은 단절될 경우에도 지역의 에너지 안보를 확보하기 위한 에너지 정책의 일환으로 추진되고 있는 것이다.

4.2.3. 경제적 측면

동유럽 국가에서 천연가스 소비는 공급의 희소성으로 인하여 매우 낮은 편이었다. 그러나 다수의 국가가 유럽연합에 회원국으로 가입하면서 신흥공업국으로 발전하기 위한 높은 경제성장률을 뒷받침할 수 있는 에너지 공급이 필수가 되었다. 따라서 기존의 에너지 공급 이외의 에너지 공급 안정을 위하여 에너지원의 다양화를 필요로 하게 되었다.

결과적으로 지역 내 천연가스의 수요는 증가할 것으로 예상되고 있으며 이에 따른 천연가스 공급도 증가할 것이다. 물론 2008년 하반기에 발생한 글로벌 경제위기로 인하여 가정용, 산업용, 수송용 천연가스 소비가 일시적으로 감소한 것은 사실이나 글로벌 경제회복과 더불어 천연가스 소비가 증가할 것은 명백하다. 특히 파이프라인 천연가스(PNG)보다 가격이 높은 액화천연가스 가격은 2010년까지 하락세를 보이다 2011년 경제회복과 더불어 가격이 회복될 것으로 분석되었다. 그러나 2011년 유럽연합의 재정위기로 인한 글로벌경제의 지속적인 침체로 인하여 액화천연가스 가격 회복이 지연되고 있는 실정이다(IEA, 2012).

액화천연가스 터미널 인프라 측면에서 분석해보면 글로벌시장에서 액화천연가스 기화처리터미널(Regasification Terminal) 건설시장의 성장은 2008년 21.25%에서 2011년에는 15.81%로 성장률이 저하되었다. 그 반면에 액화천연가스 액화터미널(Liquefacction Terminal)의 글로벌 성장은 같은 기간 내 22.36%에서 21.66%로 소폭 하락하였다.

이는 액화천연가스의 수요와 공급 간의 격차가 발생하는 것을 의미하며 아드리아 액화천연가스 터미널은 기화처리터미널로 천연가스 공급체결의 특성상 장기공급 체결에 유리한 조건에서 계약을 체결합 수 있는 가능성이 높아지게 되었다. 일반적으로 기화처리터미널 건설비용은 약 6억~7억 달러(약 6,900억~8,050억 원)가 소요되고 액화처리터미널 건설비용은 약 50억~60억 달러(5조 7,500억~6조 9,000억 원)의 천문학적 투자가 이루어진다. 따라서 장기 경제위기 상황에서는 공사 지연 및 취소, 투자재원 조달능력 부족 등의 사태가 발생하게 된다(Global Data, 2009).

이외에도 액화천연가스는 파이프라인 천연가스(PNG)보다 가치사슬의 경로가 상대적으로 길기 때문에 최종비용 발생이 더욱 높게 된다. 따라서 액화천연가스의 상대적 높은 가격이 에너지 공급안정에 필수적으로 기여할 수 있는지에 대한 분석이 매우 중요하다. 따라서 아드리아 액화천연가스 터미널의 경우 이러한 가격 측면의 단점을 에너지의 안정적인 공급 부문으로 충분하게 대체할 수 있는 것으로 판단한다.

4.2.4. 사회적 측면

일반적으로 천연가스는 화석연료 중 가장 환경친화적이며 지구온난화 현상의 주요 원인인 그린하우스 가스(Greenhouse Gas: GHG)를 최소한 배출하여 지구환경 보호를 가능하게 하는 에너지자원으로 인식되고 있다. 따라서 천연가스를 소비하게 되면 기존의 화석연료인 석탄 및 석유를 소비하는 것보다 환경에 유리할 뿐만이 아니라 지역 국가 내 국민의 삶의 질 향상에도 크게 기여할 수 있을 것으로 판단하고 있다.

그러나 동유럽 국가 내 특히 동남유럽 지역의 국가에서는 천연가스 소비를 위한 기본적인 천연가스 관련 인프라가 구축되어 있지 않는 관계로 천연가스 소비가 매우 제한적이다. 따라서 천연가스 보급률이 매우 낮을 뿐만이 아니라 천연가스 배관망 네트워크에 접속할 수 있는 일반가정의 수도 절대적으로 소수이다. 이러한 배경이 동남유럽 국가 내 천연가스를 공급하여 지역 내 경제발전과 국민을 위한 삶의 질 향상에 기여하여야 할 이유이다(Marcogaz, 2008).

따라서 이러한 상황을 타개할 수 있는 방안이 아드리아 액화천연가스 터미널 건설이다. 이 터미널이 건설되면 상업 및 산업 활동이 왕성해지고 이로 인하여 국가 경쟁력이 향상될 수 있다. 그 결과 고용창출이 증대되고 액화천연가스 소비를 통하여 기존의 화석연료인 석탄 및 중유로 생산한 난방 및 전력생산을 대체할 수 있어서 환경보호에 기여하고 동시에 지역 국가 내 국민 삶의 질을 향상시킬 수 있게 된다.

동유럽 국가의 대다수가 주요 에너지자원으로 석탄을 사용하고 있는 현실에서 정부주도하에 천연가스를 보급하려는 강력한 정치적 의지를 실행한다면 지역 내 가장 효율적인 오염방지 프로그램으로 자리 잡을 수 있을 것이다. 물론 가장 환경친화적이며 효율적인 에너지자원은 신재생에너지자원이지만 이는 현실적으로 화석연료를 전적으로 대체하기에는 현실적으로 한계가 존재한다. 따라서 지역 내 각 국가정부의 정치적 지원과 실행의지가 충분한 상태라면 천연가스는 사회적으로 국민적 지지를 받고 경제적 성장을 달성할 수 있는 가능성이 매우 높다. 따라서 아드리아 액화천연가스 터미널은 지역 내 천연가스를 공급하면서 전반적인 사회경제적 발전을 창출할 수 있는 역할을 수행할 수 있다.

4.2.5. 기술적 측면

액화천연가스 탱커는 약 600개 분량의 탱커규모를 보유하고 있으며 1회 최대 265,000CM의 액화천연가스를 수송할 수 있다. 따라서 파이프라인 천연가스(PNG) 수송을 대체할 수 있는 수송능력을 보유하고 있으며 장거리 수송거리인 3,000km 이상 5,000km 이내에는 경제성을 확보할 수 있는 특성을 갖고 있다.

기술적 측면에서 액화천연가스 수송은 파이프라인 천연가스(PNG)보다 긴 가치사슬을 보유하고 있다. 따라서 수송 이후의 전 과정을 종합적으로 분석하면 액화천연가스 공급 및 수요에 따른 경제성 확보는 중대한 도전적 요소이다. 특히 천연가스 추출 이후 액화천연가스를 생산하는 액화과정(Liquefaction Process)을 진행하는 동안 전체 천연가스의 약 5~15%를 필요한 에너지로 사용하게 된다(〈그림 40〉 참조).

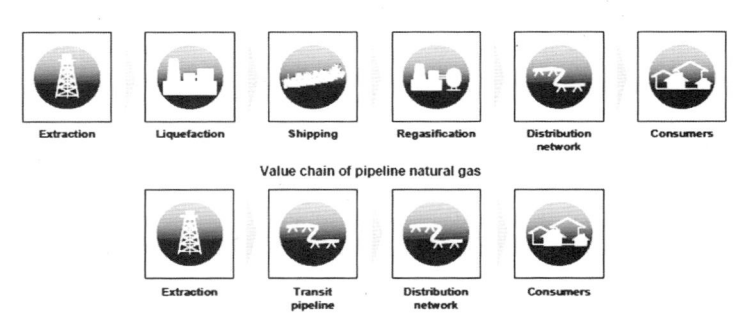

〈그림 40〉 액화천연가스 및 파이프라인 천연가스(PNG) 가치사슬 비교

수송된 액화천연가스는 터미널에서 기화과정(Regasification Process)을 거치는데 이 과정은 액화과정과 비교할 때 상대적으로 적은 에너지 사용을 필요로 한다. 그러나 터미널에서 액화천연가스 저장시설을 증가시키는 과정에서 막대한 경제적 비용이 발생한다. 이러한 저장

비용을 최소화하기 위하여 최근에 액화천연가스의 경제성을 향상시킬
수 있는 유동적 기화형태(Floating Type Regasification)와 저장 플랫
폼(Storage Platform)이 개발되었다.

아드리아 액화천연가스 터미널은 이러한 기술적 측면을 기초로 경
제성을 확보할 수 있다고 투자주체들은 판단하고 있으며 에너지 관련
서유럽 기업뿐만이 아니라 일본기업인 미쓰비시 그룹(Mitsubishi
Group)도 사업 참여에 높은 관심을 보이고 있다.

4.3. 우크라이나 액화천연가스 터미널 경쟁력 분석

4.3.1. 정치적 측면

동유럽 국가 중 에너지자원의 안정적인 공급을 가장 필요로 하는
국가 중 하나는 우크라이나이다. 특히 정치적 측면에서 우크라이나
는 타 국가와 비교할 때 2006년 및 2009년 러시아와 파이프라인
천연가스(PNG) 공급과 관련된 분쟁으로 인하여 커다란 국가적 손
실을 입은 경험을 갖고 있다.

따라서 이러한 에너지자원으로 인한 정치적 분쟁을 해소하기 위
하여 에너지자원 확보 및 수송의 다원화를 절실하게 실감하고 있다.
특히 에너지자원 수입을 러시아에 과도하게 의존하고 있는 현실을
극복하기 위해서는 에너지자원 수입 및 수송루트를 다원화하여야
하는 것이 필수적이다.

우크라이나가 러시아로부터 천연가스 수입의존도를 30~40%까
지 낮추기 위해서는 매년 액화천연가스 10BCM을 수입하여야 한다
고 국제연구기관은 추정하고 있다(IEA, 2008).

4.3.2. 경제적 측면

우크라이나 액화천연가스 터미널건설 후보지는 흑해연안에 위치한 3개의 항구로 피브덴니(Pivdennyi) 오차키브(Ochakiv), 페오도시아(Feodosiya) 등이다. 이들 터미널 예상지에서 북아프리카 국가인 이집트, 알제리, 리비아의 액화천연가스를 흑해를 통해 수송을 하게 되면 기술적·경제적 측면에서 이익을 창출할 수 있을 것으로 분석되고 있다.

우크라이나로 액화천연가스를 수송 시 약 120,000~140,000CM 규모의 수송선을 예상하고 있으며 높은 초기 수송비용은 수송선을 구입하여 운반하는 것보다는 대여를 통하여 수송하면 우크라이나 및 북아프리카 액화천연가스 생산국 모두에 수송비용 절감을 통하여 경제성을 높일 수 있을 것으로 판단하고 있다.

우크라이나 액화천연가스 터미널 건설 프로젝트의 최대 장점은 총 자본투자의 규모가 20억 달러(약 2조 3,000억 원)로 대형 파이프라인 천연가스(PNG) 프로젝트인 화이트스트림(White Stream) 프로젝트 총투자금액인 150억 달러(약 17조 원)에서 우크라이나의 부담금인 30억~50억 달러(3조 4,500억~5조 7,500억 원)보다는 상대적으로 매우 저렴한 것이 장점이라 할 수 있다.

이외에도 우크라이나 액화천연가스 터미널이 완공되면 파이프라인 천연가스(PNG) 프로젝트처럼 타 국가의 국경을 통과하여야 하는 부담감이 전혀 없다. 동시에 에너지자원 수입 다원화를 확보하고 최종소비자에게 천연가스를 유연하게 공급하여 경제적 효과를 극대화시킬 수 있는 장점이 매우 크다(Lajtai et al., 2009).

4.3.3. 사회적 측면

우크라이나 액화천연가스 터미널 건설이 완공되면 천연가스 공급을 원활하게 하여 천연가스 수요를 증가시킬 수 있게 된다. 이로써 2009년 1월에 발생한 러시아의 천연가스 공급중단과 같은 극단적인 에너지사태를 예방할 수 있으며 우크라이나 국민에게 안정적인 천연가스를 공급할 수 있는 대체 공급원 및 수송수단을 확보하여 사회적 안정을 높여나갈 수 있는 장점을 보유할 수 있다.

우크라이나는 동유럽 국가 중 인구뿐만이 아니라 최대 천연가스의 생산량 및 소비량을 나타내고 있다. 2007년 기준 20BCM을 생산하였고 소비는 68BCM에 달하여 우크라이나 이외의 주요 동유럽 천연가스 생산 및 소비국가의 전체 합계보다도 많은 양을 생산하고 소비하고 있다. 따라서 에너지로서 천연가스에 관한 사회적 인식이 매우 견고하게 자리 잡고 있으며 기반시설도 타 국가보다 상대적으로 우수하게 정비되어 있는 것이 커다란 장점이다.

이외에도 에너지자원으로서 천연가스가 타 자원보다는 확고한 위치에 이르고 있기 때문에 천연가스 관련 법률제정, 개발전략의 일관성 및 예측성 등이 타 동유럽 국가보다 발전된 것이 장점이라 할 수 있다. 따라서 이러한 사회적 환경을 기초로 정부가 액화천연가스 프로젝트를 그 어느 사업주체보다도 적극적으로 추진하려는 정책적 의지가 뒷받침되고 있다(Unihovskyi et. al, 2009).

4.3.4. 기술적 측면

우크라이나에 액화천연가스를 공급할 수 있는 프로젝트는 조지아-우크라이나-유럽연합을 연결하는 화이트스트림 파이프라인 천연가스 프로젝트(White Stream Gas Pipeline Project)이다. 이처럼 파이프라인 천연가스(PNG)가 액화천연가스로 전환되는 것은 투르크메니스탄에서 생산되어 조지아를 거쳐서 우크라이나까지 카스피해(Caspian Sea) 및 흑해(Black Sea)를 거쳐서 천연가스가 운송되기 때문이다. 이 노선은 유럽연합의 에너지정책 일환으로 중앙아시아에서 생산되는 천연가스의 수송노선을 다원화하기 위한 목적으로 추진되는 것이다.

이 경우 전체 공사비는 약 150억 달러(약 17조 2,000억 원)로 예상되고 있으나 조지아에서 흑해를 거쳐서 우크라이나로 액화천연가스로 운송할 경우 총공사비의 1/3에 해당하는 50억 달러가 소요될 것으로 예측되고 있다. 이는 총 수송거리 1,355km 중 흑해 이동거리 215km에 불과한 지역을 이동하는 데 막대한 자본을 투자하여야 한다는 의미이다.

액화천연가스를 수송하기 위하여 조지아에서 천연가스를 액화시킬 수 있는 터미널 건설이 필요하고 이를 다시 우크라이나 크림반도에 수송한 후 파이프라인 천연가스로 전환시키는 터미널을 건설하는 것이 현실이다. 기술적인 측면에서는 커다란 문제가 발생하지 않을 것으로 예상되나 경제적인 측면을 고려한다면 액화천연가스 터미널 건설 이외의 대안이 제안될 가능성도 배제할 수는 없다.

4.4. 동유럽 플랜트시장 진출전략

4.4.1. 국가선정

동유럽 플랜트시장 진입을 위하여 전략적으로 접근할 수 있는 가장 우호적인 국가는 크로아티아, 루마니아, 우크라이나이다. 물론 루마니아도 정치, 경제, 사회, 기술적인 측면에서 크로아티아와 비교할 때 유럽연합 회원국으로 그 가치가 인정된다. 그러나 지리적 장점에서는 크로아티아가 서유럽 국가와의 접근성을 기초로 보면 루마니아보다는 유리한 것으로 판단된다.

이와 비교할 때 우크라이나는 아직 유럽회원국은 아니나 동유럽 최대의 인구 및 천연가스 생산국으로 천연가스 플랜트시장에서 성장잠재력이 매우 높은 국가이다. 따라서 장기적 투자 차원에서 전략적으로 접근할 필요성이 존재한다.

4.4.2. 진출전략

동유럽시장은 서유럽의 글로벌 메이저 그리고 미국의 메이저 기업들이 적극적으로 개발 및 사업 활동을 수행하는 지역이다. 따라서 후발주자인 우리나라 기업에 절대적으로 우호적인 지역은 아니다. 그럼에도 불구하고 천연가스 플랜트시장 진입을 위하여 글로벌 메이저 기업들과 컨소시엄 형태로 사업을 추진할 수 있으면 글로벌 에너지 사업을 추진할 때 커다란 장점으로 작용할 수 있을 것으로 판단된다.

특히 한국가스공사는 플랜트 건설사업뿐만이 아니라 터미널 운영에도 장기간 고도의 노하우를 축적하여 왔다. 따라서 플랜트 건설에서 운영 및 보수 등에서도 글로벌 메이저 기업보다 강력한 가격경쟁력을 보유하고 있다. 따라서 이 장점을 충분히 활용한다면 높은 플랜트시장 진입장벽을 극복할 수 있는 가능성이 있다.

이외에도 기술선진국이면서 글로벌 메이저 기업을 보유하지 못한 일본과 협력하여 투자 자본을 확충할 수 있는 방안을 활용하여 일본자본과 한국기술이 협력하여 글로벌 에너지시장을 확대하여 나가는 것도 하나의 방안이 될 수 있다(박상철, 2010).

PART 10

국외 LNG 터미널 및
플랜트건설 투자사업

국외 LNG 터미널 및 플랜트건설 투자사업

1. 위험분석 및 회피방안

1.1. 투자사업에 따른 위험단계

1.1.1. 배경

국외 대규모 투자사업에 따르는 위험의 정의는 손실발생 가능성, 손실발생의 불확실성, 손실 가능성 및 불확실성 등에 관한 결과에 관한 수치가 예상한 수치와 다르게 나올 가능성으로 정의되고 있다. 따라서 대규모 투자사업을 수행하는 데 있어서 사업주에게는 항상 자본 투자에 대한 위험이 따르게 마련이다.

따라서 이러한 대규모 투자사업을 진행하기 전에 반드시 사업의 타당성 검토를 수행하여 예상되는 위험을 조사 및 분석하여 위험을 회피하거나 최소화할 수 있는 방법을 찾게 된다. 이처럼 위험을 회피할 수 있는 방법을 찾는 과정을 위험배분과정(Risk Structuring Process)이라고 하며 예상되는 위험을 조사하는 과정이 투자사업의 시발점이다. 이러한 기초작업 위에서 위험에 관한 분석 및 회피방안을 거치면서 성공적인 해외투자사업을 완성할 수 있는 것이다(정순영, 2007).

1.1.2. 투자사업 단계별 위험의 형태

단계별 위험의 형태는 일반적으로 네 개의 단계로 이루어진다. 첫째, 개발단계위험(Development Risks), 둘째, 엔지니어링 및 건설단계위험(Design and Construction Risks), 셋째, 시운전단계위험(Start-up Risks), 넷째, 운영단계위험(Operating Risks) 등이다.

우선 첫째 단계인 개발단계위험은 투자사업의 승인 및 허가의 실패, 투자사업을 수행하는 데 대한 반대여론 확산, 사업성의 결여 등으로 인하여 사업추진이 원천적으로 불가능한 위험을 의미한다.

두 번째로 엔지니어링 및 건설단계위험은 공정진행에 따라서 자금집행은 이루어지나 실질적인 수익이 발생하지 않기 때문에 건설기간 동안 자금집행이 누적적으로 증가하게 되며 동시에 투자사업의 성공에 대한 불확실성이 점진적으로 증가하게 된다. 따라서 투자사업에 실질적인 재정지원을 하는 금융기관은 사업완공 전까지 사업주의 공사완공에 대한 지원을 요구하는 경우가 자주 발생한다. 이러한 과정이 반복되면서 엔지니어링 및 건설단계위험이 증가하게 된다.

세 번째 단계위험인 시운전단계위험은 완공테스트를 실시하여 완공테스트의 기준을 충족할 경우 엔지니어링, 구매, 건설 등을 모두

망라한 Engineering-Procurement-Construction(EPC) 계약
자가 부담하는 공사완공위험이 끝나고 투자사업의 운영위험으로 전
환되는 단계에서 발생하는 형태이다. 즉 투자사업이 완공테스트의
기준을 충족하지 못할 경우에는 정상가동이 원칙적으로 불가능하기
때문에 투자사업의 모든 단계 중 가장 높은 위험수준을 동반하게 되
는 특성을 갖고 있다.

마지막 단계인 운영단계위험은 생산비용, 생산효율, 생산제품의
시장, 생산제품의 운송, 시장에서 발생하는 경쟁력에 대한 위험이
다. 따라서 투자사업의 성격에 따라서 위험의 수준이 상이할 수는
있으나 일반적으로 사업주, 금융기관 등 투자사업 참여자에게는 사
업 자체의 위험은 점진적으로 감소하게 되는 특성을 갖고 있다
(Tinsley, 2000).

1.2. 투자사업 위험분석

1.2.1. 투자사업 위험유형

대규모 투자사업 위험의 종류는 정치적 위험(Political Risk)과
상업적 위험(Commercial Risk)으로 구분된다. 정치적 위험은 투
자사업 시행 당사국 내 전쟁, 몰수, 국유화 등처럼 사업자가 통제할
수 없는 상태를 의미하며 상업적 위험은 사업자가 통제할 수 있는
범위 내의 위험을 의미한다. 이러한 정치적 및 상업적 위험의 유형
또한 투자사업의 성격이 일반적인 수준의 사업일 경우와 위험한 수
준의 투자사업일 경우에 따라서 위험을 부담하는 주체가 상이할 수
있다(서극교, 2004/〈표 30〉 참조).

<표 30> 투자사업 위험유형과 위험부담자

위험종류	일반수준 사업 위험부담자	고위험 수준 위험부담자
운영위험	금융기관	사업주
사업주 신용위험	금융기관	사업주
공사완공위험	사업주	EPC 계약자
원재료 공급위험	금융기관	공급보증 및 대체공급자
시장위험	금융기관	BUY-BACK, 사업자
인프라위험	금융기관	사업주, 사업소재국 정부
환경위험	금융기관	사업주
정치적 위험	금융기관	ECA, 보험회사, 사업소재국 정부
불가항력 위험	금융기관	보험회사, 사업주
외환위험	금융기관, 사업주	햇징
엔지니어링 위험	금융기관	보험회사
신디케이션 위험	사업주	금융기관
이자율 위험	금융기관	스왑, 햇징
법적 위험	금융기관	보험회사

출처: Richard Tinsley, Project Finance, Risk Analysis and Allocation, 2000.

1.2.2. 위험분석

위험분석은 투자사업에 관련되는 모든 위험요소를 체계적으로 파악하여 확인된 위험을 경감 혹은 회피할 수 있는 방법을 구체적으로 찾아가는 과정이다. 따라서 투자사업이 성공할 수 있는 가장 중요한 열쇠는 확인 가능한 위험에 대한 적절한 위험배분, 분산, 회피에 달려 있다고 할 수 있다.

또한 투자사업을 수행하는 데 필요한 재정지원은 대부분의 경우 사업주에 대한 제한소구(Limited Recourse)방식으로 이루어지고 있기 때문에 발생 가능한 모든 위험은 신용을 기초로 하는 투자사업 참여자 간에 공정하고 적절하게 배분되어야 투자사업의 성공 가능성이 높아지게 된다.[35]

1.3. 위험배분 및 회피 방안

대규모 투자사업을 수행하는 데 발생하는 다양한 위험을 적절하게 배분하고 회피하는 방법은 일률적으로 적용되기보다는 투자사업의 성격에 따라 상이하게 적용되는 것이 바람직하다. 따라서 대부분의 투자사업에 따르는 위험은 경제성을 기초로 하여 사업 참여자 간 협상에 의해서 배분되고 있는 것이 일반적인 방법이다.

그럼에도 불구하고 투자사업의 기본적인 위험배분 원칙은 발생되는 각각의 위험에 대하여 최적으로 관리할 수 있는 능력을 보유하고 있는 사업 참여자에게 그 위험을 배분하는 것이다. 사업위험의 배분뿐만이 아니라 사업위험을 회피하는 것도 위험을 최소화시키는 데하나의 중요한 방법이다. 발생하는 모든 위험을 배분하고 회피하는 방법은 일반적으로 계약을 통한 분담, 연쇄구조에 의한 전가, 대기융자(Stand-by Loan) 제공, 타당성 조사를 통한 수용 혹은 회피 등의 방법으로 관리되고 있다(Nevitt & Fabozzi, 2000).

1.4. 주요 위험배분 및 회피방법

1.4.1. 운영위험(Operation Risk)

운영위험은 생산위험이라고도 불리며 계획된 예산으로 제품을 생

---

35) 제한소구방식(Limited Resource Finance)은 프로젝트 자금지원(Project Finance)의 방식으로 대출 원리금 상환부담이 프로젝트의 내재가치와 예상현금수입의 범위 내로 한정되고 출자자 등의 일정범위 추가부담으로 한정되는 것을 의미한다. 이는 일반적인 대출인 경우 유사시 채권확보의 수단으로서 차주나 보증인에게 대출 원리금 상환에 대하여 무한책임을 지는 것과 비교할 때 매우 상이한 대출방식이다.

산할 수 있는지에 대한 위험으로 현금흐름 추정에서 운영비용 부분과 직접적으로 관련이 있다. 운영위험은 대부분 투자사업이 정상적으로 가동이 되어 실제 운영비용이 당초 예상비용을 초과하는 형태로 발생하게 되며 최종적으로 투자사업의 재무 상태를 악화시켜 대출 원리금의 상환을 불가능하게 만드는 원인을 제공하게 된다.

운영위험에는 구체적으로 기술, 비용, 관리 등 세 가지의 요소로 이루어지고 있다. 기술적 요소에서 일반적으로 신기술은 대규모 투자사업에 적용되기가 쉽지 않다. 그 이유는 신기술을 적용하기 위해서는 프로젝트 파이낸스를 지원하는 금융기관이 사업주에게 특별약속조항 등을 통하여 추가적인 지원을 요구하기 때문이다.

따라서 투자사업 사업주는 기술적 부문의 위험을 회피하기 위해서는 검증된 기술을 적용하고 이 기술이 기술적인 측면에서 경쟁력을 보유하고 있어야 하며 투자사업의 유효기간이 금융기관으로부터 융자받은 대출기간보다 길어야 한다. 그럼에도 불구하고 사업주가 투자사업에 신기술을 적용하여 획기적인 경제성을 확보할 수 있다고 판단하면 금융기관으로부터 받을 수 있는 위험을 회피하는 방법으로 기술관리계약(Technology Management Contract), 기술보증(Technology Warranty), 품질보증(Quality Assurance), 조업중단보험(Business Interruption Insurance) 등을 확보하여 제출할 수 있다.

둘째로 운영위험의 비용요소는 노동력, 원재료, 운영비 등의 핵심적인 비용항목에 대하여 원가의 경쟁력 측면에서 검토되어야 한다. 비용요소에 대한 운영위험 회피방안으로는 제품판매계약, 원가보증, 경제성 테스트, 원가곡선 적용, 세금 및 로열티 유예 등을 적용할 수 있다.

마지막으로 관리요소로서 투자사업의 효율적 운영 및 성능유지를 위하여 저용기술을 효율적으로 사용하고 운영비용을 적절하게 통제할 수 있어야 한다. 이를 위해서 사업주 및 투자사업에 경험이 풍부한 운영자의 지속적인 사업 참여를 보장할 수 있어야 한다. 이외에도 관리요소에 대한 운영위험을 회피하기 위한 방안으로서는 운영관리계약(Operation&Management Contract)을 체결하여 핵심관리 인력을 투자사업의 운영관리에 참여하게 하고 사업주가 경영관리 기술을 지원하도록 하고 핵심인력보험을 설정하여 운영자의 핵심인력에 대한 보장을 강화할 수 있다.

1.4.2. 사업주 신용위험(Sponsor Credit Risk)

사업주는 투자사업을 추진하는 실질적인 주체이므로 사업추진 경험과 재정능력이 필수적으로 요구된다. 따라서 사업주는 국제신용평가기관의 신용등급기준으로 투자적격등급인 최소 BBB 이상의 신용도를 유지하여야 한다. 그러나 사업주가 이러한 투자적격등급을 유지하지 못할 경우에는 사업주의 출자 지분 및 추가지원에 대하여 현금예치 혹은 지급 보증서를 제공하고 사업을 추진할 수는 있다.

이외에도 사업주가 공동으로 투자사업을 추진할 경우 사업주의 구성에 있어서 일부 사업주가 재정적으로 취약할 경우에는 금융기관으로부터 프로젝트 파이낸스 추진에 심각한 영향을 미치게 된다. 이러한 경우 재정지원을 전담하는 금융기관으로부터 재정적 혹은 사업경험이 취약한 사업주가 참여해야 할 경우에 타 사업주의 연대보증을 요구하기도 한다.

또한 사업주 간 계약구조로 인하여 금융기관으로부터 재정지원이 불가능한 경우도 발생한다. 따라서 사업주는 투자사업을 실질적으로 수행하는 프로젝트 회사의 설립계약 및 합작투자계약 등을 면밀하게 검토하여야 한다. 동시에 투자사업 사업주의 신용도, 계약이행 능력, 계약위반 시 약정손해배상, 보험 등을 면밀하게 검토하여야 한다. 이 경우 사업주의 신용위험을 회피하는 방법으로는 합자투자계약, 연대담보, 예비비 지원약정, 재무비율 설정, 신용평가 등이 있다.

1.4.3. 공사완공위험(Completion Risk)

공사완공위험은 건설위험 혹은 공사비용 초과위험이라고도 한다. 또한 세부적으로는 공사비용 초과(Cost Overruns), 완공지연(Delays in Completion), 성능 및 효율성 저하(Shortfalls in Expected Capacity, Output or Efficiency) 등으로 구성되고 있다.

공사비용 초과가 발생할 때 사업주는 초과비용에 대하여 자금지원을 약정하거나 특정 시점까지 공사가 완공되지 않을 경우 공사완공보증(Completion Guarantee)을 제공하여 대출 원리금의 상환 의무를 부담하는 방법으로 공사완공 위험을 부담하게 된다.

이외에도 공사완공위험을 분담하고 회피하는 방법으로는 추가적인 자본금 출자 및 금융지원약정(Stand-by Cost Overrun Funding Agreement), 예비비계좌(Contingency Account) 설정, 공사비용 초과보증, 채무불이행계약(Default Agreement), 시운전 지연보험(Delay in Start-up Insurance), 예비금융 지원약정(Stand-by

Facility), 현금부족분 지원(Cash Deficiency Support) 등이 있다.

1.4.4. 원재료 공급위험(Supply Risk)

원재료 공급위험은 해당 투자사업의 성격에 따라서 상이하다. 인프라 프로젝트의 경우에는 교통량 위험, 투입물량위험 등이 이에 해당되며 자원개발 프로젝트의 경우에는 매장량 위험, 발전프로젝트의 경우에는 연료공급 위험 등이 있다. 액화천연가스 터미널사업의 경우 그 특성상 인프라 프로젝트이면서 자원개발의 성격을 보유하고 있으며 동시에 발전프로젝트와 동일하게 연료공급의 위험을 보유하고 있다고 할 수 있다.

투자사업을 직접적으로 수행하는 사업주 혹은 프로젝트 회사는 주요 원자재가 부족하거나 공급이 지연될 경우 제품판매계약상의 공급의무를 이행할 수 없기 때문에 결과적으로 판매수입 감소로 인한 현금흐름(Cash Flow)에 부정적인 영향을 미치게 된다. 또한 원자재의 가격 또는 운영비용이 상승할 경우에도 수익구조에 부정적인 영향을 미치기 때문에 투자사업의 운영에 필요한 원자재는 장기적이며 안정적으로 공급받기 위하여 신용이 양호한 공급자와의 장기공급 계약체결을 통하여 그 위험을 경감 혹은 회피할 수 있다.

따라서 원재료 공급위험을 경감 및 회피하는 구체적인 방법으로서는 원재료공급계약(Feedstock Supply Contract) 체결, 원재료 공급보증, 사업주의 원재료 공급약정, 매장량 보험, 대출 원리금 상환계획조정, 담보취득 등이 있다(서극교, 2004).

1.4.5. 시장위험(Market Risk)

시장위험은 판매위험이라고도 불린다. 즉 시장위험은 제품의 판매가격 하락, 시장 점유율 하락, 제품수요 감소, 생산물의 품질저하 등에 의하여 발생한다.[36] 이러한 시장위험 요소들은 제품판매계약 자체를 취소시킬 수 있으며 이는 금융기관으로 제공된 대출 원리금의 상환을 불가능하게 한다. 따라서 이러한 위험을 경감 및 회피하기 위해서는 신용이 양호한 구매자와 장기 제품판매계약(Long Term Off-Take Contract)을 체결하는 것이 바람직하다.

이외에도 시장위험을 경감 혹은 회피하기 위한 구체적인 방법으로서는 제품판매금액 부족분 지원계약, 물량보증계약, 환매구조(Buy-Back) 채택, 시장조사 등이 있다.[37]

1.4.6. 인프라 위험(Infrastructure Risk)

인프라 위험은 운송위험(Transportation Risk)이라고도 하며 대부분의 투자사업에 매우 중요한 위험요소로 인식되고 있다. 사업주는 프로젝트 건설 지역, 운송여건 등에 관하여 자세하게 조사 및 분석을 하여야 하며 필요시 외부전문기관에 용역을 발주하여 전문가로부터 인프라 위험을 투자사업 이전에 확인하여야 한다.

생산물의 운송비용은 운영비용을 초과하는 경우가 있게 된다. 특히 장거리 수송이 필요한 생산물의 경우에는 항구의 하역능력이 제

---

36) LNG 터미널 투자사업의 경우에는 액화천연가스라는 특정제품을 독과점 형태의 시장에서 공급하는 것이기 때문에 시장 점유율 하락 혹은 생산물의 품질저하는 시장위험에 해당되지 않는다.

37) 환매구조(Buy-Back)는 생산물이 판매되지 않을 경우 사업주가 투자사업의 생산물을 재구입하는 방식이다. 이 방법은 이란의 가스전 개발프로젝트에서 많이 이용되었다.

약요인으로 인식되고 있다. 따라서 생산물 운송에 관한 인프라 위험에 대처하기 위한 방법으로 본선인도계약(FOB), 인프라 공동사용계약, 정부의 인프라 지원약정 등이 활용되고 있다.[38]

1.4.7. 환경위험(Environmental Risk)

21세기는 환경과 에너지 부문이 전 인류에게 가장 중요한 이슈로 부각되고 있다. 따라서 세계 각국은 환경관련 법률을 과거보다 더욱 엄격하게 규정하는 추세로 나아가고 있다. 이러한 환경기준 강화추세에 따라서 사업주는 사업소재국 정부 관계기관의 환경 관련 인허가에 대하여 명확한 확신이 서지 않으면 투자사업을 진행할 수 없다.

환경위험은 크게 세 가지로 이루어지고 있다. 우선 투자사업 설비의 일상적인 운영에서 발생하는 오염, 심각한 자연재해, 생태학, 경관, 문화적인 측면에서 투자사업이 시행되는 위치로 발생하는 위험 등이다. 환경위험은 투자사업의 비용을 증가시키므로 결과적으로 전체적인 경제성을 악화시키게 된다.[39]

또한 사업주에게는 환경문제 및 위험이 투자사업에 여러 가지 형태의 부정적인 영향을 미치는 것이 현실이다. 그러나 국제개발기구(Multilateral Agency: MLA)와 공적수출신용기관(Export Credit

---

38) 본선인도계약은 생산물인도가 이행되지 않을 경우에는 인프라위험을 판매자가 부담하는 것을 의미하며 인프라 공동사용계약은 용수, 전력, 통신 및 항만 등의 인프라 시설을 활용할 수 있는 혜택을 의미하며 일부는 사용대가를 부담하게 된다. 또한 정부의 인프라 지원약정을 통하여 사업소재국 정부는 인프라 지원을 통하여 화물요금과 처리수수료 등 수입원을 확보할 수 있으며 투자사업을 통제할 수 있는 수단으로 활용하기도 함.

39) 실례로서 환경위험은 환경오염물질 방지시설을 추가로 설치하여야 하고 환경영향평가 비용, 환경세 등을 지급하여야 한다. 이외에도 환경법규 위반으로 벌과금이 부과될 수 있으며 최악의 경우 환경문제로 공사기간이 지연될 수도 있다.

Agency: ECA)은 투자사업에 대한 금융지원을 제공하기 이전에 해당 사업이 환경기준을 준수하는지에 대한 환경영향평가(Environmental Impact Assessment: EIA)의 실시를 의무화하고 있다(Tinsley, 2000; Nevitt & Fabozzi, 2000).

따라서 사업주는 환경영향평가에 사업적 측면에서 관심을 기울일 필요가 매우 높다. 현실적으로 환경위험을 실질적으로 경감하고 회피하는 방법으로 환경관리계약, 원상복구 보증, 환경보험, 환경보장, 환경의무 유예, 공해물질 총량규제 등을 활용하고 있다.[40]

1.4.8. 정치적 위험(Political Risk)

정치적 위험은 일반적으로 양 당사국 간 거래에서 발생하는 위험으로 당사국 정부의 공적수출신용기관(Export Credit Agency: ECA)과 민간보험회사 등이 제공하는 보험부보를 통하여 위험을 배분 혹은 회피할 수 있다. 대표적인 정치적 위험으로는 몰수 및 국유화, 환전 및 송금불능, 조세 및 법률변경, 정부의 계약위반, 각종 인허가 위험, 정치적 소요 등이 있다.

정치적 위험에 대한 위험배분 및 회피방법으로는 개발계약(Development Agreement), 현지기업의 투자사업 참여, 정치적 위험보험(Political Risk Insurance: PRI) 가입, 환전협약, 조세보상, 영외수익계좌(Offshore Proceed Account) 개설 및 유지, 협조융자(Co-Finance) 등이 있다.[41]

---

40) 환경보장이란 환경문제로 인하여 투자사업의 현금흐름으로 대출 원리금 상환이 어려워질 경우 금융기관이 소구권을 사용하여 환경위험을 사업주에 전가하는 방법이다. 따라서 이는 실질적으로 사업주의 환경위험 경감 혹은 회피방안이 아니라 금융기관의 환경위험 회피방안인 것이다.

1.4.9. 불가항력 위험(Force Majeure Risk)

불가항력 위험이란 투자사업의 건설, 시운전, 운영 및 유지보수 과정에서 프로젝트 수행기업 혹은 타 사업 참여자들이 통제할 수 있는 범위를 벗어난 위험을 의미한다. 따라서 불가항력 위험은 당사자들이 예측할 수 없을 뿐만이 아니라 최대한 주의를 한다 해도 피하기 어려운 위험으로 사업 참여자들의 계약상 의무이행을 불가능하게 한다.

일반적으로 불가항력 위험에는 크게 분류할 때 인간의 행위, 자연적 행위, 정부의 행위, 인간 외적인 행위 등 네 가지로 분류하고 있다. 이 중 정부의 행위는 명백하게 정치적 위험과 중복되기 때문에 정부가 투자사업에 참여하는 경우에는 정부의 행위가 불가항력의 정의에 포함될 수 없다.[42]

불가항력 위험을 경감시키거나 회피하는 방법으로 가장 유력한 수단으로 조업중단보험이 많이 이용되고 있으며 이 외의 방법으로는 정부와의 사업실행계약(Project Implementation Agreement), 상환일정 연장, 위험관리 등이 활용되고 있다.[43]

---

[41] 개발계약은 외부중재 등을 포함하여 가능한 한 명확하게 기술됨에도 불구하고 사업소재국 정부가 비타협적일 때는 효력을 상실할 수도 있다. 이외에도 정치적 위험보험은 각국의 ECA와 영국 Lioyd's of London 등 일부 민간보험회사가 정치적 위험에 대하여 보험을 제공하고 있다. 영외수익계좌를 개설하는 목적은 수익금계좌를 제3국에 개설하여 환전불능위험 등 정치적 위험을 경감시킬 수 있으나 이를 위해서는 사업소재국 중앙은행의 승인이 필요하다. 또한 협조융자를 채택하는 경우 대부분이 MLA와 ECA 등과 체결하게 되는데 그 이유는 사업소재국 정부가 자산동결, 금수조치(Embargo), 채무불이행 선언, 채무재조정(Re-scheduling) 등의 조치를 취할 경우에도 MIA와 ECA가 참여한 투자사업에는 이들 조치에서 일반적으로 제외되기 때문이다.

[42] 불가항력위험에 인간의 행위로는 파업, 자연의 행위로는 홍수, 지진 등 자연재해, 정부의 행위로는 금수조치(Embargo), 인간 외적인 행위로는 글로벌 경제위기로 인한 시장경색 등이 있다.

1.4.10. 외환위험(Foreign Exchange Risk)

외환위험은 통화위험이라고도 하며 투자사업 수행을 통한 수익통화와 대출통화 간의 차이로 인하여 발생되는 환율 변동위험으로 현지화폐의 가치가 하락하여 대출 원리금을 정상적으로 상환할 수 없는 경우를 의미한다.[44]

외환위험을 회피하는 가장 바람직한 방법은 대출통화를 수익통화와 일치시키는 것이며 또한 장비구입통화와 판매수익통화를 일치시키는 것이다. 그러나 이는 현실적으로 매우 특이한 경우이며 투자사업이 사업소재국의 경제개발 계획상 중요한 역할을 수행할 시 외환위험의 일부를 사업소재국 정부에 분담시킬 수는 있다.

이외에도 외환위험을 경감 및 회피하는 방법으로는 통화선물계약을 체결하여 외환위험을 경감시키는 환율위험상쇄(Hedging) 혹은 투자사업 건설을 위하여 조달한 차입금을 생산물로 상환할 수 있는 구상무역(Counter Trade) 등이 있다.[45]

---

43) 일반 손해보험은 자연재해로 인한 손실 등은 보상하지만 파업, 정부의 금수조치 등에 의한 손해는 보상할 의무가 없다. 따라서 조업중단보험은 위의 경우 이외에도 보험계약자의 태만 혹은 부주의로 발생되는 손실도 보상이 되기 때문에 전반적인 불가항력위험에 대비하는 수단으로 활용되고 있다.

44) 외환위험은 전력, 가스 혹은 인프라 프로젝트의 가격결정체계에 환율변동요소를 반영하여 경감시킬 수는 있으나 심각한 외환부족사태를 경험하는 국가 및 경기변동 시기에는 사업주가 해당국 중앙은행에 환전을 청구하더라도 외환 자체가 절대적으로 부족하여 환전할 수 없는 경우가 발생하게 된다. 대표적인 예가 1990년대 말 아시아 금융위기 당시 대부분의 프로젝트가 외환위험으로 인하여 대출 원리금을 정상적으로 상환하지 못하여 채무재조정 작업을 실시하였다. 따라서 멕시코 만사니요에서 LNG 터미널 건설사업을 수행하는 한국가스공사의 경우도 외환위험에 대한 특별한 대비가 반드시 필요하다고 판단된다.

45) 환율 헷징은 개발도상국인 경우에는 매우 제한적이며 구상무역을 실시한다고 하여도 생산물의 가치를 측정하는 것이 매우 어렵기 때문에 현실적으로 실현 가능성이 낮다.

1.4.11. 엔지니어링 위험(Engineering Risk)

엔지니어링 위험은 설계위험이라고도 하며 설계 작업의 질적 차원에서 발생하는 위험으로 공사완공 위험과는 구별되고 있다. 즉 설계실수로 인하여 추후에 설비교체가 필요한 경우에는 많은 비용이 발생하게 되어 투자사업 전체의 현금흐름에 부정적인 영향을 미칠 수도 있다.

엔지니어링 위험을 경감 및 회피하기 위한 방법으로는 일반보험이 아닌 엔지니어링보험 등과 같은 전문보험에 가입하거나 외부의 독립적인 엔지니어를 고용하여 프로젝트의 기술적 타당성을 검토 및 확인하는 것 등이 있다.[46]

1.4.12. 연합체 위험(Syndication Risk)

연합체 위험은 재정지원 위험이다. 즉 프로젝트 파이낸스의 대출조건을 확정한 후 주선기관이 대출 연합체를 구성할 때 금융기관들로부터 대출금액을 충분히 약정 받을 수 없어서 대출 연합체를 구성할 수 없는 위험을 의미한다.

연합체 위험을 경감 및 회피하기 위해서는 금융주선계약(Under writing Agreement)을 통하여 주선기관이 모든 금융조달 책임을 부담하여 연합체 구성을 신속하게 할 수 있다. 이외에도 프로젝트 파이낸스에 경험이 풍부한 금융기관 선정, 특정 지역에서 프로젝트 경험이 있는 금융기관 및 국제금융기관을 주선기관에 포함시켜 연

---

46) 만사니요 LNG 터미널사업의 경우에는 천연가스 전문업체인 한국가스공사, 일본 중공업 대표주자인 미쓰이(MItsui)상사, 삼성물산 등이 참여하는 사업으로서 엔지니어링위험은 상대적으로 적다고 할 수 있다.

합체 위험을 경감시키는 주관적 판단방법이 있다.

1.4.13. 이자율 위험(Interest Rate Risk)

이자율 위험은 대출금의 이자율이 당초 예상했던 수준을 초과하여 이자비용의 과도한 상승으로 인하여 대출 원리금 상환에 문제가 발생할 수 있는 위험을 의미한다. 실제로 투자사업의 실행기간 중 이자율이 통제 불가능할 정도로 상승하게 되면 투자사업의 현금흐름이 감소하여 대출 원리금 상환에 문제가 발생하기도 한다.

사업주가 이러한 이자율 위험을 경감 혹은 회피하기 위해서는 고정금리로 사업자금을 조달하면 해결될 수 있다. 그러나 현실적으로 거액의 장기대출을 고정금리로 제공하는 금융기관은 인프라건설, 발전프로젝트 등과 같은 부문에서 공적수출신용기관(ECA) 및 세계은행(World Bank) 등과 협조융자를 할 경우 이외에는 거의 없다.

따라서 이자율 위험을 현실적으로 회피하기 위한 방법으로는 금리위험 상쇄, 이자율 보상계약, 이자율 한도계약, 이자율 스왑, 대체금융, 공급자 신용, 리스 등이 있다.[47]

1.4.14. 법적 위험(Legal Risk)

대규모 투자사업은 많은 경우 법률제도가 선진국과는 상이한 개발도상국에서 추진되고 있기 때문에 담보의 취득 및 강제집행, 분쟁

---

47) 이자율 스왑은 고정금리와 변동금리 간에 적용되며 해지 시 위약금 때문에 전체 금액에 대하여 적용되지 않고 일부금액에 대하여 운용되고 있다. 스왑기간은 보통 1년에서 10년까지이다. 리스의 경우는 프로젝트 수행회사가 직접 변동금리 차입금을 조달하여 자산을 보유하는 경우보다 리스를 이용하여 자신의 차입비용보다 유리한 조건의 리스비용을 지급함으로써 이자율 위험을 감소시킬 수 있다.

해결 등과 관련하여 다양한 법적 문제가 발생할 수 있는 가능성이 매우 높은 것이 현실이다.

따라서 투자사업의 자산, 현금흐름 및 계약상 권리 등에 대하여 담보권을 설정할 때 현지법상의 담보취득 요건을 반드시 확인하여야 하며 외국법을 준거법으로 선택할 경우에는 외국법정에서의 판결 혹은 중재 판정이 사업소재국에서 강제로 집행될 수 있는 법적 구속력이 존재하는지에 대한 확인과정이 반드시 필요하다.

이러한 법적 위험을 경감 및 회피하는 방법으로서는 투자사업 전반에 관하여 경험이 많은 국제변호사를 고용하고 담보물 소재지의 현지변호사의 중복 점검과정을 거치는 것이다. 이외에도 대규모 투자사업에 경험이 풍부한 변호사의 법률의견서를 채택하는 것도 한 방법이다.[48]

1.4.15. 위험 상관관계 및 위험회피 교환

해외투자사업을 수행하는 데 예상되는 주요 위험 및 회피방법은 사업주와 금융기관이 협상과정을 통하여 적정 수준의 위험을 상호 부담할 수 있을 때 투자사업의 성공이 가능하다. 따라서 사업주는 투자사업의 초기단계부터 금융자문기관과 연계하여 위험분석 및 위험배분에 대한 명확한 입장을 정립하는 것이 바람직하다.

이러한 과정을 통하여 사업주 및 금융기관이 모두 예상되는 주요 위험요소 간의 상호작용을 이해하고 두 주체가 모두 만족스러운 위

---

[48] 법률의견서에는 대출계약이 유효하게 성립되었고 그 이행의 실효성이 확보되었으며 불이행의 경우 구제수단으로 재판과 강제집행 등을 할 수 있음을 전문변호사가 확인한다.

험배분 및 회피방안에 동의할 수 있어야 한다. 또한 대규모 투자사업을 위한 프로젝트 파이낸스가 매력적인 금융조달 수단이 되기 위해서는 위험분석 및 위험배분과정에서 사업주와 금융기관이 원칙만을 주장하는 경직된 접근방법보다는 문제의 합리적 해결을 위한 유연한 접근방법이 필수적이다.

그 이유는 예상되는 위험에 대한 충분한 이해와 위험분담 및 위험회피 방법에 대한 다양한 경험이 축적되면 사업주와 금융기관이 상호 예상되는 위험을 교환하면서 투자사업을 매우 유연하게 설계할 수 있게 되기 때문이다.[49)]

2. 가스개발 투자사업 지원방법 및 주요 위험요소

2.1. 지원방법

가스산업은 석유산업과 동일하게 지질조사를 통해 가스의 매장위치를 탐사하는 것이 출발점이다. 매장량을 추정하는 전문 엔지니어는 선택된 소수 유정의 매장량에 대한 생산성 테스트를 실시한 후 경제적 가치를 분석한다. 이를 위하여 생산이 가능한 양과 생산물의 품질을 평가한 후 추출방법 및 투자비용을 검토하게 된다.

가스개발 투자 산업은 제품의 생산흐름에 따라 가스전의 생산 부

---

49) 실례로 신뢰도가 높고 대규모 투자사업에 대한 건설경험이 많은 숙련된 EPC 계약자와 엄격한 조건의 완공 후 인수(Turn-Key) 방식의 EPC 계약이 체결된다면 건설기간 중 사업주의 지원과 외부 독립기술전문가의 기술점검 등이 일부 예외가 될 수 있다.

문을 의미하는 상류 부문 프로젝트(Upstream Project)와 가스처리 및 가공 부문을 의미하는 하류 부문 프로젝트(Downstream Project)로 구성된다. 일반적으로 상류 부문 프로젝트와 하류 부문 프로젝트를 통합하여 필요한 자금을 조달하거나 각 부문을 분리하여 조달할 수도 있다.

그러나 각 부문이 분리되어 자금이 조달될 경우에도 상류 부문 및 하류 부문 프로젝트 간 위험이 상호 의존적이고 연관되어 있기 때문에 양 부문 프로젝트 전체에 대한 사업 타당성 심사가 요구되는 것이 일반적이다. 이러한 경우가 발생할 경우 담보장치 및 대주 간 계약(Inter-creditor Agreement)과 관련하여 복잡한 문제가 발생할 가능성이 매우 높기 때문에 이에 대한 대처방안이 사전에 명백하게 제시되어야 한다.

이외에도 가스개발 투자사업은 사업이 소재하는 위치에 따라서 육상에 위치하는 육상 프로젝트(Onshore Project)와 해상에 위치하는 해상 프로젝트(Offshore Project)로 구분되어 있다. 전자의 경우 인프라 위험이 통제 가능한 수준인 경우 상대적으로 공사완공 위험이 낮으나 후자의 경우는 인프라 및 기타 지원시설의 부족, 기술력 제한 등으로 공사완공 위험이 상대적으로 높은 편이다.

가스개발 투자사업의 사업권 계약 형태로는 생산물 분배계약(Product Sharing Agreement: PSA)과 재구매계약(Buy Back Agreement)이 있다. 전자는 개발자가 사업을 완공한 후 제품의 생산 및 판매를 통한 판매수익에서 운영비용을 우선적으로 공제한 후 남는 생산물을 해당국 정부와 분배하게 되는 형태이다. 후자는 사업주가 자체적으로 개발자금을 조달하여 사업을 추진하는 대신 해당국 정부는 투자금액에 대하여 일정 수준의 투자수익률을 보장하여 주는 방식으로 투자금액의 회수는 판매수익 혹은 생산물의 회수를 통하여 이루어진다[50](서극교, 2004).

2.2. 주요 위험요소

가스개발 투자사업에 따르는 주요 위험요소로는 해당국 정부와의 사업권 계약에 포함된 매장량 위험, 정치적 위험, 시장위험 등이 중요한 위험요소이다. 이외에도 운영위험, 환경위험, 신용위험, 법적 위험 등 다양한 위험요소 등이 도사리고 있다.

최우선적으로 사업주가 가스개발사업을 추진하기 위해서는 해당국 정부와 사업권 계약을 체결하여야 한다. 이때 사업권을 부여하는 방식은 사업권계약(Concession Agreement), 라이선스 부여(Licensing), 생산물분배계약(Product Sharing Agreement) 등 다양한 형태로 체결된다. 또한 사업권 계약 주요 내용은 일반적으로 개발과 관련된 위험은 개발자가 원칙적으로 모두 부담하고 해당국 정부는 생산물에 대한 분배를 받을 권리를 보유하게 된다. 또한 사업권 계약은 기본적으로 30~40년의 장기계약으로 체결된다.

사업권 계약의 핵심요소는 사업권에 대한 로열티 지급문제로서 이는 전체 생산물의 일정비율로 구성된다. 생산물 분배 계약방식은 다른 사업권 계약보다 개발자의 권한이나 재량이 적고 개발자가 생산품에 대하여 법적 소유권도 가질 수 없으며 정부가 생산물의 분배

---

50) 생산물분배계약(PSA)은 주로 러시아의 원유 및 가스개발사업에서 활용되고 있고 재구매계약 방식은 이란의 원유 및 가스개발사업에서 이용되고 있다.

비율을 높이기 위하여 로열티 외에도 각종 세금을 많이 부여하는 등 제약요인이 상대적으로 높은 편이다.

가스개발사업에서 매장량은 가장 중요한 위험요소 중 하나이다. 확인된 매장량(Proven Reserve)은 대출 원리금을 상환하는 데 충분한 수준이어야 하며 이외에도 재정지원을 실행하는 금융기관은 위험부담을 최소화하기 위하여 사업주에게 예상 매장량(Probable Reserve)도 일정한 수준 이상일 것을 요구한다. 이를 위하여 금융기관은 독립컨설턴트를 고용하여 사업주와 별도로 매장량에 대한 확인을 실시하여 위험을 관리한다.

육상의 가스전 개발사업은 일반적으로 총 통합(Lump-sum), 고정가격(Fixed Price), 완공 후 인도(Turn Key) 방식의 구매, 설계, 시공, 일괄수행 형태의 EPC 계약 형태로 체결되며 공사완공 위험을 EPC 계약자가 부담한다. 따라서 상대적으로 공사완공 위험은 적은 편이다. 그러나 해상플랜트의 경우에는 인프라 시설의 미비, 기술력 부족 등으로 공사완공 위험이 매우 큰 편이다(Tinsley, 2000).

이외에도 가스유출, 저장탱크사고, 파이프라인 경로 건설로 인한 환경위험이 존재한다. 일반적으로 가스전 개발사업은 타 광산개발과 비교할 때 사업부지가 상대적으로 작음에도 불구하고 환경운동가 및 비정부기구(NGO) 등이 높은 관심을 보이고 있는 민감한 분야라고 할 수 있다. 따라서 가스개발 프로젝트는 일반적으로 OECD 수출신용협약상의 부문 A(Category A)로 분류되는 환경위험이 가장 높은 분야이다. 따라서 공적수출신용기관(ECA) 및 국제개발금융기구(MLA) 등은 가스개발사업 부문에서 환경영향평가 실시를 의무화하고 있다.

가스개발사업의 특징은 대규모 투자가 필요하기 때문에 투자에 따르는 위험을 배분 및 회피하는 수단으로 확실한 제품의 판매계약을 체결한 후 투자사업이 추진되고 있다. 또한 천연가스는 화석연료 중 유일한 환경친화적인 특성으로 인하여 에너지기업들의 선호대상이며 전력개발사업자가 선호하는 사업 부문이다. 그 이유는 가스개발사업이 수출을 통한 외화획득이 가능하고 외화수입으로 인한 환전위험이 감소될 수 있기 때문이다.

천연가스 저장시설인 터미널건설, 파이프라인 구축, 판매 부문인 하류 부문 프로젝트에 대한 프로젝트 파이낸스는 2000년대 중후반까지 세계경제 호황으로 인한 석유가 상승 등으로 다수의 프로젝트가 지원되고 있었다. 그러나 2008년 글로벌 금융위기로 인하여 몇몇 프로젝트는 지원이 중단된 상황이다. 이외에도 가스개발사업시행에 대두되는 다양한 위험요소와 이에 대비하는 고려사항들이 존재한다(〈표 31〉 참조).

〈표 31〉 가스개발사업의 주요 위험 및 고려사항

주요 위험	고려사항
매장량 위험	매장량에 대한 정보부족, 매장량대비 생산 가능한 회수 비율, 유전 또는 가스전의 연결, 생산품 테스트, Borrowing-base loan*
운영위험	유전 또는 매장량의 수평구조 여부, 가스전 완공 공정라이센스 계약 유무, 공정 마진, 운임, 가스운반선의 전세계약, 생산기술 보유유무
인프라 위험	원격지 시추설비, 파이프라인 건설, 정글 및 늪지 유지
환경위험	가스 누출 및 폭발
시장위험	LNG가격의 원유가격 연동성
정치적 위험	국유화 가능성, 조세압력, 생산물분배계약의 변경, OPEC의 영향력
불가항력 위험	가스유출 및 폭발
외환위험	미 달러화 수익 여부, 미 달러화 차입에 대한 자연적인 햇징 효과
금리위험	변동금리, 자본시장 동향

사업주 신용위험	메이저 기업들의 공급통제 여부, 낮은 탐사 성공률
엔지니어링 위험	매장량, 생산, 복잡한 공정
공사완공 위험	원격지: 공사 지연, 해상시추 설비: 높은 투자비용
법적 위험	이국 간 거래

출처: Richard Tinsley, Project Finance, 2000.

비고: * Borrowing-base loan은 대출금액이 대출대상자산(Borrowing Base)의 크기에 따라서 결정되는 대출방식이다. 가스개발 산업의 경우 개발과정에서 추가적으로 확인되는 매장량을 기준으로 대출금을 집행하는 방법으로 이용되고 있다.

PART 11

우리나라 천연가스
플랜트산업 진출 최적시장

11

우리나라 천연가스
플랜트산업 진출 최적시장

1. 사하라 이남 아프리카시장 진출의 필요성

1.1. 배경

아프리카는 54개 국가로 이루어져 있으며 북아프리카, 사하라 이남 아프리카, 남아프리카 등으로 나누어져 있다. 이들 54개 아프리카 국가는 2000년 이후 높은 경제성장률과 성장잠재력이 있는 것으로 판단된다. 아프리카는 2011년 54개 국가에 인구 약 10억 명을 보유하고 있어 전 세계에서 아시아 대륙 다음으로 많은 인구를 보유하고 있다. 또한 인구성장률도 매우 높아 2050년까지 전체 인구가 두 배인 20억 명으로 증가할 것으로 전망되어 무한한 잠재력뿐만이 아니라 세계 최고의 소비시장으로 부상할 수 있는 가능성이 있는 지역이다.

아프리카시장 전망이 긍정적인 이유는 다음과 같이 네 가지로 설명할 수 있다.

첫째, 지속적인 경제성장률 증가이다. 2011년 이후 10년간 아프리카 국가의 평균 경제성장률은 약 5.8%로 예상되고 있으며 이는 외국인 투자유입과 아프리카 국가의 정부시스템 개선에 따른 효과로 예상되고 있다. 이처럼 아프리카 국가의 경제성장률은 동 기간 세계경제 예상 평균성장률인 3.7%를 훨씬 상회하는 것이다(〈그림 41〉참조).

둘째, 외국인 투자의 지속적 유입이다. 2010년 아프리카 국가에 유입된 외국인 직접투자(Foreign Direct Investment: FDI) 총액은 약 100억 달러에 달하였으며 2015년에는 2010년 총액의 15배에 이르는 약 1,500억 달러에 달할 것으로 전망되고 있다. 외국인 직접투자는 경제성장의 견인차 역할을 수행하기 때문에 이는 궁극적으로 더욱 많은 외국인 투자를 유치하는 효과를 창출하게 된다.

셋째, 내전 및 분쟁 감소 추세이다. 2000년 이후 지역 내 발전을 저해하는 고질적인 내전 및 분쟁이 감소되는 추세를 나타내고 있어서 정치 및 사회적 안정을 유지하는 데 우호적인 환경이 조성되고 있다.

넷째, 제2의 중동역할 수행이다. 자원부국을 중심으로 석유와 천연가스의 개발 및 수출을 위한 인프라를 구축하기 위한 건설, 플랜트 및 자원개발 수요 증가로 제2의 중동 붐을 창출하는 역할을 수행하고 있다.

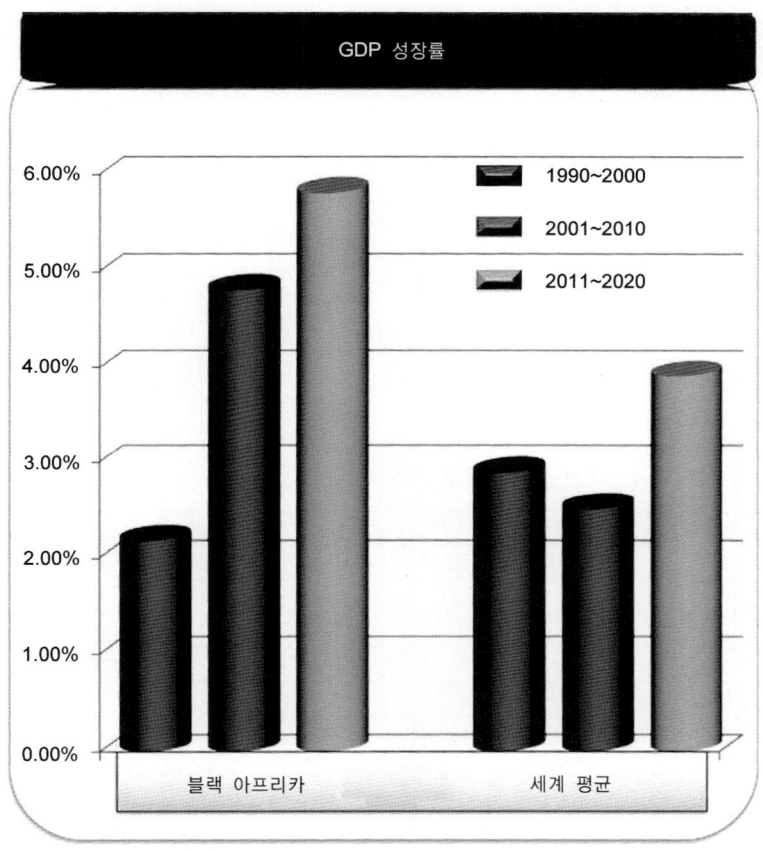

GDP 성장률

- 1990~2000
- 2001~2010
- 2011~2020

블랙 아프리카   세계 평균

출처: Global Insight, 2011.

〈그림 41〉 아프리카 국가 및 세계경제성장률 비교(1990~2020)
이미지 비례 확인

1.2. 경제 및 시장현황

2000년 이후 아프리카가 타 지역에 비해 고도성장을 달성할 수 있는 가장 큰 이유는 자원수출 증가와 외국인 직접투자(FDI) 등이다. 이로써 2001년부터 2010년까지 10년간 연평균 5.5%를 달성하여 같은 기간 중남미가 달성한 3.7%의 경제성장률보다 매우 높은 실정이다. 이를 바탕으로 향후 10년간의 경제성장 예상치는 약 6%로 예측되고 있다.

지난 10년간 2000년대 세계경제에서 가장 높은 경제성장률을 달성한 10개 국가 중 6개 국가가 아프리카 국가이며 가장 높은 경제성장률을 달성한 국가는 중국의 평균경제성장률인 10.5%를 추월한 앙골라로 약 11.1%를 달성하였다(〈표 32〉 참조).

〈표 32〉 세계 10대 고도성장국가(2001~2010, 2011~2015년도는 예측)

순위	2001~2010년		2011~2015년	
1	앙골라	11.1%	중국	9.5%
2	중국	10.5%	인도	8.2%
3	미얀마	10.3%	에티오피아	8.1%
4	나이지리아	8.9%	모잠비크	7.7%
5	에티오피아	8.4%	탄자니아	7.2%
6	카자흐스탄	8.2%	베트남	7.2%
7	차드	7.9%	콩고DR	7.0%
8	모잠비크	7.9%	가나	7.0%
9	캄보디아	7.7%	잠비아	6.9%
10	르완다	7.6%	나이지리아	6.8%

출처: The Economist, IMF, World Bank, 2011.

2011년부터 2015년까지 경제성장 예측도 10대 고도성장 국가에 에티오피아, 모잠비크 등 아프리카 7개 국가가 선정되어 세계에서 가장 많은 고도성장 국가가 대두되고 있는 실정이다. 이외에도 아프리카 국가는 외국인투자의 지속적인 증가로 인하여 주요 지하자원의 공급처 역할뿐만이 아니라 고도 경제성장을 기반으로 하는 소비시장과 생산기지의 역할을 수행할 수 있을 것으로 예상된다. 아프리카는 2004년까지는 대외직접개발원조(Official Development Aid: ODA) 총액이 외국인 직접투자액보다 높았으나 2005년 이후에는 외국인 직접투자의 지속적인 상승으로 대외직접개발원조 총액을 넘어서게 되었다. 따라서 외국인 직접투자액의 증가로 인하여 해당국가의 경제성장에 직접적으로 기여하게 되었다(〈그림 42〉, 〈그림 43〉 참조).

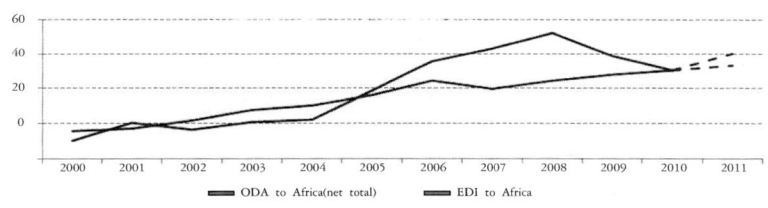

Source: OECD/DAC for ODA, UNCTAD for FDI 2000-2010.

〈그림 42〉 아프리카 대외직접개발원조 및 외국인 직접투자액 추이(2000~2010)
(단위: 억 달러)

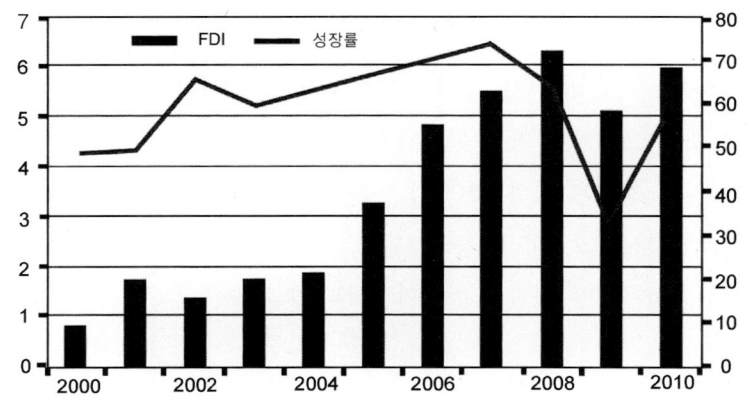

출처: IMF, 2011.

〈그림 43〉 아프리카 국가 성장률과 외국인 직접투자(FDI) 유입액(2000~2010)
(단위: 억 달러)

외국인 직접투자는 2000년 이후 지속적으로 증가하는 추세에 있으나 세계경제 호황기였던 2007년 정점을 찍은 뒤 2008년 이후에는 글로벌 경제위기 로 인하여 주춤한 상태이다. 이처럼 외국인 직접투자가 지속적으로 증가는 하고 있으나 총투자액의 약 2/3가 석유 및 천연가스수출국 등 자원부국에 집중되고 있는 것으로 나타나고 있다(〈표 33〉 참조).

〈표 33〉 아프리카 지역별 외국인 직접투자 유입액(2005~2010)

억 달러

지역	2005	2006	2007	2008	2009	2010
아프리카	38.2	55.4	63.1	72.2	58.6	52.3
북아프리카	12.2	23.1	24.8	24.1	18.3	19.7
중앙아프리카	9.4	12.1	15.7	20.9	18.7	14.4
서부 아프리카	7.1	16.0	9.5	11.1	10.0	9.1
남부 아프리카	7.3	0.6	7.1	10.4	6.6	3.1
동부 아프리카	2.1	3.6	6.0	5.7	5.0	6.0

출처: UNCTAD, FDI for African Nations, 2011.

이처럼 지난 10년간 그리고 향후 10년간 약 20년간 고도성장이 가능한 아프리카 국가의 지하자원 및 상품시장을 선점하기 위한 주요국들의 경쟁은 이미 2000년 이후 치열하게 전개되어 왔다. 특히 서유럽 선진국과, 미국, 중국, 인도 등 세계경제 주요국들이 아프리카 신흥국가시장 선점을 위하여 치열하게 각축하고 있는 것이 현실이다.

구체적으로 독일의 자동차 기업인 메르세데스 벤츠(Mercedes Benz)社는 2014년까지 남아프리카공화국에 2억 5,000만 달러를 투자하여 자동차를 연간 10만 대를 생산할 계획을 갖고 있다. 이외에도 미국의 코카콜라(Coca Cola)社는 아프리카시장을 중국 및 인도보다 중요한 시장으로 간주하여 향후 10년간 투자를 대폭 증대하기로 결정하였다. 또한 중국해양석유총공사(CNOOC)는 나이지리아 유전개발에 약 27억 달러를 투자하고 있는 실정이다.

이처럼 중국 및 인도와 더불어 세계 신흥시장으로 부상하고 있는 아프리카 국가는 2008년 글로벌 경제위기 이후 미국, 서유럽, 일본 등 선진국 경제의 소비위축으로 인한 미약한 경제성장을 대체할 수 있는 지역으로 인식되고 있다. 따라서 수출주도형의 경제구조를 갖고 있는 우리나라도 아프리카시장에 더욱 적극적으로 진입하여 신흥시장에서의 우리의 입지를 높여야 할 이유가 충분히 존재한다. 이는 우리 경제의 지속적인 성장을 뒷받침할 수 있는 주요 자본 및 상품시장의 역할을 충분히 할 수 있을 것으로 판단된다.

그러나 아프리카시장은 성장성이 매우 높은 잠재적 시장이나 우리나라 기업의 현지진출 경험이 일천하고 정보부족 등 불확실성이 매우 큰 시장이다. 따라서 시장위험에 대비한 면밀한 사전준비와 지역시장에 적합한 전략수립이 필수적이다(한국무역보험공사, 2012).

1.3. 지역경제 및 시장 특성

아프리카 국가들의 경제적 특성은 54개 국가로 이루어진 다원화된 경제체제를 구성하고 있다. 즉 국가별로 시장성 및 성장성 측면에서 매우 커다란 편차를 보이고 있다. 또한 대규모 외국인 직접투자(FDI)가 유입이 되고는 있으나 자원부국의 경우 정치적 혼란이 지속되어 정치 및 사회적으로 불안정한 상태이다.

사하라 이남 최대의 인구를 보유하고 있는 나이지리아는 석유 및 천연가스 등 자원부국으로 로열 더치 쉘(Royal Dutch Shell), 영국석유(British Petroleum: BP) 등 글로벌 메이저 기업들의 투자가 지속되고 있으나 종교 및 인종문제로 인하여 정치적 불안정이 지속되고 있다. 이와 비교할 때 동남 아프리카에 위치한 모잠비크는 최근에 발견된 막대한 천연가스자원에도 불구하고 상대적으로 정치적 안정을 유지하고 있다. 따라서 막대한 지하자원의 보유가 아프리카 국가에 경제성장을 견인하기 위해서는 정치적·사회적 안정이 절대적으로 필요함을 알 수 있다.

아랍권인 북아프리카 5개 국가를 제외한 49개 사하라 이남 아프리카 국가들의 세계 GDP 비중이 1.6%에 불과한 실정이며 교역비중은 약 2.4%로 중동 지역 교역비중의 약 절반에 불과하다. 그러나 인구 측면에서는 세계인구의 약 12.8%를 차지하여 전 세계 개발도상국 인구 15.1%의 약 85%를 차지하고 있다(〈그림 44〉 참조).

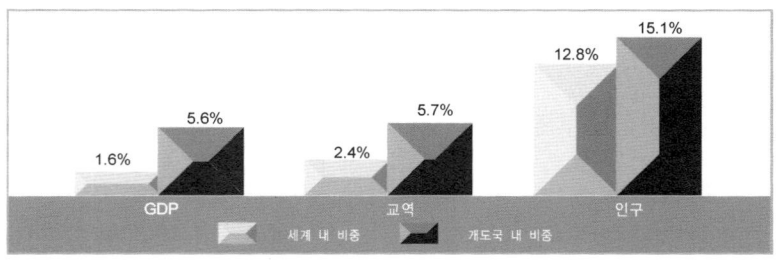

출처: IMF, World Bank, 2010, 2011.

〈그림 44〉 세계 및 개발도상국에서 차지하는 아프리카 경제 비중 비교(2010)

그러나 경제구조가 단종경작(Mono-culture)형 경제구조로서 원유, 광산물 등과 같은 2~3개의 1차 상품에 전적으로 의존하고 있다. 따라서 대외경제 환경변화에 매우 취약하여 지속적인 경제발전을 위한 커다란 구조적 장애요소로 작용하고 있다.

전통적으로 아프리카 국가는 그 정치, 경제 및 역사적 배경으로 인하여 구 식민 종주국가인 서유럽 국가와의 종속적 경제구조를 구성하고 있다. 따라서 아프리카 국가들은 제1차 산업생산품인 지하자원, 광물, 농업생산품 등을 서유럽에 수출하고 서유럽에서 주요 공산품을 수입하는 종속적 구조의 교역형태를 갖고 있다(Cardoso & Faletto, 2009).

이러한 종속적 경제구조는 구 식민 종주국가인 서유럽 국가들이 강력한 시장지배력을 확보하여 제3국가가 아프리카시장에 진입하는 데 높은 장벽으로 작용하고 있는 것이 현실이다. 실제로 아프리카의 주요 교역관계를 분석해보면 서유럽 국가가 주요 회원국인 유럽연합과의 무역관계가 수입은 약 38.2%, 수출은 약 33.7%를 차지하는 최대 무역파트너 국가이다. 시장진입이 상대적으로 늦은 우리나라와의 교역은 2010년 수입이 3%, 수출이 1.2%에 불과한 실정이다(〈그림 45〉 참조).

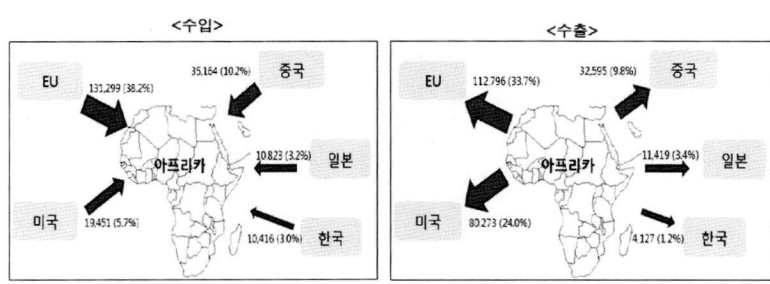

출처: World Bank, 2011, 2012.

〈그림 45〉 아프리카 국가 무역구조(2010년 기준)

아프리카 국가의 시장성 및 성장성을 비교할 때 시장성과 성장성을 동시에 높게 보유하고 있는 국가는 존재하지 않으며 시장성이 높은 경우에는 성장성이 낮고 성장성이 높을 경우에는 시장성이 낮은 구도를 갖고 있다. 그 중간지대에 위치한 상대적으로 시장성과 성장성이 우수한 국가로서는 알제리, 나이지리아, 모로코, 이집트 등 4개 국가이다. 즉 사하라 이남 아프리카 국가는 나이지리아가 유일한 아프리카 국가이며 나머지 3개 국가는 아랍권의 북아프리카 국가들로 구성되어 있다(〈그림 46〉 참조).

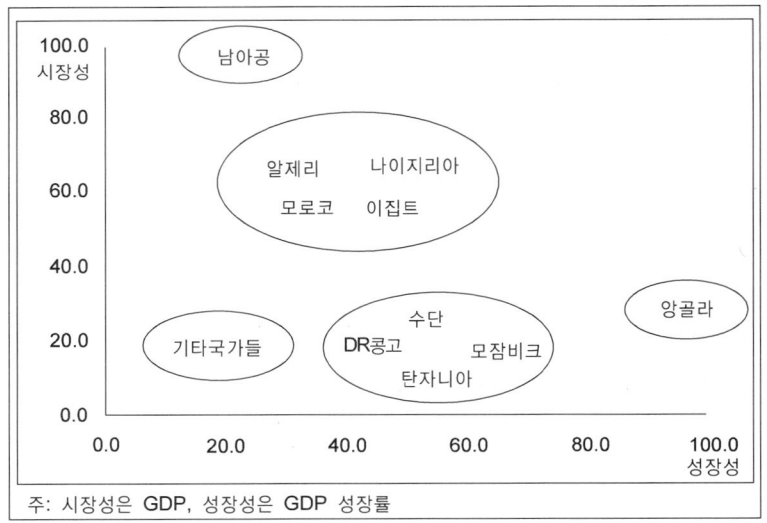

주: 시장성은 GDP, 성장성은 GDP 성장률

출처: 포스코 경영연구소, 2012.

〈그림 46〉 아프리카 국가 시장성 및 성장성 비교

아프리카 국가의 시장 특성은 네 가지의 유형으로 나누어서 분석할 수 있다. 주요 지하자원의 유무와 정치적 안정 및 불안정을 기초로 자원부국이면서 정치적 안정을 유지한 국가, 자원부국이지만 정치가 불안정한 국가, 자원빈국이지만 정치가 안정된 국가, 자원과 정치가 모두 부정적인 국가유형이다. 이처럼 네 가지 유형의 시장 특성 중 자원부국이면서 정치적으로 안정적인 국가인 알제리, 남아프리카공화국, 리비아, 보츠와나, 모잠비크 등과 정치는 불안정하나 자원부국인 나이지리아, 수단, 콩고, 짐바브웨, 잠비아 등의 국가 등이 잠재적 발전 가능성이 높은 것으로 인식되고 있다(포스코 경영연구소, 2012/〈그림 47〉 참조).

	유형 Ⅰ	유형 Ⅱ
자원 부국	나이지리아 수단 콩고(DRC) 짐바브웨 잠비아 등	알제리 남아공 리비아 보츠와나 모잠비크 등
	유형 Ⅲ	유형 Ⅳ
자원 빈국	소말리아 레소토 중앙아프리카공화국 에리트레아 등	우간다 르완다 나미비아 모리셔스 등
	정치 불안정	정치 안정

출처: 포스코 경영연구소, 2012.

〈그림 47〉 아프리카시장 특성 유형

1.4. 경제 및 시장 전망

아프리카 국가의 경제발전 및 시장 가능성에 대한 예측은 2000년을 전후로 확연하게 변화한다. 2000년 이전에는 빈곤, 기아, 질병, 문맹, 정치적 불안 등으로 절망의 대륙으로 인식된 반면에 2000년 이후에는 높은 경제성장률과 외국인 직접투자의 지속적인 유입으로 경제적 시장성이 재조명받고 있는 것이 현실이다. 이처럼 2000년을 전후하여 아프리카 국가가 변화한 가장 커다란 요인은 석유, 천연가스, 희토류 등 주요 지하자원 가격상승으로 인하여 고도성장을 달성할 수 있었기 때문이다. 주요 자원수출국의 경제성장에 지하자원가격 상승이 기여한 비율은 약 24%에 달하여 거의 절대적인 역할을 수행하였다 할 수 있다.

이외에도 정치적 안정화가 경제 및 시장성을 향상시키는 데 기여하였다. 현재까지도 아프리카 국가 내 정치 불안정 지역이 다수이나 정치적 분쟁건수는 지속적으로 감소하고 있는 추세이다. 2000년 이전에는 연평균 분쟁건수가 약 4.8건에 이르렀으나 2000년 이후에는 약 2.1건으로 급격하게 감소하였다. 즉 정치적 분쟁건수의 감소는 고도 경제성장 달성으로 경제적 여력이 정치적 분쟁의 많은 부분을 해결할 수 있음을 보여주고 있다.

정치적 분쟁감소와 경제성장은 거시적 경제 환경에도 많은 변화를 초래하였다. 특히 아프리카 국가의 고질적인 문제인 높은 인플레이션이 억제되어 각국의 정부가 자체적으로 관리가 가능한 수준까지 낮아지게 되었다. 2000년도 이전에는 평균 인플레이션이 22%에 달하였으나 2000년도 이후에는 약 8%로 감소되었다.

인플레이션과 거시경제 환경에 주요한 영향을 미치는 아프리카 국가 대외채무 문제도 긍정적으로 전환되었다. 2000년 이전에는 평균채무 비율이 국내총생산(GDP) 대비 82%에 달하였으나 2000년 이후에는 59%로 대폭 감소되었다. 그 결과 아프리카 각국 정부가 거시정책을 운용하는 데 매우 우호적으로 작용하였다.

또한 인구적인 측면에도 변화를 발생시켰다. 30세 이하 청년층 인구비율이 평균 약 70%에 달하여 기성세대와 달리 일에 대한 성취욕이 왕성하게 증가하였으며 고도성장을 통하여 무엇이든 할 수 있다는 강한 자신감이 팽배하게 되었다. 따라서 이는 잠재성장 가능성 및 시장잠재력을 확대하는 계기로 작용하게 되었다.

아프리카는 일반적인 개념인 유망시장은 분명히 아니다. 그러나 지하자원 측면에서는 분명한 유망 신흥시장이다. 아프리카에는 전 세계 광물자원의 약 1/3이 매장되어 있는 것으로 추정하고 있다. 아프리카 국가가 보유하고 있는 주요 지하자원으로는 전 세계 매장량 중 망간이 80%, 크롬이 75%에 달하며 원유, 철광석, 석탄, 니켈 등이 매우 풍부하다. 특히 에너지 부문에서 중국은 전체 에너지의 40%, 그리고 미국은 약 30%를 아프리카로부터 수입하고 있는 실정이다.

특히 원유 부문에서는 서아프리카 지역에 위치한 기니 만은 세계 석유메이저 기업들이 새롭게 주목하고 있는 석유 및 천연가스 신흥 개발 지역으로 인정받고 있다. 서아프리카 지역은 중앙아시아와 동시베리아 지역과 함께 세계 제3대 신흥석유 및 천연가스 개발 지역이다(〈그림 48〉 참조).

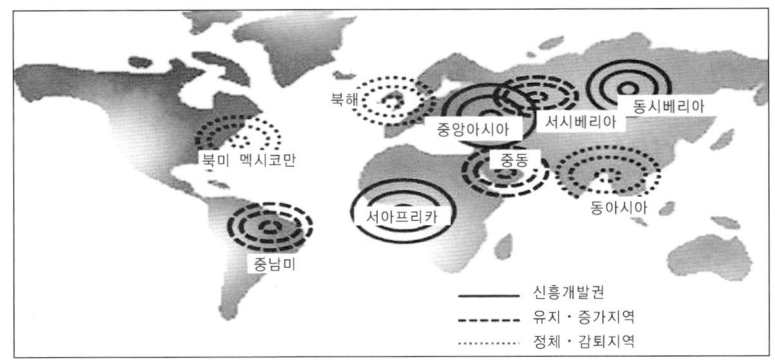

출처: BP, 2011; Royal Dutch Shell, 2011.

〈그림 48〉 세계 유망 석유개발 지역

　원유 및 천연가스는 아프리카 국가들의 경제성장의 원동력으로 작용하고 있으며 특히 원유개발에 상대적으로 집중적으로 투자되고 있다. 2010년 아프리카 전체 국내총생산(GDP)에 차지하는 원유수출 비중은 약 22.3%이고 천연가스 수출비중은 2.4%에 불과하다. 그러나 2000년 이후 천연가스 매장량 발견이 지속적으로 빠른 속도로 증가하고 있으며 생산량은 점진적으로 증가하는 추세를 보이고 있다. 따라서 향후 천연가스 생산 증가 속도가 빠르게 증가할 것으로 예상되고 있다. 이는 아프리카에서 천연가스사업의 잠재력이 매우 높음을 나타낸다(Earnest & Young, 2011).

　지하자원 이외에도 경제활동·인구증가 및 도시화로 인하여 고도 경제성장을 달성하고 있으며 2010년에서 2020년까지 10년간 평균 경제성장률이 5.8%로 세계경제성장률 3.8%를 크게 상회할 것으로 세계은행(World Bank)과 국제통화기금(IMF)은 전망하고 있다. 지속적인 고도성장 가능성으로 인하여 아프리카 국가들의 중산층도 빠르게 증가하고 있다. 2005년에는 아프리카 국가의 중산층 비율이 약 39%에 불과하였으나 10년 뒤인 2015년에는 약 55%로 증가할 것으로 예상되고 있다. 고소득층까지 합산한다면 2015년에는 약 65%로 소비시장의 가능성이 충분히 존재하는 것으로 판단되고 있다(World Bank, 2010; IMF, 2010; Global Insight, 2010/〈그림 49〉 참조).

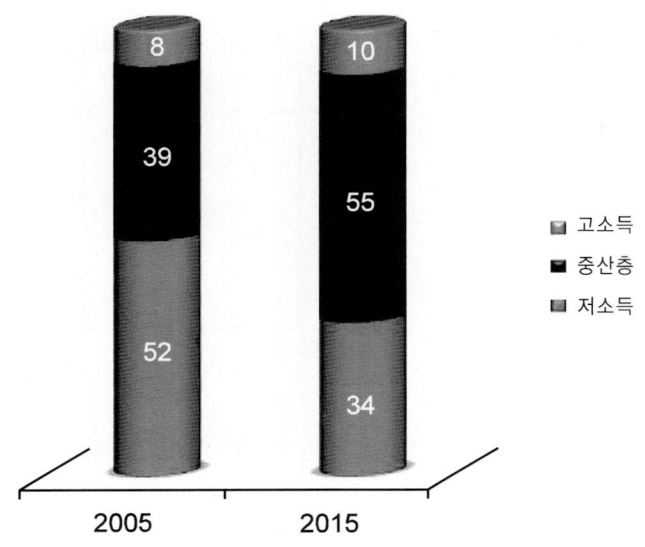

출처: Global Insight, 2010.

〈그림 49〉 아프리카 국가 중산층 추이(2005~2015)

이처럼 주요 지하자원 보유, 외국인 직접투자 증가, 고도 경제성장, 중산층 증가로 인한 상품 시장성 증대 등을 종합하여 판단하면 2020년 아프리카 주요국의 경향은 신흥성장 국가군과 안정성장 국가군이 경제발전을 이끌 것으로 예상된다. 신흥성장 국가군에는 에

티오피아, 가나, 콩고민주공화국, 잠비아, 탄자니아, 모잠비크 우간
다, 스와질란드 등이며 안정성장 국가군은 앙골라, 남아공화국, 모
로코, 알제리, 모리셔츠, 보츠와나 등이다(〈그림 50〉 참조).

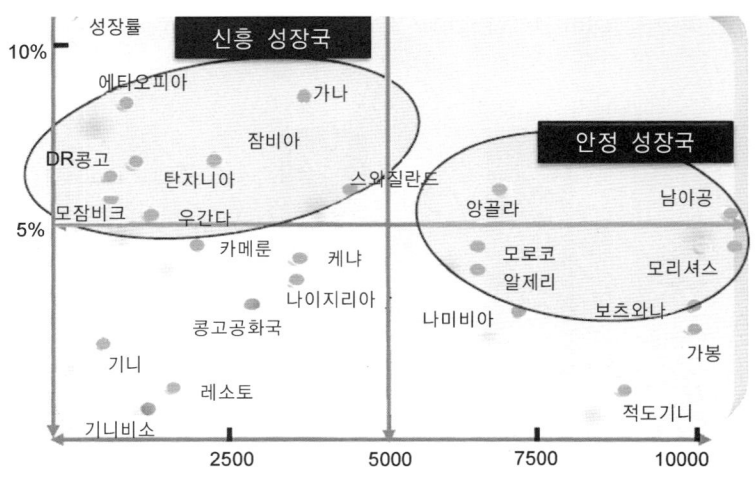

출처: IMF, 2011.

〈그림 50〉 2020년 아프리카 국가 경제발전 특성

2. 사하라 이남 아프리카시장 진출 분야

2.1. 배경

아프리카시장은 차세대 브릭스(BRICs)시장으로 인정받고 있는
지구상의 마지막 경제성장 엔진의 역할을 하는 지역이다. 그 이유로

서는 이미 설명한 바처럼 막대한 양의 주요 지하자원이 매장되어 있으며 2000년 이후 정치적 안정을 바탕으로 경제개발 여건이 긍정적으로 전환되었기 때문이다. 이외에도 경제원조 대상국가의 위치에서 지난 10여 년간 지속적인 고도성장으로 경제협력 파트너로 부상하고 있기 때문이다.

이러한 정치·경제적 변화를 기초로 아프리카시장에 진출할 수 있는 분야는 크게 세 가지로 분류할 수 있다. 첫째는 신흥 자원개발시장이다. 이는 아직까지 개발이 전혀 되지 않은 막대한 석유 및 천연가스자원이 존재하고 있어서 에너지자원 개발이 본격적으로 진행될 경우 세계적인 원유 공급처로 부상할 가능성이 매우 높다. 따라서 세계 지하자원의 약 1/3이 매장된 것으로 알려진 광물자원의 보고인 아프리카 자원개발시장에 진출하는 것은 지하자원이 절대적으로 부족한 우리나라에는 전략적으로 추진할 당위성이 존재한다. 그이유는 우리의 산업생산에 필요한 지하자원의 안정적인 공급처를 확보하는 것이기 때문에 국가발전 전략에 매우 중요한 요소로 자원개발시장의 다변화에 동참할 수 있는 기회로 인식하여야 한다.

둘째는 건설 및 플랜트시장 진출이다. 건설 및 플랜트 부문은 아프리카 국가 내 산유국을 중심으로 대규모 사회간접자본 건설이 진행되고 있어서 매우 높은 성장 가능성을 보유하고 있다. 또한 원유 및 천연가스 생산과 처리를 위한 플랜트 건설이 필수적인 사항으로 다수의 플랜트 건설이 계획되어 있다. 이외에도 대규모 노동인력이 거주하고 국민주택 현대화 사업 등으로 주택건설 등도 호황을 예상하고 있다. 이는 제2의 중동건설에 견줄 수 있는 만큼의 시장 규모로 인식되고 있는 상황이다.

마지막으로 세 번째는 정보통신 수요의 급격한 확산으로 인한 통신망 구축 및 정보통신사업 부문이다. 이는 정보화 추진에 따른 정보통신 인프라 투자 확대가 지속되고 있으며 이에 따른 이동통신 수요가 급등하고 있다. 따라서 정보통신 분야에 선진국 대비 비교우위를 보유하고 있는 우리나라의 정보통신산업의 진출이 매우 유망할 것으로 전망된다.

위의 세 가지 시장 부문 중 한국가스공사가 현실적으로 진출할 수 있는 부문은 자원개발시장과 건설 및 플랜트시장이다. 따라서 정보통신 분야는 제외하고 자원개발시장과 건설 및 플랜트시장 부문에 관심의 초점을 맞추기로 한다.[51]

2.2. 자원개발시장

이미 설명한 것처럼 아프리카 대륙에는 아직까지 개발되지 않은 미개발 자원이 매우 많이 매장되어 있다. 자원개발은 에너지자원과 철강금속 자원으로 구분할 수 있는데 전자 중 석유매장량은 전 세계 매장량의 약 9.7%, 천연가스는 약 7.9%, 석탄은 약 5.6%이다. 후자는 더욱 높은 비율의 매장량을 보유하고 있으며 철광석 약 13%, 크롬 95%, 망간 78%, 니켈 10% 등이다(〈그림 51〉 참조).

---

51) 정보통신 분야는 공기업인 한국가스공사와 한국통신(KT)이 컨소시엄을 구축하여 안정 성장 국가군에 기본 인프라를 구축하는 포괄적 협상, 혹은 일괄타결(Package Deal) 방식으로 진출하는 것이 바람직하다. 이외에도 한국전력과도 컨소시엄을 구축하여 천연가스개발과 발전소건설 및 운영을 종합하여 시장에 진출할 수 있는 방법도 존재한다.

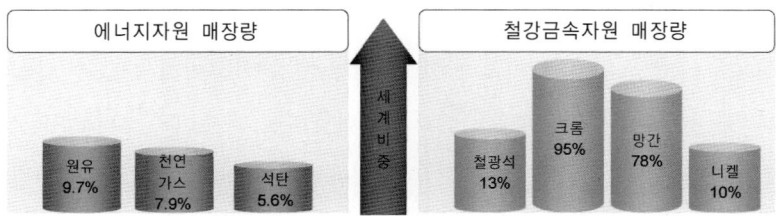

에너지자원 매장량 | 철강금속자원 매장량

원유 9.7%
천연가스 7.9%
석탄 5.6%
세계비중
철광석 13%
크롬 95%
망간 78%
니켈 10%

출처: World Metal Statistics, 2011.

〈그림 51〉 아프리카 내 주요 자원매장비율(2010)

　이처럼 방대한 주요 지하자원 매장으로 자원개발이 본격화되면 장기적으로 고도의 경제성장을 달성할 가능성이 매우 높다. 특히 2000년 이후 아프리카 내 자원개발에 대한 외국기업의 투자가 지속적으로 증가하고 있으며 금속자원 탐광 투자비율이 중남미, 캐나다에 이어 세계 3위의 투자 비중을 나타내고 있는 것이 이를 반증하고 있다(〈그림 52〉 참조).

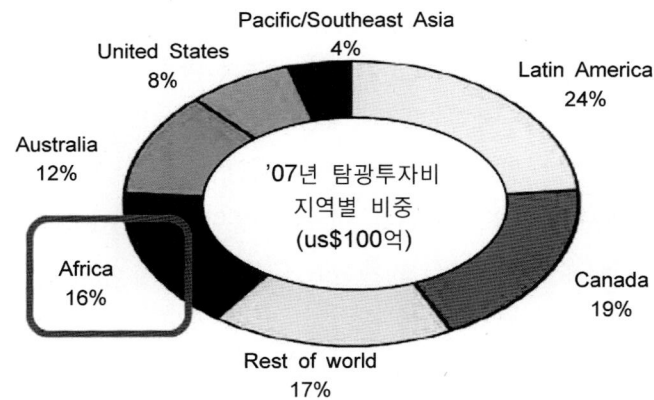

Pacific/Southeast Asia 4%
United States 8%
Australia 12%
Africa 16%
Rest of world 17%
Latin America 24%
Canada 19%

'07년 탐광투자비 지역별 비중 (us$100억)

출처: World Metal Statistics, 2011.

〈그림 52〉 세계 지역별 금속자원 탐광투자비율(2007년 기준, %)

따라서 미개발 자원개발을 위하여 이미 세계 주요 국가들은 2000년 이전부터 아프리카 자원개발시장에 장기적 국가이익의 극대화 차원에서 전략적으로 접근하고 있다. 구체적으로 아프리카 자원개발시장에서 주요 참여국가인 중국, 미국, 유럽연합, 일본, 인도 등의 전략자원 확보, 안보, 외교적 이해관계가 치열하게 대립하고 있는 각축의 장으로 전환되고 있는 실정이다.

우선, 국가별로 자원개발시장 접근방법을 살펴보면 중국은 지속적인 고도 경제발전을 위하여 미래 광물자원 수요에 대한 선제적 진출을 2000년 이후 추구하고 있다. 이를 위하여 주요 지하자원 보유 아프리카 국가들에 대한 정부주도의 선지원 후 실리추구 전략을 추진하고 있다. 이를 현실화시키기 위하여 중국 정부는 국가 원수급 지도자를 주요 자원국가에 2000년 이후 9차례 방문하도록 하여 국가 간 교류관계를 공고하게 하였다. 이외에도 중국은 현지 국가에 지하자원 개발과 주요 사회간접자본 건설 제공이라는 일괄타결체제(Package Deal)를 구축하고 중국문화를 확산시켜 중국에 대한 인식을 우호적으로 전환시키기 위하여 많은 노력을 기울이고 있다.

미국은 아프리카 국가 내 중국의 영향력 확산을 억제하고 에너지 수입원 다변화를 위하여 자원개발시장에 진입하고 있다. 이를 위하여 아프리카 지역을 전담하는 아프리카통합사령부(AFRICOM)를 창설하고 아프리카 국가를 경제원조 국가 대상에서 경제협력 파트너로 재인식하기 시작하였다.

아프리카와 지리적·역사적 유대관계를 뿌리 깊게 갖고 있는 유럽연합은 식민지 지배역사를 기초로 한 과거의 기득권을 지속적으로 유지하기 위하여 다양한 형태의 영향력을 활용하려고 노력하고 있다. 이를 위하여 경제적 유대관계 및 연계체제를 구축하기 위하여 자유무역협정(FTA)을 체결하고 공식개발원조(ODA) 활동을 증가시키고 있다.

이외에도 선진국 중 상대적으로 늦게 아프리카 자원개발시장에 진출한 일본은 미국과 전략적 협력을 공고하게 하여 중국의 경제력 확산을 견제하고 종합상사를 중심으로 주요 지하자원을 확보하는 데 치중하고 있다. 이를 위하여 전략적으로 자원부국인 콩고민주공화국, 모잠비크 등에 투자와 관심을 집중하고 있다.

중국과 더불어 신흥경제국가로 지속적인 경제성장을 달성하고 있는 인도는 아프리카와 지리적 인접성, 역사적 친밀성, 주요 아프리카 국가의 인도계 상권 장악 등을 기반으로 전략자원을 확보하려고 노력하고 있다. 이를 위하여 인도 정부는 정부 차원의 투자 및 개발이라는 접근방법보다는 자국 내 민간기업의 아프리카시장 지원을 적극적으로 수행하고 있는 전략을 택하고 있다.

이처럼 강대국 간 아프리카 자원시장 진출경쟁으로 인하여 아프리카 국가들에 직접적인 기회와 위협요인이 동시에 작용하고 있다. 기회요인으로는 주요 참여국가 간 경쟁적인 경제적 지원제공 및 자본투자 확대로 인하여 자원부국들은 경제성장의 기반을 확충할 수 있게 되었다. 동시에 그러나 강대국 간 자원 확보를 위한 지나친 경쟁으로 인하여 해당 국가에서 정치적 갈등이 초래되었으며 외국기업에 대한 불신이 팽배하게 되었다. 그럼에도 불구하고 자원시장의 다국적 기업인 글로벌 에너지기업 및 광물자원기업들은 아프리카 자원개발시장에 자본투자를 지속적으로 증가시키고 있는 실정이다.

특히 발레(Vale), 비에치피 빌리톤(BHP Billiton), 리오틴토

(Rio Tinto) 등 3개 주요 광물자원 다국적 기업은 아프리카 내 미래 자원공급 기지화를 구축하기 위하여 발레社는 2010년 이후 향후 5년간 약 150억~200억 달러를 투자할 계획을 갖고 있다. 또한 비에치피 빌리콘社는 서부 아프리카 철광석 생산 주요 기지화 계획을 갖고 있으며 리오틴토社는 전체 자산의 4%를 아프리카에 투자할 계획을 수립하였으나 최근 이를 상향 조정하기로 결정하였다.

위의 3개 다국적 기업이 투자하는 아프리카 국가는 모두 자원부국에 한정되어 있으며 진출사업은 모두 에너지자원 및 광물자원 개발이 주요 목적이다. 또한 시장 진출 이후 사업추진 방식은 거의 합작투자 형태로 진행되고 있는 것이 일반적이다(〈그림 53〉, 〈표 34〉 참조).

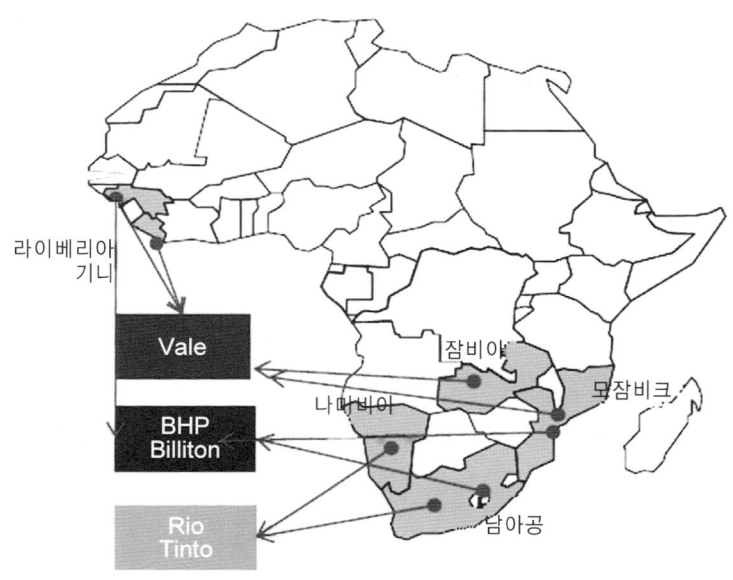

출처: World Metal Statistics, 2011.

〈그림 53〉 아프리카 내 자원개발 다국적 기업 진출 국가

<표 34> 자원개발 다국적기업 진출 사업 분야 및 사업수행 방식

	진출국가	진출사업	진입방식
Vale	잠비아	구리	합작투자, 생산 중
	서부 아프리카 (기니, 라이베리아)	철광석	합작투자, 탐사 중
	모잠비크	석탄	그린필드 생산예정(2011)
BHP Billiton	모잠비크	알루미늄	합작투자, 생산 중
	남아공	알루미늄/티타늄/망간	그린필드/합작투자
	서부 아프리카 (기니, 라이베리아)	철광석개발	합작투자, 탐사 중
Rio Tinto	남아공	티타늄, 구리	합작투자
	나미비아	우라늄	합작투자

출처: World Metal Statistics, 2011.

2.3. 건설 및 플랜트시장

제2의 중동으로 대두되고 있는 아프리카는 석유판매대금(Oil Money)과 외국인 직접투자(FDI)의 지속적인 증가로 인프라 건설에 집중적으로 투자하고 있다. 특히 남아프리카공화국의 원전 및 고속철도건설, 가나의 20만 호 주택건설, 콩고민주공화국의 상하수도 및 댐건설, 나이지리아의 신도시 건설 등이 대표적이다. 건설시장 부문 중 전반적인 환경을 분석하면 에너지 및 광물자원개발 가속화로 인하여 도로, 항만, 철도인프라를 확충할 필요성이 있으며 초기 산업화단계 진입 및 제조업 육성을 위한 발전설비 시설확충이 중요하다. 따라서 전력난 해소를 위한 투자가 확대되고 있는 실정이다.

특히 산유국은 고유가로 인한 석유판매대금이 풍부하게 축적되어 있는 관계로 대규모 인프라 건설프로젝트 발주가 예상되고 있는 실정이다. 플랜트시장 부문을 살펴보면 지난 2000년부터 2009년까지 아프리카 국가 내 플랜트 관련 발주 총액은 6개 국가에서 약 2,020억 달러에 달하였다. 이 중 나이지리아가 약 60%에 달하는 1,200억 달러의 플랜트 시설을 발주하였으며 앙골라는 170억 달러에 달하는 플랜트 건설을 발주하였다. 대규모 플랜트 건설을 발주한 6개 국가 중에서 사하라 이남 아프리카 국가는 나이지리아, 앙골라, 남아프리카공화국 등 3개 국가이며 나머지 3개 국가는 북아프리카 국가로 알제리, 이집트, 리비아 등 전통적 산유국이다(〈그림 54〉 참조).

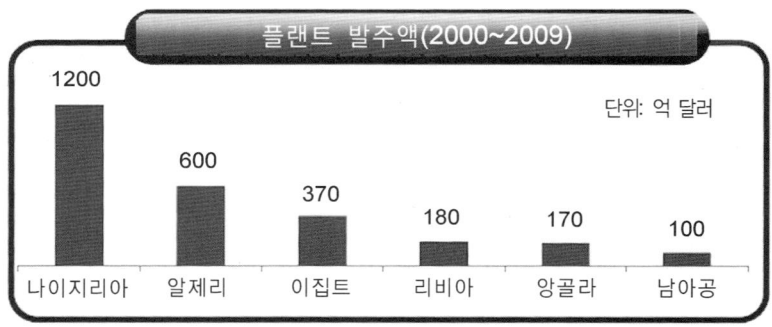

출처: 플랜트산업협회. 2010.

〈그림 54〉 아프리카 국가 플랜트 건설 발주액(2000~2009)(억 달러)

2010년 이후 2015년까지 향후 6년간 플랜트 건설 발주 예상액은 약 3,193억 달러에 이르며 이는 지난 10년간 투자된 발주 총액보다 약 58% 증가한 액수이다. 이는 연평균 약 10%가량 발주액이 증가하는 수치이며 플랜트시장의 강력한 성장성을 나타내고 있다. 따라서 향후 단기간 내 성장 가능성이 매우 높고 동시에 위험수반도 큰

편이지만 플랜트 건설 부문에 전략적으로 접근하여 시장성장 가능
성에 편승하는 것도 매우 중요하다고 판단된다(〈그림 55〉 참조).

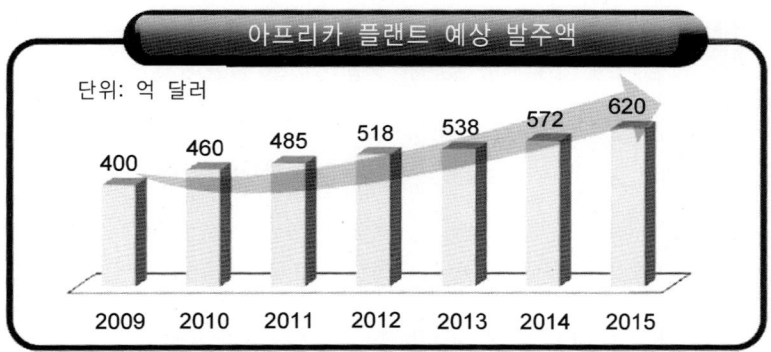

처: 플랜트산업협회. 2010.

〈그림 55〉 아프리카 플랜트 건설 예상 발주총액(2009~2015)

이외에도 아프리카 주요 개발프로젝트 중 에너지 관련 프로젝트는 탄
자니아의 전력발전 프로젝트, 남아프리카공화국의 에너지 IPP 프로젝트
등이 있다. 이외에도 모잠비크와 앙골라의 경우 항만공사를 추진 중에
있으며 이는 에너지 관련 사업으로 연계될 수 있는 가능성을 갖고 있다.

3. 사하라 이남 아프리카시장 진출 위험요인

3.1. 배경

아프리카시장은 2000년 이후 태동하는 신흥시장이다. 54개국 중

대다수가 20세기 중반 이후에 독립한 신생독립국가이며 과거 서유럽 제국주의에 수세기간 식민지로 편입되어 있었기 때문에 인종, 종교, 영토, 문화 등 다양한 분쟁적인 요소를 항시 보유하고 있는 지역이다.

따라서 광대한 영토 및 풍부한 지하자원을 보유하고 있는 미지의 세계이기 때문에 세계 여타 지역과는 매우 상이한 시장 진출 위험요인이 존재하고 있다. 이러한 위험요인을 사전에 면밀하게 파악하고 접근하여야 피해를 최소화하고 사업의 성공 가능성을 극대화시킬 수 있다. 아프리카시장 진입 시 당면하게 되는 최대의 위험요소는 정치적 위험과 사업상의 위험요인으로 분석할 수 있다.

3.2. 정치적 위험

2011년 1월 알제리에서 시작된 아랍의 봄이라 불리는 재스민 혁명과 같은 정치적 변혁이 상시적으로 발생할 수 있는 가능성이 매우 높다. 그 이유는 대부분의 국가가 신생독립국이며 민주주의를 운영할 수 있는 제도적 기반, 국민의식 수준 등이 충분하지 못하기 때문에 대부분의 국가가 장기집권형태의 사실상의 독재국가이기 때문이다. 따라서 보츠와나, 모리셔스 등과 같은 극소수 국가를 제외한 대부분 국가의 정부 관료는 매우 부패해 있으며 이로 인해 행정서비스가 원활하게 제공되고 있지 못한 실정이다. 정부관료 부패는 특히 앙골라 및 콩고민주공화국 등과 같은 고도성장국가 등에서 매우 심한 것으로 분석되고 있다(국제투명성기구, 2011/〈그림 56〉 참조).

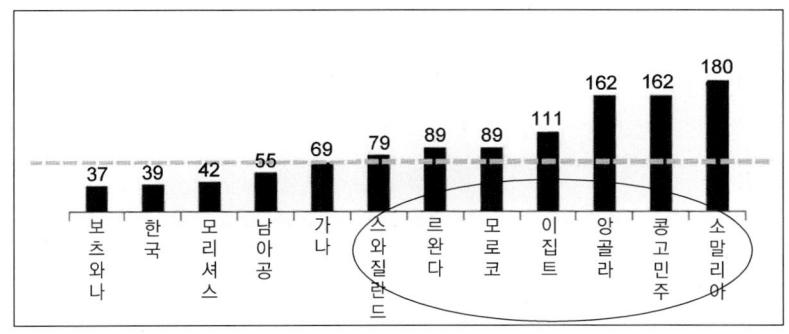

참조: 국제투명성기구(TI), 2011.

〈그림 56〉 주요 180개국 부패지수(2010년 기준)

이외에도 주요 지하자원을 보유하고 있는 사하라 이남 대부분의 신생독립국에서는 지하자원과 관련된 부족 간 이해관계로 인하여 내전 등과 같은 분쟁이 매우 자주 발생하고 있다.

3.3. 사업상의 위험

적도기니와 남아프리카공화국을 제외한 대다수의 국가가 1인당 평균소득이 약 1,000달러에서 2,000달러에 달하는 개발도상국으로서 이들이 보유하고 있는 사회간접자본(SOC)은 매우 열악하다. 적정 수준의 인프라 확보는 원활한 사업수행에 있어서 필수적이나 열악한 인프라 수준으로 인하여 사업수행의 주요한 장애요소로 작용하고 있다. 또한 대부분의 국가에서 의무교육이 제대로 수행되고 있지 못하는 관계로 문맹률이 높은 실정이며 이로 인한 적정 수준의 인력을 확보하는 것이 매우 어려운 실정이다. 특히 사업수행 부문에 필수적인 전문 인력은 매우 부족한 것이 현실이다.

이외에도 금융산업이 발전되어 있지 않은 관계로 현지 지역에서의 직접 자금조달이 불가능한 실정이며 자금이체, 송금, 필요자본 확보 등 기초적인 자금지원 활동이 원활하게 이루어지고 있지 않아서 원활한 사업수행을 방해하고 있다. 또한 법률 및 제도적 투명성이 부족하여 사업수행에 혼란을 자주 발생시키고 있으며 이를 해결하는 방식 또한 정부 관료의 부패와도 긴밀하게 연계되어 있다. 이러한 후진적 제도운영으로 인하여 모잠비크에서 사업을 수행하던 다국적 기업인 비에치피(BHP)社는 티타늄사업권을 회수당하기도 하였다.

위의 사항을 바탕으로 세계은행에서 2010년 조사한 183개 주요국 내 사업수행 난이도 평가에서는 한국이 19위를 나타내고 있는 반면에 아프리카 주요국인 나이지리아, 알제리, 앙골라, 콩고민주공화국 등은 사업수행이 가장 어려운 국가군으로 분류되고 있는 실정이다(World Bank, 2010/〈그림 57〉 참조).

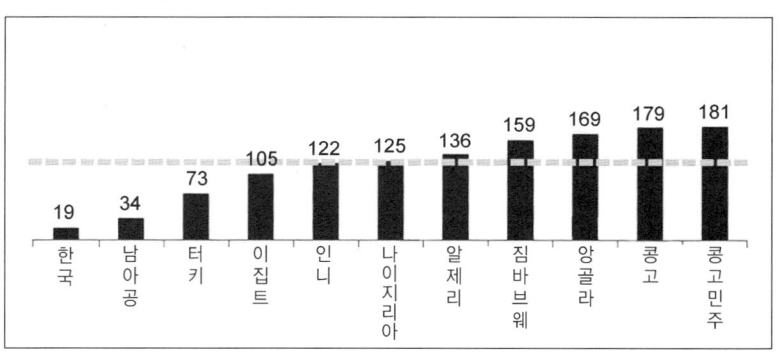

출처: World Bank, 2010.

〈그림 57〉 세계 183개 국가 내 사업수행 난이도 순위(2010)

이는 사업수행상의 난이도가 아프리카 국가가 세계에서 가장 어려운 지역임을 나타내주고 있으며 긍정적인 미래 발전 가능성이 존재함에도 불구하고 현실적으로는 다양한 사업수행의 장애요소가 있다는 것을 의미한다. 따라서 진출국가 및 사업별로 사업수행의 위험요소 등을 사전에 면밀하게 분석할 필요성이 매우 높다.

4. 사하라 이남 아프리카 주요 국가 에너지시장 진출

4.1. 배경

아프리카 경제성장의 가장 중요한 동력은 원유 및 천연가스 개발사업이다. 아프리카의 원유 및 천연가스 매장량 확인과 생산량은 1980년 이후 지속적으로 증가하고 있으며 특히 2000년 이후 천연가스 매장량 확인과 생산량이 급속하게 증가하고 있는 실정이다. 2010년 기준 아프리카의 원유 매장량은 약 1,200억 배럴에 이르고 있으며 천연가스 매장량은 80BCM에 이르고 있다. 동년 원유생산량은 10억 배럴에 달하였고 천연가스 생산량은 3.5억 TOE에 이르렀다(Department of Energy, 2012/〈그림 58〉 참조).

아프리카는 원유생산 수출액이 국내총생산(GDP)에서 차지하는 비중이 천연가스 수출액보다 월등하게 높기 때문에 향후 천연가스 수출이 증가할 경우 원유와 마찬가지로 주요 경제성장 동력으로 작용하여 천연가스 개발사업의 성장 잠재력이 매우 클 것으로 예상된다.

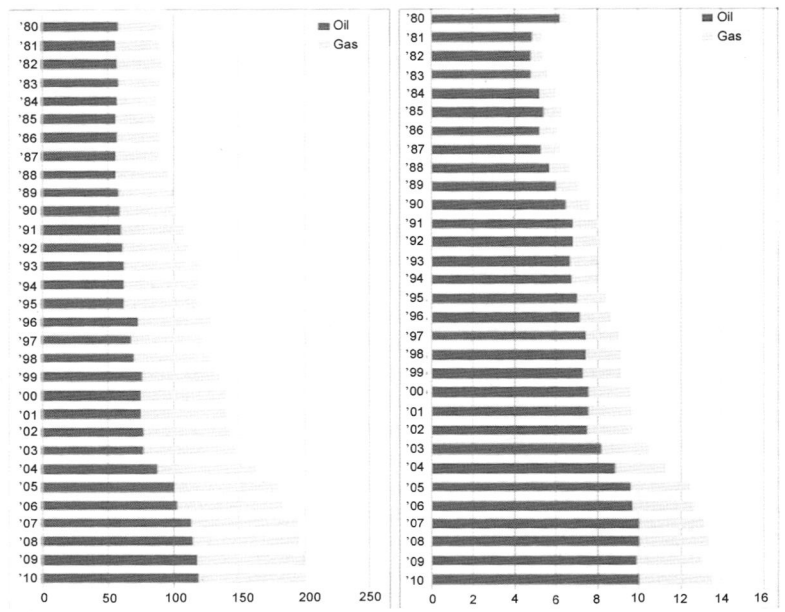

출처: Department of Energy, 2012.

〈그림 58〉 아프리카 원유 및 가스 매장량과 생산량(1980~2010)

4.2. 아프리카 에너지시장 전망

　이처럼 아프리카의 천연가스 생산증가 예상의 근거는 지난 1990
년부터 2010년까지 연평균 5.7% 증가하여 생산규모 및 비중이 지
속적으로 증가하고 있기 때문이다. 같은 기간 동안 아프리카의 천연
가스 평균생산 증가비율은 중동의 7.9%, 아시아 6.1%보다는 낮지
만 중남미 5.2%, 북미 1.3%, 유럽 0.7%보다는 월등하게 높은 것
으로 나타나고 있다(BP, 2011).

　이를 기초로 향후 2025년까지 아프리카 천연가스 생산 증가율을 예

상하면 아프리카가 연평균 4.2%로 성장률이 가장 높고 그 뒤를 이어 아시아 3.7%, 중남미 3.0%, 중동 2.7%, 유럽 1.5%, 북미 0.6%의 순으로 이루어질 것으로 분석되고 있다(IEA, 2011/〈그림 59〉참조).

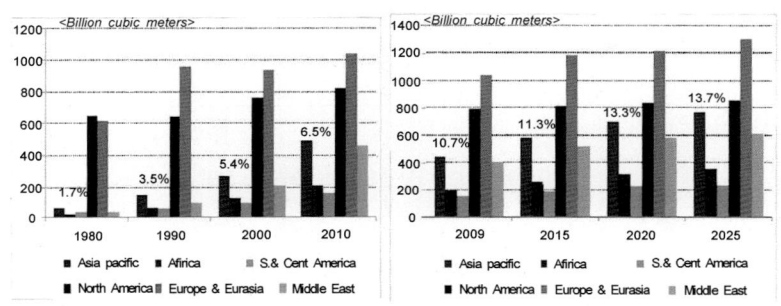

출처: BP, 2011; IEA, 2011.

〈그림 59〉 아프리카 천연가스 생산량 추이 및 향후 생산량 전망

따라서 아프리카는 세계 천연가스 수출의 요충지 역할을 수행할 전망이 매우 크다. 이는 아프리카의 천연가스 수출량 증가가 지속적으로 이루어지고 있는 것을 기초로 예측할 수 있다. 아프리카는 세계 수출 천연가스 비중이 2000년에는 11.6%에 이르렀고 2010년 이 비율이 11.9%로 소폭 증가하는 데 그쳤으나 2035년에는 세계 천연가스 수출량의 약 30.3%에 이를 것으로 전망되고 있다(BP, 2011; WoodMac, 2012/〈그림 60〉참조).

이처럼 향후 천연가스 수출량이 급속도로 증가하기 위해서는 특히 액화천연가스 생산량이 급증할 것으로 예상된다. 액화천연가스 생산 예상량은 2010년 6,100만 톤에서 2020년 8,500만 톤으로 10년간 약 40% 증가할 것으로 예상된다.

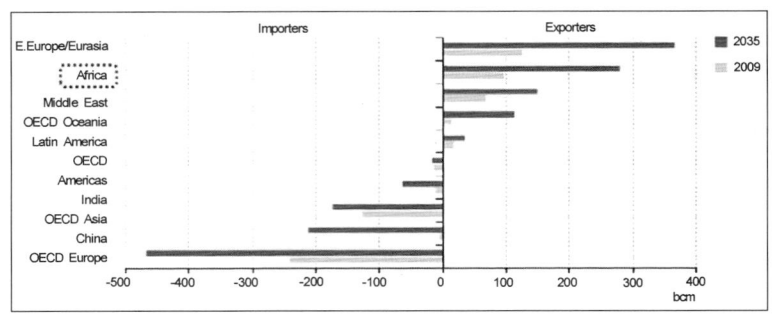

출처: BP, 2011; WoodMac, 2012.

〈그림 60〉 아프리카 천연가스 수출량 전망

아프리카에는 원유와 천연가스 매장량 및 생산량이 북아프리카에 집중되어 있다. 우선 아프리카를 북아프리카, 사하라 이남 아프리카, 남아프리카로 구분할 때 북아프리카에 천연가스 매장량이 약 56%, 사하라 이남 아프리카 지역에 약 36%, 남아프리카에 약 8%가 존재하고 있으며 생산량은 북아프리카가 약 3/4을 초과하는 약 76%, 사하라 이남 아프리카 지역이 약 16%, 남아프리카가 약 8% 정도로 구성되어 있다.

그러나 천연가스 소비 및 인구 측면에서 보면 전자는 세 지역이 거의 균등하게 33%, 35%, 32%를 소비하는 반면에 인구는 세 지역이 17%, 78%, 5%로 구성되어 있다. 따라서 북아프리카는 천연가스의 대규모 매장량, 생산량, 소비를 보이고 있는 반면에 사하라 이남 아프리카 지역은 대규모 인구가 밀집되어 있음에도 불구하고 대규모 매장량에 비하여 소비량이 상대적으로 적어서 천연가스 생산 및 소비증대 가능성이 높은 것으로 분석될 수 있다.

특히 2000년 이후 사하라 이남 서부 아프리카 및 동부 아프리카 지역에서 대규모 천연가스 매장량 및 생산량 증가가 실현되고 있다. 북아프리카 지역은 1960년대부터 원유 및 천연가스를 생산해왔기 때문에 신규 매장량 증가는 거의 불가능한 것으로 분석되고 있다.

4.3. 에너지자원 주요 매장 지역

서부 아프리카 국가 중 천연가스 매장량 및 생산량이 2000년 이후 증가하고 있는 곳은 나이지리아, 앙골라, 가나, 적도기니, 카메룬, 가봉 등이며 동부 아프리카 국가 중 모잠비크, 탄자니아 등에서 2010년 이후 신규 대규모 매장량이 발견되어 천연가스 생산을 위한 개발 작업을 준비 중에 있는 것으로 조사 및 분석되고 있다(Pruvin & Gertz, 2011/〈그림 61〉 참조).

이들 국가 중 에너지자원 부국이면서 정치 및 사회적으로 상대적 안정적인 국가를 대상으로 전략적으로 접근하는 것이 현실적으로 가장 바람직하다. 이러한 국가군으로 선정될 수 있는 국가는 서부 아프리카에서는 가나 그리고 동부 아프리카에서는 모잠비크가 대표적인 국가라 할 수 있다.

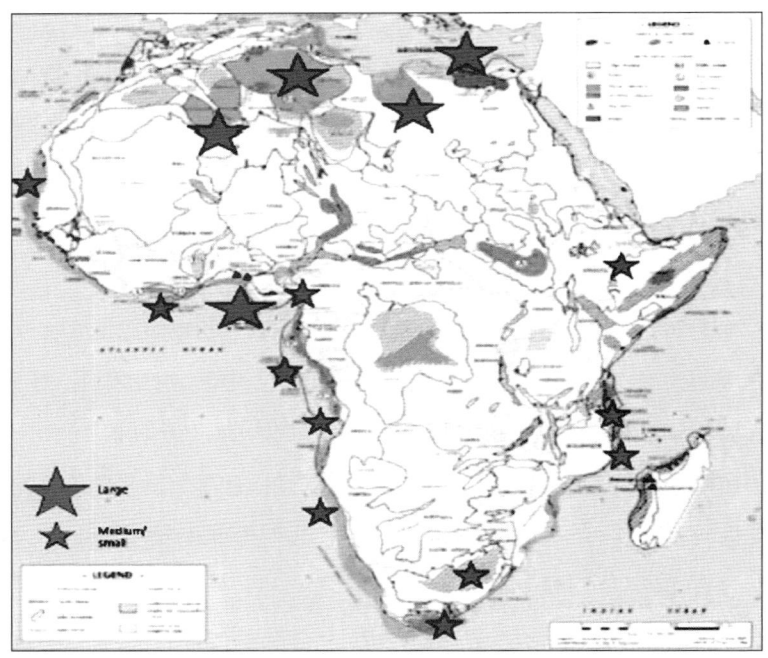

출처: 한국가스공사, 2012.

〈그림 61〉 아프리카 천연가스 주요 매장 지역

4.4. 서부 아프리카 중심지 가나(Ghana)

4.4.1. 정치 및 경제 현황

가나는 1957년 독립한 국가로 사하라 이남 아프리카 국가 중 최
초로 서방으로부터 독립하였으며 1992년 현 민주헌법 제정 후
2000년 및 2009년 정권을 평화적으로 이양한 아프리카 내 민주주
의를 실현하고 있는 가장 모범국가로 인정받고 있다. 또한 2008년
글로벌 금융위기 후에도 경제가 지속적으로 성장하고 있는 신흥경

제성장 국가로 경제성장률은 2008년 8.4%, 2009년 4.7%, 2010년 5.7%를 달성하여 안정적인 성장을 이어가고 있다. 국내총생산(GDP)에서 차지하는 외국인 직접투자(FDI)의 비율이 2010년 18.7%에 달하여 외국인 직접투자가 경제성장의 원동력임을 알 수 있다.

1인당 국민소득은 2010년 2,500달러로 사하라 이남 아프리카 국가 중 중위권 수준이며 산업구조 또한 농업이 약 30%, 제조업 20%, 서비스업이 50%로 상대적으로 균형 있게 발전되어 있는 상태이다. 또한 인구도 2,500만에 이르러 서부 아프리카에서는 나이지리아 다음으로 많은 인구를 보유하고 있고 인구 중 약 70%는 30세 이하로 구성되어 있어서 노동생산 가능 인구가 매우 풍부한 편이다(World Bank, 2011).

아프리카 국가 중 도시화 비율(Urbanization Rate)은 약 51%로 상대적으로 높은 편이며 코코아와 금 생산은 세계 1위 및 2위를 유지하고 있다. 2007년 적도기니 만에서 약 30억~40억 배럴의 대량의 원유매장량이 발견되어 2011년부터 원유를 하루 24만 배럴 생산하기 시작하였다.

가나는 1999년 우리나라와 유사하게 외환위기를 겪게 되어 높은 인플레이션과 자국의 화폐가치 하락으로 경제가 커다란 위기에 처하게 되었다. 그러나 이러한 위기 속에서도 두 가지의 정치적 호재가 발생하였는데 그 중 하나는 2000년 군부의 평화적 정권이양으로 정치적 안정을 취할 수 있었다. 또한 다른 하나는 이웃 국가의 수도인 코트디보아르 내전이 발생하여 외국인 직접투자 유입 등과 같은 다양한 경제적 인센티브가 가나로 집중되어 경제위기를 극복하고 지속적인 경제성장이 가능한 토대를 마련할 수 있게 되었다.

이외에도 2000년 이후 집권하게 된 문민정부는 외부 정치 및 경제적 기회를 지속적으로 활용하기 위하여 최선을 다하였다. 또한 자국의 경제적 환경을 외국인 투자자들에게 우호적으로 전환시키기 위하여 다양한 노력을 경주하였다. 이러한 노력의 일환으로 2002년 IMF에서 실시하는 경제정책 및 부채(Economic Policy and Debt) 프로그램인 개발도상국 과도채무청산 프로그램인 HIPC(Heavily Indebted Poor Countries)에 참여하여 국가 재정 건전성 회복에 크게 기여하였다 (IMF, 2011).

따라서 가나투자의 최대 장점은 아프리카에서 가장 정치적으로 안정되어 있으며 모범적인 자유민주주의 제도를 보유하고 있어서 타 국가들과 비교했을 때 상대적으로 법적 및 제도적 투명성이 높다는 점이다. 또한 풍부한 자원과 급속한 성장을 이룬 국가임에도 불구하고 아프리카에서 가장 치안이 안정적인 국가이다. 따라서 서구 경제선진국가가 매우 선호하는 투자국이 될 수 있는 기본 여건을 구비하고 있다고 할 수 있다.

이외에도 가나는 사하라 이남 아프리카 국가 가운데 유엔기준으로 개발도상국 지위(Least Developing Countries: LDC)를 갖고 있지 않은 소수의 국가 중 하나이다. 따라서 서구 경제선진국과 통상이 매우 수월하며 이를 통한 국제 경제협력관계를 심화시킬 수 있는 여건을 구비하고 있기 때문에 발전 잠재력이 매우 높은 것으로 평가되고 있다(www.worldbank.org).

4.4.2. 경제성장 동력 요인 및 유망사업 진출 부문
가나의 경제성장 동력은 외국인 직접투자(FDI)로 인한 보유자원

개발이다. 특히 2007년 발견된 막대한 원유 매장량에 대한 개발이 2011년부터 본격적으로 시작되고 있으며 쥬빌리 유전에서 생산되고 있는 원유는 저유황 경질유(Light Sweet Crude)로 품질이 매우 우수한 것으로 평가받고 있다(Civil Society Platform on Oil and Gas, 2011).

쥬빌리 유전에서 생산된 원유 수출액은 2011년 약 4억 달러에 달하였으며 향후 20년간 연간 10억 달러의 수익을 달성할 수 있을 것으로 예상하고 있다. 또한 최근 외국인 투자확대로 인하여 유전개발이 가속화되고 있어서 원유수출로 인한 수익은 더욱 증가할 가능성을 배제할 수 없다(〈그림 62〉 참조).

원유개발 이외의 성장 동력으로는 에너지 및 광물 분야의 장기적 발전을 위하여 정부가 정책적으로 복합산업단지를 자유무역지구(Free

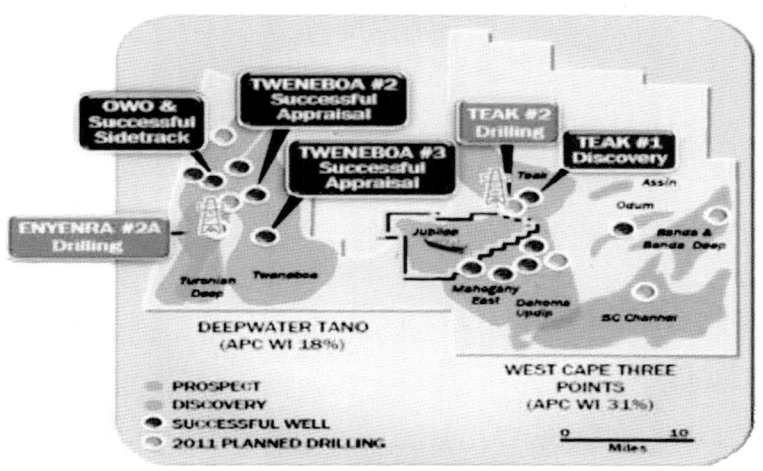

〈그림 62〉 쥬빌리 유전 개발상황(2011)

Trade Zone)에 건설을 추진하고 있다. 특히 샤마(Shama), 세콘디 (Sekondi) 수출가공 지역(Export Processing Zone)에서는 석유화학 관련 산업으로 운영될 것으로 계획하고 있다(www.gfzb.com.gh).

따라서 가나에 우리나라 에너지기업이 진출하게 된다면 다양한 사업 부문에서 기회를 창출할 수 있는 가능성이 높은 것으로 판단된다. 이 중 특히 에너지 공기업인 한국가스공사가 해외사업을 수행한다면 쥬빌리 유전에서 천연가스 탐사사업 및 개발사업 등을 수행할 수 있다. 그리고 천연가스 매장량이 막대한 규모로 발견이 된다면 다국적 기업과 컨소시엄을 구성하여 직접투자를 통한 지분참여와 이를 기초로 한 천연가스 및 액화천연가스 플랜트 건설 및 운영사업 등을 핵심사업으로 추진할 수 있을 것으로 판단된다.

4.4.3. 에너지사업 부문 투자 장점

에너지 부문 가나투자의 장점은 최근에 발견된 막대한 원유 매장량을 기초로 분석하면 천연가스 매장 가능성도 매우 높은 것으로 추정하고 있다. 따라서 글로벌 에너지기업과 현지에서 긴밀하게 연계할 수 있는 네트워크의 장점으로 보유하고 있다. 또한 석유생산 초기단계이기 때문에 원유저장시설과, 도로, 항만, 상하수도 등 인프라 구축을 위한 외국인 직접투자가 지속적으로 유입되고 있는 상태이기 때문에 국내경제의 활성화가 장기적으로 유지될 전망이다.

이외에도 가나 정부는 지속적인 외국인 직접투자(FDI)를 유입시키기 위하여 외국인 투자자에게 우호적인 투자제도를 정책적으로 지원하고 있다. 이를 위하여 가나무역투자관문프로젝트(Ghana Trade Investment Gateway Project)를 1999년부터 실시하고 있다.

이 프로젝트를 추진하면서 외국인 직접투자에 관한 제도개선 및 정부의 전폭적인 지지 등을 제공하고 있다.

가나 정부는 높은 수준의 항만시설, 항공 및 육로운송, 정보통신 인프라 구축, 전문인력 수급, 교육수준 등이 타 아프리카 국가와 비교할 때 매우 양호한 수준이다. 또한 2005년에 가나관문구축계획(Ghana Gateway Schemes)을 추진하면서 지속적으로 인프라 및 교육 관련 부문의 질적 수준을 향상시키고 있다.

4.4.4. 투자진출 방법

가나에 투자진출 방법은 크게 두 가지로 구분된다. 첫째는 국내 내수투자기업의 경우이고 둘째는 수출전문기업의 경우이다. 우선 국내 내수투자기업의 경우 1994년에 제정된 가나투자촉진법에 의하여 가나투자청(GIPC)에 외국인 투자자로 등록을 하는 것이 첫 단계이다. 사업등록 이후 시작까지는 다음의 세 단계를 거쳐야 한다.

제1단계는 등록청(Registra General)에 사업자 등록 허가서와 사업개시 허가서를 교부하여 사업등록을 하여야 한다. 이후 제2단계는 가나투자청(GIPC)을 방문하여 외국인 투자신청서를 제출하면 약 3주 후에 투자허가서가 발급된다. 이후 환경평가가 필요한 제조업의 경우에는 설비 및 폐기물처리평가를 전담하는 환경영향평가관리소(Environment Impact Office)가 발급하는 허가서를 발급받아야 한다.

외국투자자는 모두 주식회사인 법인형태로만 허가가 가능하고 가나투자청(GIPC) 허가법에 의하면 최소 투자액은 현지인과 동업일 경우에는 미화 10,000달러 이상, 외국인 단독법인일 경우에는 미화 50,000달러 이상, 도매업의 경우 미화 300,000달러 이상 투자와 현지인 10명 이상 고용조건이 있다.

외국인 직접투자를 국가적 차원에서 적극적으로 장려하기 위하여 가나 정부는 외국인 투자자에게 다양한 인센티브를 제공하고 있다. 우선 초기 투자일 경우 장비 및 원부자재에는 관세를 전액 면제해주고 있다. 이후 사업을 위한 원부자재 수입관세는 0~5%를 적용하고 있으며 특히 대형식자재 관련 장비는 10%의 관세를 적용하고 있다.

이외에도 법인세는 수출제조업일 경우에는 8% 그리고 기타는 25%를 적용하고 있다. 소득세도 대폭 감면해주는 혜택을 부여하고 있으며 구체적으로 부동산업은 7년, 지방은행 10년, 양식업 5년, 재활용용품 제조업 7년간 지방도시 제조업일 경우 소득세의 25% 그리고 도시가 아닌 지방일 경우에는 소득세의 50%를 감면해주고 있다(Ghana Investment Promotion Center, 2012).

수출전문기업일 경우에는 1995년에 제정된 가나자유지역위원회 (Ghana Free Zones Board: GFZB)에 등록을 하면 관세면제, 세금감면 등의 혜택을 볼 수 있으며 내수도 30%까지 허용이 가능하게 된다. 사업등록 이후 시작단계는 국내 내수투자기업과 동일하나 수출전문기업일 경우에는 가나자유지역위원회에 투자신청서를 제출하고 3주 후에 투자허가서가 발급된다.

수출전문기업에 제공되는 인센티브는 더욱 광범위하고 관대하다. 우선 관세는 100% 면제되고 소득세는 10년간 전액 면제된다. 또한 외국인 단독으로 기업설립이 가능하며 소유권도 100% 보장받는다. 이외에도 법인송금에 대한 자유가 보장되며 낮은 수준의 최저인건비도 보장받는다. 이외에도 체류허가증이 무제한 발급되는 혜택도 부여받게 된다(www.gfzb.com.gh).

4.5. 남부 아프리카 중심지 모잠비크(Mozambique)

4.5.1. 배경

모잠비크는 남부 아프리카의 신흥경제성장국이다. 인구는 약 2,300만 명이며 1인당 국민소득은 약 1,000달러에 불과한 개발도상국이다. 그러나 2010년 7%의 경제성장률을 달성하고 2011년 발견된 막대한 천연가스 매장량으로 인하여 글로벌 에너지 메이저들이 관심의 대상으로 삼고 있는 지역이다.

산업구조는 농업 29%, 제조업 26%, 서비스업 45%로 전형적인 개발도상국 경제구조를 보유하고 있으나 농업, 제조업, 서비스업의 상대적 균형을 유지하고 있다. 광물 및 에너지자원 중 천연가스 이외에도 테테 주(Tete State)에는 약 230억 톤에 달하는 세계 최대의 유연탄이 매장되어 있어서 브라질, 호주, 인도 등 광물산업 글로벌 메이저들이 경쟁하고 있는 상황이다.

따라서 모잠비크 정부는 자원개발을 통한 경제성장을 지속화하기 위하여 정부정책을 추진하고 있으며 테테 주 이외의 지역에도 지속적인 자원탐사 활동과 외국인 직접투자(FDI)를 유치하기 위하여 많은 노력을 하고 있는 실정이다.

4.5.2. 정치 및 경제 현황

모잠비크는 아프리카 내 개혁 모범국가로서 규제완화, 민영화정책, 농업 및 제조업 부문의 발전을 추진하여 왔다. 경제구조의 특징 중 하나는 대부분의 아프리카 국가가 특정산업 부문이 절대적으로 우세한 모노컬추어형을 유지하고 있으나 모잠비크의 경우에는 농업, 제조업, 수산업, 관광업 등 다양한 산업 분야가 상대적으로 균형 있게 자리 잡고 있는 것이 특징이다(World Bank, 2011).

오랜 기간 동안 아프리카에서는 소수인 포르투갈의 식민지로서 1960년대에 독립한 신생국가이나 상대적으로 정치는 안정되어 있는 편이다. 정치적으로 특이한 것은 포르투갈의 식민지이었으나 이웃 국가인 남아프리카공화국과 경제적 관계가 매우 밀접하기 때문에 영국연방(Common Wealth) 후보국가로 등록되어 있다. 또한 우리나라와는 공식적인 외교공관이 아직까지 개설되어 있지 않으며 교역관계도 매우 미흡한 실정이다. 그럼에도 불구하고 2011년 한국가스공사의 모잠비크 천연가스전 자본투자 참여로 양국 간 정치 및 경제적 교류관계가 활성화되어 가고 있는 실정이다.

모잠비크는 지리적으로 남동 아프리카에 위치하고 있으며 사하라 이남 아프리카 국가 중 최대시장인 남아프리카공화국과 인접하고 있으며 인도와도 아프리카에서 가장 근접거리에 위치하고 있다. 따라서 전략적으로 남아프리카공화국 및 인도시장의 접근성이 매우 용이한 것으로 분석된다.

모잠비크는 2000년 이후 지속적인 고도의 경제성장을 이루고 있는 국가이며 2000년에서 2010년까지 연평균 약 7%의 경제성장을 달성하였다. 2008년 글로벌 경제위기의 여파로 2009년 경제성장률이 조금 하락하기는 하였으나 2010년 이후에는 다시 고도 경제성장 궤도에 진입하였다. 2011년에서 2015년까지 연평균 약 7.5%의 경제성장이 예상되고 있는 유망성장국가이다(IMF, World Economic Outlook, 2011/〈그림 63〉 참조).

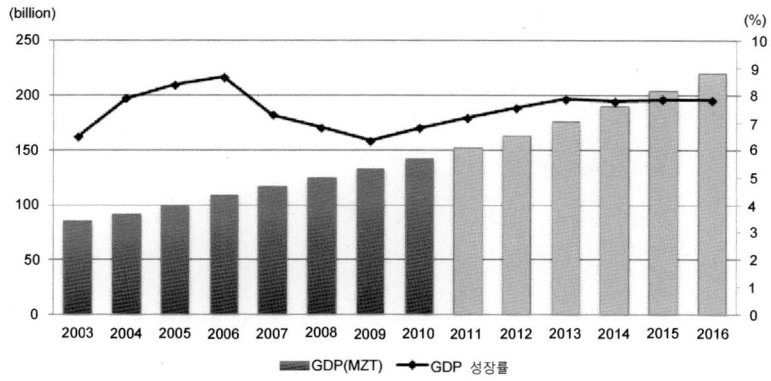

출처: IMF, World Economic Outlook, 2011.

〈그림 63〉 모잠비크 경제성장 및 국내총생산(GDP) 추이(2003~2016)

따라서 정치 및 경제적 상황을 종합하여 모잠비크를 분석하면 풍부한 석탄, 천연가스, 비옥한 토지, 수력발전, 긴 해안선과 항구, 상대적으로 안정적인 정치 및 사회상황 등은 천혜의 자원조건과 정치사회적 제도를 구비한 장점이다. 또한 추가 천연가스 및 광물자원 개발 가능성 그리고 이에 따른 막대한 인프라건설은 향후 중요한 사업 참여를 위한 기회요인으로 작용할 수 있다.

그러나 취약한 내수시장, 고급인력 부족, 산업기반 및 인프라 부족, 포르투갈어 사용으로 인한 언어장애 등은 취약점이다. 이외에도 막대한 지하자원 개발 및 수출로 지탱하는 경제구조가 발생시킬 수 있는 네덜란드 병(Dutch Disease)의 위험성, 오랜 기간 동안 지속되어 왔던 외세의 경제적 수탈, 홍수 및 가뭄 등으로 인한 자연재해, 이로 인한 식량부족사태, 사회불안 등은 반드시 해결해야 할 커다란 도전으로 작용하고 있다(Korea Institute for Development Strategy, 2012).

4.5.3. 경제성장 동력 요인 및 유망사업 진출 부문

모잠비크 경제성장 동력은 제1차적으로 에너지자원 탐사 및 개발로 이루어지고 있다. 세계 최대의 유연탄 매장량을 보유하고 있어서 광물자원 글로벌 메이저인 브라질의 베일(Vale)社, 호주의 리버스데일(Riversdale)社, 인도의 코올 인디아(Coal India)社가 유연탄 매장량 발굴 및 광구확보를 위하여 치열하게 경쟁하고 있다. 유연탄 생산은 2010년 2,400만 톤에 달하였으나 2015년에는 약 400% 증가한 9,500만 톤에 이를 것으로 예상하고 있다(Business Monitor International, 2011/〈그림 64〉 참조).

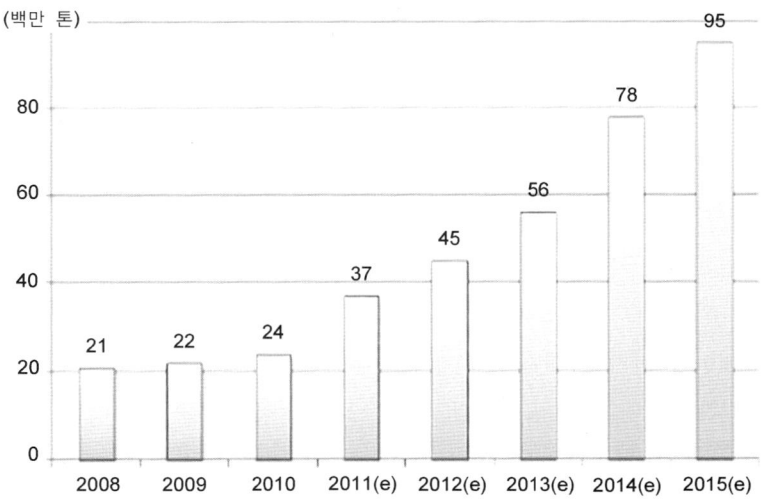

출처: Business Monitor International, Mozambique Mining Report, 2011.

〈그림 64〉 모잠비크 유연탄생산 증가추이(2008~2015)

이외에도 세계 최대의 중사층(Heavy Sand Layer)이 발견되어 7,200만 톤 이상의 티탄철석을 채굴할 수 있을 것으로 예상하고 있다. 또한 알루미늄, 금홍석, 금, 석회석 등 다양한 광물자원을 대량 보유하고 있다. 이처럼 대규모 광물자원 발견 및 채광을 위하여 2000년에서 2010년까지 공업 부문에만 약 61억 2,000만 달러가 투자된 것으로 집계되고 있다.

광업 부문에 막대한 투자가 장기적으로 지속된 결과 2011년에는 광업 부문 생산량 증가가 50%를 상회하였으며 2015년까지 생산량 증가가 평균 연간 약 30%에 이를 것으로 예상되고 있다. 또한 광업 부문 생산액 증가도 2010년에는 약 1억 달러에 불과하였으나 2015년에는 약 7억 달러에 이르러 7배 증가할 것으로 예측되고 있다 (Business Monitor International, 2011/〈그림 65〉 참조).

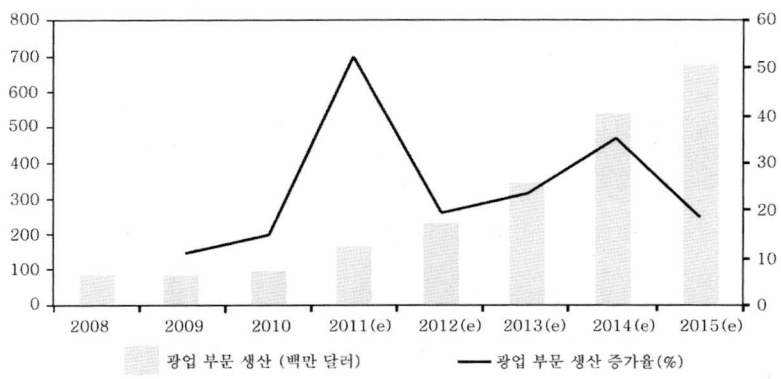

출처: Business Monitor International, Mozambique Mining Report, 2011.

〈그림 65〉 모잠비크 광업 부문 생산 및 생산성 증가 추이(2008~2015)

모잠비크 경제는 광업 이외에 에너지자원이 주요 성장 동력이다. 특히 전국에 걸쳐서 퇴적층(Sedimentary Basin)이 존재하고 있어서 유연탄 이외의 화석연료 매장 가능성이 매우 높다. 특히 천연가스의 경우 2008년 매장량이 약 3.9TCF가 확인되었으며 동년 생산량은 278MCF에 달하였다.

천연가스 개발은 2000년 이후 중부 모잠비크 해협과 북부의 로부마 분지(Rovuma Basin) 지역을 중심으로 활발하게 진행되고 있다. 제1차 개발 붐에 해당하는 모잠비크 해협에는 판데(Pande), 테마네(Temane) 등지에서 천연가스 매장이 확인되어 남아프리카공화국 사솔(Sasol)과의 협력관계를 구축하였다. 따라서 모잠비크 테마네(Temane) 가스전과 남아프리카공화국 세쿤다(Secunda) 정유단지를 연결하는 총 865km의 파이프라인 구축사업을 약 13억 달러 투자하여 완공하였다. 이 결과 2004년 양 국가의 협정체결과 함께 2011년부터 모잠비크의 천연가스가 남아프리카공화국으로 수출되고 있다(〈그림 66〉 참조).

천연가스 제2차 붐은 북부 로부마 분지에서 발견된 천연가스를 개발하는 사업으로 미국의 아나다르코(Anadarko)社가 가장 활발하게 활동하고 있다. 이 에너지기업은 총 다섯 곳에서 천연가스층을 발견하였으며 2011년 말 투자액도 약 2억 7,000만 달러(약 3,000억 원)에 달하는 대규모에 이르고 있다.

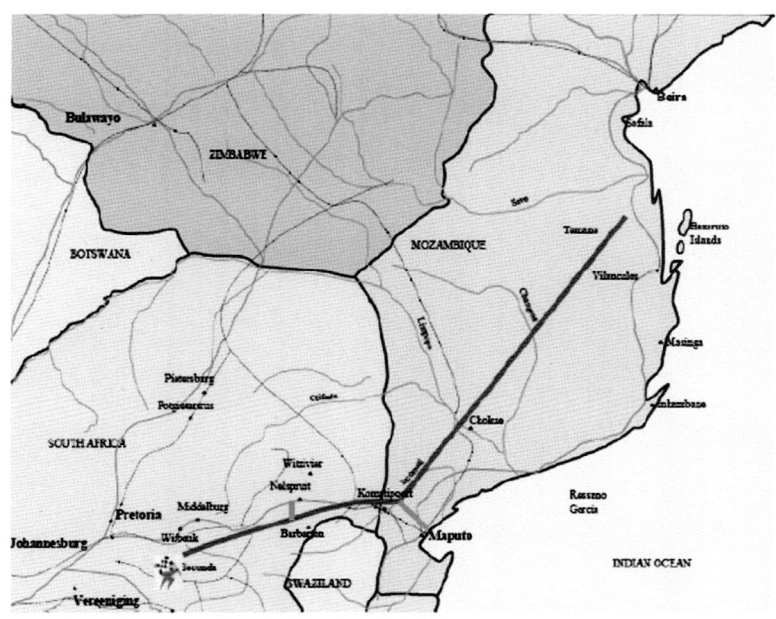

출처: Korea Institute for Development Strategy, 2012.

〈그림 66〉 모잠비크 가스전과 남아공 유전지대 연결 천연가스 파이프라인

　우리나라의 경우 한국가스공사가 이탈리아의 ENI社와 함께 지분 참여 형식으로 개발에 참여하여 제4광구 가스전 개발에 참여하고 있으며 2011년 11월 최소 15TCF에 이르는 대규모 천연가스전을 발견하게 되었다. 계약기간은 탐사 8년, 개발 및 생산 30년간 장기계약으로 진행되고 있으며 한국가스공사의 지분은 10%에 달한다 (〈그림 67〉 참조).

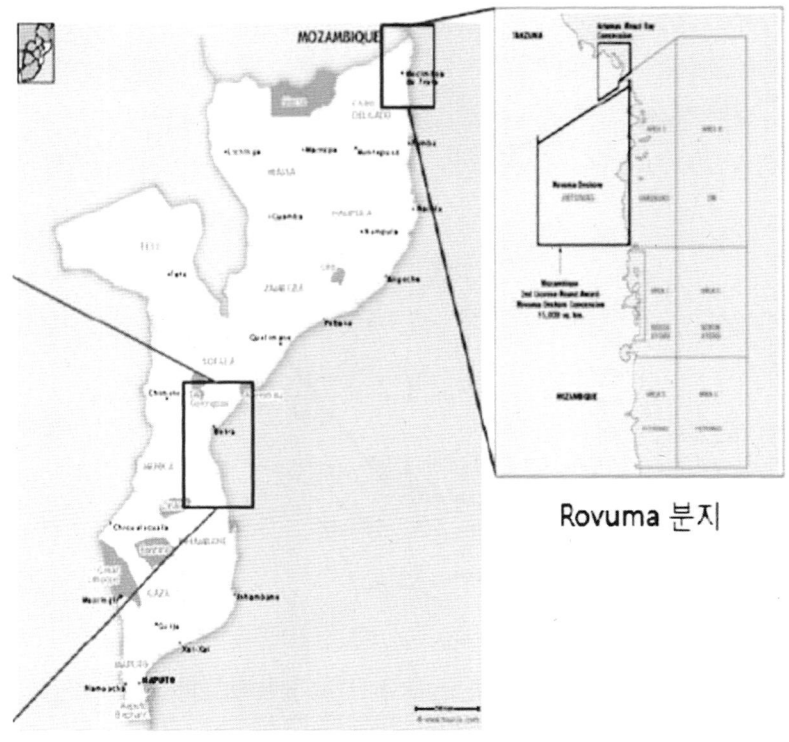

Rovuma 분지

출처: Korea Institute for Development Strategy, 2012.

〈그림 67〉 모잠비크 로부마 분지 천연가스전 위치

　이처럼 대규모 천연가스전의 일정부분 지분을 보유하고 있는 한
국의 경우 사업진출 유망 부문은 에너지자원사업 부문에 집중하는
것이 바람직하다. 동시에 모잠비크 내 천연가스 공급, 천연가스 발
전소 건설, 천연가스 배관건설 및 관리, 천연가스 생산 지역 내 천
연가스 플랜트 건설, 관리, 운영사업 등에 선진국 에너지기업과 경
쟁할 수 있는 경쟁력을 보유하고 있다고 판단된다.

특히 천연가스 기본 인프라가 크게 부족한 모잠비크의 경우 국영 정유회사인 ENH社가 남아프리카공화국으로 연결된 사솔(Sasol) 천연가스 파이프라인을 수도인 마푸토(Maputo)로 연결하여 도시가스 공급을 계획하고 있다. 도시가스 공급률 73%를 건설하고 이를 40여 년간 운영하고 있는 한국가스공사는 이 부문에 강력한 경쟁력을 보유하고 있다. 따라서 모잠비크 도시가스 보급사업에 적극적으로 참여하여 축적된 기술 및 노하우를 전수할 수 있는 기회를 확보하는 것이 바람직하다.

4.5.4. 에너지사업 부문 투자 장점

모잠비크 에너지사업 부문 투자의 최대 장점은 모잠비크 경제성장이 향후 2016년까지 세계 경제성장률뿐만이 아니라 아프리카 평균 경제성장률을 상회하는 고도의 경제성장이 예상되어 있다는 점이다. 따라서 경제성장에 필수적인 에너지시장의 지속적인 성장으로 인하여 시장성이 확보되어 있다는 것이다. 동시에 외국인투자 여건도 개선되어 가고 있는 점이 최대의 장점이라 할 수 있다(〈그림 68〉 참조).

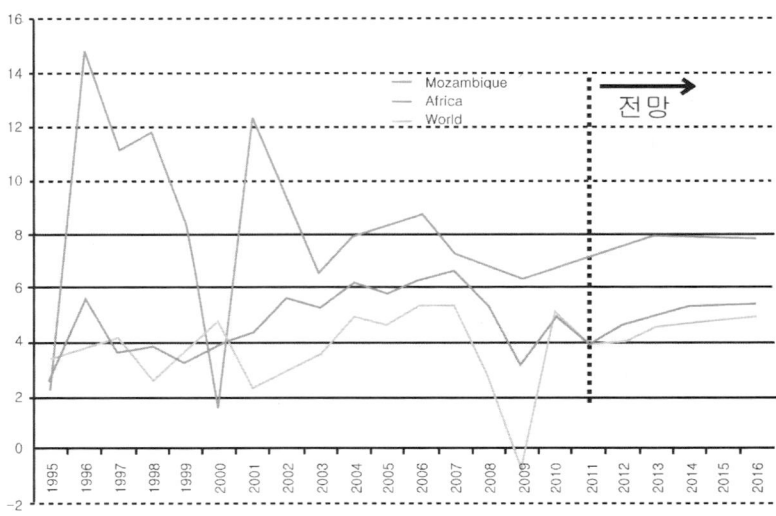

출처: IMF, World Economic Outlook, 2011.

〈그림 68〉 모잠비크 경제성장 추이 및 타 지역과의 비교(1995~2016)

　이외에도 모잠비크 정부가 불합리한 에너지 수급구조 해소 및 개
선의 필요성을 인식하고 있으며 이를 시정하기 위한 정책변화를 추
구하고 있다는 점이다. 모잠비크의 제1차 에너지 수급구조를 분석
해보면 풍부한 천연가스 및 전력생산을 대부분 저가로 남아프리카
공화국과 같은 주변국가에 수출하고 전체 석유제품을 고가로 수입
하고 있는 비경제적 구조를 갖고 있다. 따라서 이를 해결하기 위하
여 100% 수입에 의존하고 있는 석유를 대체할 수 있는 에너지 소비
구조를 확립할 수 있어야 국내경제의 부가가치를 향상시킬 수 있다
(www.enh-mz.com/〈그림 69〉 참조).

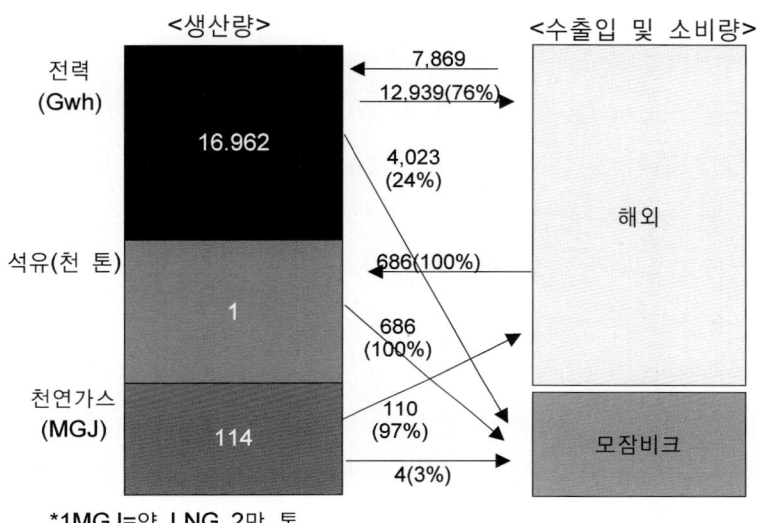

*1MGJ=약 LNG 2만 톤

출처: 모잠비크 국영정유회사(ENH), 2011.

〈그림 69〉 모잠비크 1차 에너지 수급구조

　천연가스 매장량은 2007년 확인이 되고 생산 활동은 최근인 2011
년 시작되어 에너지 관련 기본 인프라가 전무한 실정이다. 따라서 에
너지 공급망 구축이 절실하다. 이를 해결하기 위하여 천연가스 공급
인프라 계획을 수립하여야 하며 북동부 지역 가스발전소를 건설하여
전력 공급망을 확보하는 것도 급선무이다. 따라서 거의 시작단계에
불과한 에너지시장의 인프라사업, 공급망 건설 등 에너지 산업의 거
의 전 부문에 참여할 수 있는 가능성이 매우 높은 시장으로 평가되
고 있다(한국가스공사, 2012).

4.5.5. 투자진출 방법

모잠비크시장 진출방법은 1993년 제정된 외국인투자법 제3조 (Investment Law No.3)와 2009년에 제정된 인센티브법 제4조 (Code of Fiscal Benefits, Law No.4)에 근거하여 진행되며 외국인 투자를 전담하는 행정기관은 1993년에 설립된 투자진흥청(Investment Promotion Center: IPC), 산업자유 지역(Industrial Free Zone) 과 경제특별구역(Economic Special Zone) 등을 담당하는 모잠비 크 개발확산 경제지역청(Mozambique's Office for Economic Area with Accelerated Development: GAZEDA), 투자전담연계사무소(Liaison Office) 등에서 투자승인을 받아야 한다(www.clubofmozambique.com).

모잠비크는 원칙적으로 외국인 투자 시 투자승인 절차가 존재하지 않지만 외국인 투자자가 투자보장과 인센티브를 적용받고자 할 때는 투자승인이 반드시 필요하다. 또한 금지된 사업 분야는 존재하지 않지만 발전, 수도, 우편, 통신, 무기제조 등과 같은 분야는 정부가 유보할 수 있도록 설정되어 있다. 최저 투자금액은 원칙적으로 설정되어 있지 않으나 인센티브를 적용받기 위해서는 최저 미화 50,000달러 이상을 투자하여야 된다(www.ipc.mz).

관세에 관한 조항은 모잠비크에서 5년 내 생산되지 않는 자본재의 수입에 대해 수입관세 및 부가세가 면제되고 있다. 법인세는 상대적으로 높은 32%가 적용되고 있다. 이처럼 높은 법인세를 감면받기 위해서는 사업 분야별로 상이하나 사회간접자본에 투자할 경우 최초 5년간은 법인세의 80% 경감, 6~10년간은 60%, 11~15년간은 25%를 경감받는다. 그러나 농업 및 수산업의 경우 2015년까지

법인세의 80% 감면, 그 이후 2025년까지는 법인세의 50%를 감면받도록 되어 있다.

회사설립은 포르투갈 민법을 기초로 형성되어 있으며 관할지역관청에서 사업자 등록을 한 후 관할지역 세무서, 환경청의 환경영향평가 등을 거쳐서 설립이 완료된다. 회사설립 방식은 유한회사, 주식회사 모두 가능하며 현지법인, 지사, 대표사무소 등도 모두 가능하다.

세금부분은 아직까지 이중과세방지협정이 체결되어 있지 않은 상태이며 법인세 32%, 배당 등 원천징수세 20%, 이자세 20%, 부가세 17% 등 상대적으로 높은 편이다. 또한 사회보장세금은 사용자가 4% 그리고 근로자가 3%를 부담하도록 되어 있다(www.ipc.mz).

PART 12

비전통 천연가스와 셰일가스 혁명

12

비전통 천연가스와
셰일가스 혁명

1. 배경

2008년 이후 미국을 중심으로 생산되는 비전통(Unconventional) 천연가스의 일종인 셰일가스(Shale Gas)가 천연가스의 황금시대를 새롭게 장식하는 주요 에너지자원으로 급부상하고 있다. 이처럼 셰일가스가 글로벌 에너지시장에서 주목받고 있는 이유는 향후 2035년까지 화석연료 중 천연가스의 수요가 가장 빠르게 증가할 것이라는 세계에너지기구(IEA)의 최근 전망 때문이다. 특히 셰일가스를 포함하는 비전통가스 공급비중이 천연가스 총공급량 대비 약 22% 증가할 것으로 예상되며 셰일가스 개발이 가장 활발하게 추진되고 있는 미국의 경우 그 비중이 약 50%까지 증가할 것으로 전망되고 있다(IEA, 2012).

셰일가스는 그동안 중소규모의 미국 및 캐나다 업체들이 중심이 되어 개발 및 생산되는 패턴을 보였으나 2000년대 후반부터는 셰일가스 자원량이 풍부한 국가들을 중심으로 국가적 차원의 탐사 및 개발사업이 추진되고 있는 것이 새로운 경향이다. 특히 미국은 2000년대 중반 이후 셰일가스 생산이 급격하게 증가하여 2009년에는 천연가스 생산량 중 비전통가스의 비중이 약 50%에 달하였으며 이중 셰일가스의 비중은 14%에 달하였다. 이로써 미국은 2009년 러시아를 제치고 세계 최대 천연가스 생산국이 되었으며 천연가스 수입량은 2007년 지속적으로 감소하는 추세에 있다.

셰일가스가 이처럼 갑자기 주요 에너지자원으로 각광을 받는 배경에는 각 개발국가에 따라서 상이한 이유가 존재하겠지만 기본적으로 에너지 수입의존도 감소, 온실가스 배출량 감축, 에너지 가격 인하를 통한 자국의 산업경쟁력 증대 등이 중요한 이유이다. 따라서 셰일가스는 과도기적 에너지자원으로 부각되고 있는 동시에 제조업 성장 및 고용창출의 산업적 기반으로 활용되고 있는 역할을 수행하고 있다.

2. 전통가스와 비전통가스

천연가스는 자연적으로 지하로부터 발생하는 가스로 탄화수소를 주성분으로 하는 가연성 가스에 한정한다. 즉 유전, 탄광 지역의 땅에서 분출되는 자연성 가스인 메탄가스, 에탄가스 등을 의미한다. 천연가스의 유형은 높은 집중도와 개발이 용이한 전통가스(Conventional

Gas)와 전 세계적으로 풍부한 매장량과 생산에 필요한 고도의 생산 기술을 요하는 비전통가스(Unconventional Gas)로 이루어져 있다.

우선 전통가스는 주로 배사구조(Anticline Structure)와 층위트랩(Stratigraphic Trap)이라는 특정지질구조에 축적되어 있는 가스를 의미한다. 또한 전통가스는 유전에 함께 매장되어 원유를 채굴할 때 함께 채취하는 가스인 수반가스(Associated Gas)와 원유에서 분리되어 특정지질구조에 천연가스전으로 형성된 가스인 비수반가스(Non-associated Gas)로 구성되어 있다.

이와 비교할 때 비전통가스는 분리된 지층구조에 집합되어 있기보다는 넓은 지역에 걸쳐 연속적으로 형성되어 있는 형태로 분포되어 있는 가스를 의미한다. 비전통가스는 네 가지로 구성되어 있다. 첫째는 타이트샌드가스(Tight Sand Gas)로 경질암반층인 사암층 안에 존재하는 가스이다. 둘째는 탄층가스(Coalbed Methane)라 불리는 CBM으로 석탄층이 형성되면서 석탄에 흡착된 메탄가스를 의미하는 것이다. 셋째가 셰일가스(Shale Gas)로 경질 암반층인 셰일층 안에 존재하는 가스이다. 마지막으로 가스 하이드레이트(Gas Hydrate)로 영구 동토 혹은 심해저의 저온과 고압상태에서 천연가스가 물과 결합하여 형성된 고체형태의 가스를 의미한다(〈그림 70〉, 〈그림 71〉 참조).

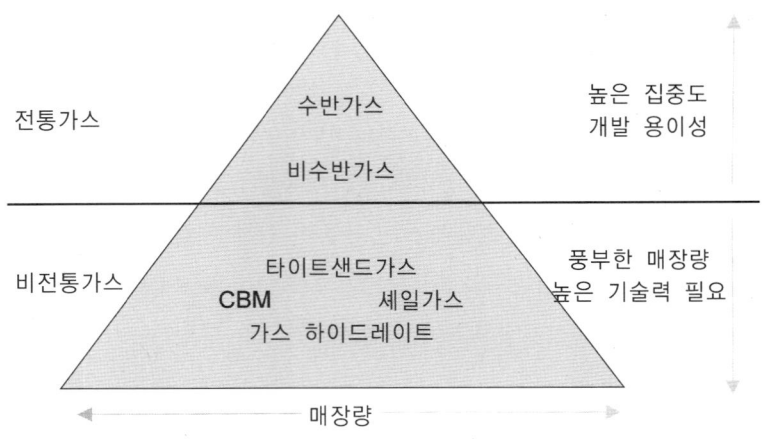

출처: IEA, 2012.

〈그림 70〉 천연가스 유형

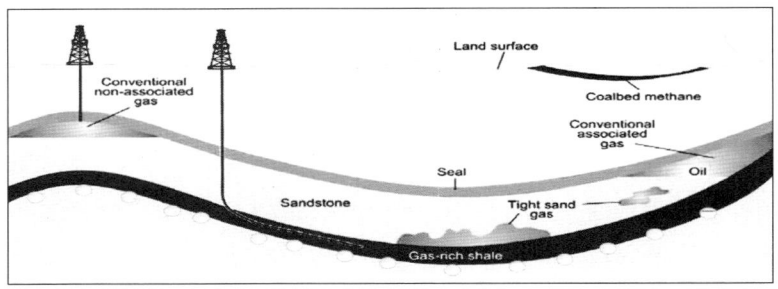

출처: Energy Information Administration(EIA), www.eia.gov, 2012.

〈그림 71〉 전통가스 및 비전통가스 매장 위치

전통가스 추출은 일반적으로 수직시추(Vertical Drilling)방식으로 이루어지고 있다. 그러나 비전통가스는 수직시추방식으로만은 추출이 어렵고 수평시추(Horizontal Drilling), 수압파쇄(Hydraulic Fracturing)방식 등 특수 추출방식을 사용하여야 하기 때문에 탐사 및 생산비용이 수직시추방식보다는 매우 높은 것이 현실이다. 수평시추방식은 수직시추 이후 특정 깊이부터 수평으로 뚫어가는 방식이며 수압파쇄방식은 시추파이프에 뚫린 여러 구멍으로 물, 모래, 화학물질 등을 고압으로 분사하여 암석에 균열을 만드는 기술로서 수직시추방식보다는 더욱 복잡하고 고도의 공학능력을 요구하고 있다.

3. 셰일가스

3.1. 배경

셰일가스는 2000년대 중반 이후 일반적으로 천연가스의 황금시대를 여는 주요 에너지자원으로 부상하고 있다. 그 이유는 중국의 가스수요 확대방침, 2011년 3월 발생한 일본 후쿠시마 원자력발전소 폭발사고로 글로벌 원전설비 증가세가 둔화됨에 따라 글로벌 에너지믹스(Energy Mix) 등으로 인한 천연가스 수요증가가 예상되기 때문이다.

이를 반증하는 것이 국제에너지기구(International Energy Agency: IEA)가 예상하는 장기 글로벌 에너지 수요에 의하면 천연가스는 제1차 에너지원으로 2009년 21%에서 2035년 23%로 증가하여 석탄 사용 비중인 24% 다음으로 중요한 글로벌 에너지자원으로 활용될 것으로 예상하고 있다. 같은 기간 석유사용은 33%에서 27%로 감소될 것으로 예상되고 있으며 원자력에너지 비중은 6%에서 7%로 소폭 증가할 예정이다(IEA, 2011).

향후 30여 년간 천연가스 소비 증가 중 많은 부분이 전통가스 부문에서 충당될 것으로 예상되나 셰일가스를 비롯한 비전통가스의 공급비중은 더욱 빠르게 증가할 것으로 예상하고 있다. 국제에너지기구(IEA)의 비전통가스 증가 예측에 의하면 천연가스 총공급량 대비 비전통가스의 비중은 2009년 13%에서 2035년 22%로 증가할 예정이다. 특히 최근 셰일가스 개발이 매우 활발하게 이루어지고 있는 북미 지역의 경우 동 기간 내 56%에서 64%까지 증가할 것으로 예상하고 있다. 특히 미국의 경우에는 천연가스 총생산량 대비 셰일가스의 비중이 1998년 1.9% 그리고 2010년 23%에서 2035년 49%로 증가하여 1998년과 비교할 때는 2,500% 그리고 2010년과 비교할 때는 215% 이상 증가할 것으로 예상하고 있다(EIA, 2012).

3.2. 매장량

2010년 기존전통가스의 확인매장량은 187.1조㎥이며 이는 동년 글로벌 천연가스 소비량인 3.17조㎥ 기준으로 약 59년간 사용할 수 있는 규모이다. 이와 비교할 때 셰일가스의 기술적 가채자원량(Technically Recoverable Resources)은 기존 전통가스의 확인매장량을 조금 상회하는 187.5조㎥인 것으로 추정된다. 또한 셰일가스의 매장량은 전통가스의 매장량과는 다르게 전 세계적으로 균형 있게 분포되어 있는 것이 특징이다. 따라서 새로운 시추기술개발과 함께 전 지구적 개발이 가능하다(EIA, 2011; BP, 2011).[52]

전통가스의 경우 러시아가 전체 확인매장량의 23.9%, 이란이

---

52) 기술적 가채자원량은 미확인매장량(unproven reserves)도 포함한다. 확인매장량은(proven reserves)은 현재의 정치적·경제적·기술적 조건하에서 90%의 확률로 회수될 수 있는 추정량을 의미하고 미확인매장량은 기술 및 계약상의 규제 등으로 90% 이상의 회수율을 획득할 수 없는 경우이다.

15.8%, 카타르가 13.5%로 전체 확인매장량의 53.2%를 차지하여 지역 편중성이 매우 높다. 그러나 셰일가스는 12개 국가에 약 90% 가 매장되어 있어서 지역편중도가 매우 낮은 것이 장점이다. 또한 전통가스의 53% 이상의 매장량을 보유하고 있는 3대 주요 국가인 러시아, 이란, 카타르에는 셰일가스 확인매장량이 아직까지 완전하게 발표되지 않고 있는 것도 특징이다.

셰일가스 가채자원량을 최대로 보유하고 있는 국가는 중국으로 약 36.1조㎥를 보유하고 있으며 미국, 아르헨티나, 멕시코가 각각 24.4조㎥와 21.9조㎥, 19.3조㎥를 보유하여 전체 가채자원량의 약 54%를 차지하고 있다. 이들 국가는 전통가스의 확인매장량이 상대적으로 미미한 편이나 셰일가스 가채자원량은 매우 풍부하다(EIA, 2011/〈그림 72〉, 〈표 35〉 참조).

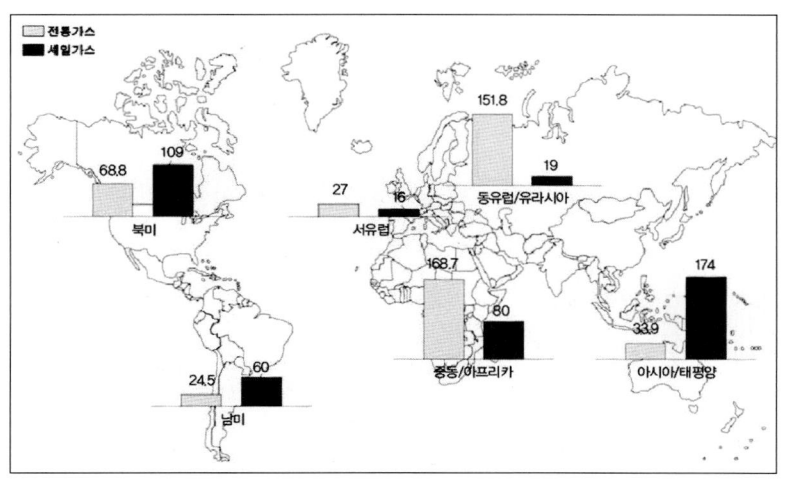

출처: EIA, 2011.

〈그림 72〉 지역별 전통가스 확인매장량 및 셰일가스 원시매장량(단위: 조㎥)

<표 35> 국가별 셰일가스 및 전통가스 매장규모(2010년 기준)

(단위: 조㎥)

순위	국가	셰일가스 가채자원량	전통가스 확인매장량
1	중국	36.10	3.03
2	미국	24.41	7.72
3	아르헨티나	21.92	0.38
4	멕시코	19.28	0.34
5	남아프리카공화국	13.73	-
6	호주	11.21	3.11
7	캐나다	10.99	1.76
8	리비아	8.21	1.55
9	알제리	6.54	4.50
10	브라질	6.40	0.37
11	폴란드	5.30	0.16
12	프랑스	5.10	0.01

출처: EIA, World Shale Gas Resources: An Initial Assessment of 14 Regions of Outside the United States, 2011.

3.3. 지역별 개발상황

3.3.1. 배경

최초의 셰일가스 추출은 미국에서 1825년에 시작되었다. 그러나 경제성이 희박하여 대규모의 산업적 생산은 1970년대에 시작되었으며 1980년 이후에는 미국 에너지부와 민간기업 간의 셰일가스 개발에 관한 공동연구가 진행되었다. 셰일가스는 1990년대까지는 미국과 캐나다의 중소규모의 에너지기업들이 중심이 되어 개발이 진행되어 왔으나 2000년대 이후부터는 셰일가스 자원량이 풍부한 국가들을 중심으로 국가적 차원에서 개발이 진행되고 있다.

이처럼 셰일가스 개발을 위한 전기를 마련하게 된 계기는 초기에는 셰일가스 개발에 대한 경제성이 매우 낮다고 판단을 하였으나 2000년 이후부터는 새로운 시추공법인 수평시추 및 수압파쇄 기술 혁신에 따른 생산성 증가, 급격한 글로벌 유가상승 등으로 인하여 주요국들의 개발이 증가하기 시작하였다. 이외에도 천연가스 수입 국가의 에너지 수입의존도 감소, 온실가스 배출량 감축, 에너지 가격인하로 인한 자국의 산업경쟁력 강화를 위한 목적으로 셰일가스 개발에 커다란 관심을 갖게 되었다(이권형 외, 2012).

3.3.2. 미국의 개발상황

미국의 천연가스 생산량은 2005년 5,111억㎥에 이르렀으며 이후 지속적으로 증가하여 2009년에는 러시아를 제치고 세계 최대의 천연가스 생산국이 되었으며 2010년에는 총생산량이 6,110억㎥에 달하였다. 천연가스 생산량의 지속적인 증가와 더불어 천연가스 수입량은 지속적으로 감소하게 되었다. 2007년 천연가스 수입량이 1,305억㎥로 최고치를 달성한 이후 지속적으로 감소하여 2011년에는 천연가스 수입량이 1,000억㎥ 이하로 최저치를 기록하였다(〈그림 73〉, 〈그림 74〉 참조).

이처럼 미국의 천연가스 생산량 증가로 인한 수입량 감소는 미국으로 천연가스를 수출하는 국가에 직접적인 타격을 주게 되었다. 미국의 천연가스 최대수출국인 캐나다는 동 기간 내 대미 천연가스 수출량이 1,071억㎥에서 879억㎥로 18% 감소하였으며 중남미 및 중동 지역에서 수출하는 천연가스의 양도 동 기간 내 지속적으로 감소하는 추이를 보이고 있다.

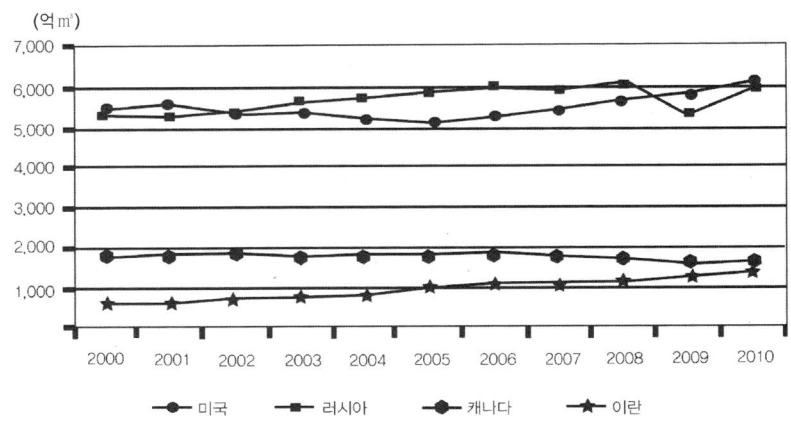

출처: BP, 2011, Statistical Review of World Energy.

〈그림 73〉 글로벌 주요 천연가스 생산국의 생산량 추이(2000~2010)

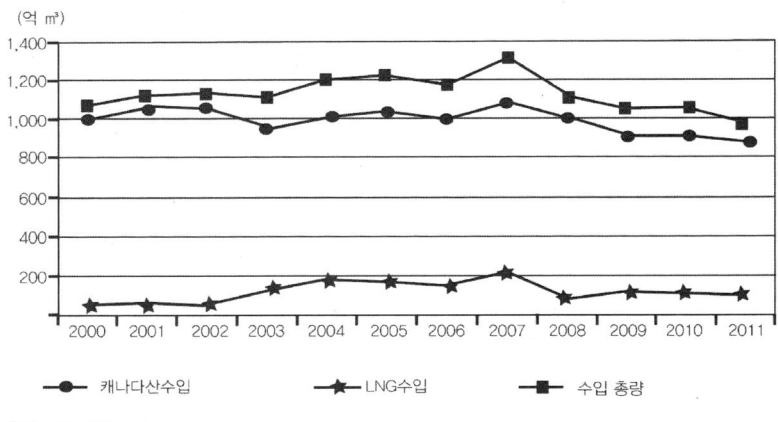

출처: EIA, 2011.

〈그림 74〉 미국 천연가스 수입량 변화(2000~2011)

미국은 셰일가스 개발 혁명을 주도하는 국가이며 전 세계 셰일가
스의 91%를 생산하는 세계 최대의 셰일가스자원 개발 국가이다. 미

국이 셰일가스 개발 및 생산 부문에서 선도적인 역할을 수행할 수 있었던 가장 중요한 이유는 기술혁신을 창출할 수 있는 정부의 강력한 지원, 관련 산업 및 기술 부문을 뒷받침할 수 있는 효율적인 인프라 구축, 자원개발에 매우 우호적인 법률 및 제도의 유지 등이 존재하기 때문이다.

구체적으로 미국 정부는 1980년대부터 미첼에너지(Mitchell Energy) 등과 같은 중소기업의 셰일가스 기술개발을 위한 보조금을 지급하고 공공기관과 민간기업 간의 연구개발 활동을 적극적으로 지원하였다. 또한 천연가스 수송을 위한 배관망이 전국적으로 잘 갖춰져 있고 셰일가스 개발 및 생산과 관련된 각종 설비 및 장비, 그리고 용수공급시설 등이 높은 수준으로 발전되어 있어서 생산비용을 급격하게 감소시킬 수 있었다. 이외에도 법률 및 제도적인 측면에서 셰일가스 매장 지역의 토지소유자가 직접 개발업체와 사적 계약을 체결할 수 있기 때문에 탐사 및 개발에 필요한 절차와 시간을 절약할 수 있는 장점을 갖고 있다(이권형 외, 2012; 이근상, 2012).

미국의 경우 천연가스 생산량 중 비전통가스 생산량이 2009년 약 50%에 달하였다. 이 중 셰일가스가 차지하는 비율은 동년 약 14%에 이르렀으며 셰일가스의 향후 생산량은 타 비전통가스 생산량과 비교할 때 그 증가속도가 지속적으로 증가하여 2035년에는 미국 내 총 천연가스 소비 중 약 45%에 이를 것으로 예상하고 있다. 이로써 미국은 동년 천연가스 순수입의존도가 1% 내외로 감소할 것으로 예측하고 있다(IEA, 2011/〈그림 75〉 참조).

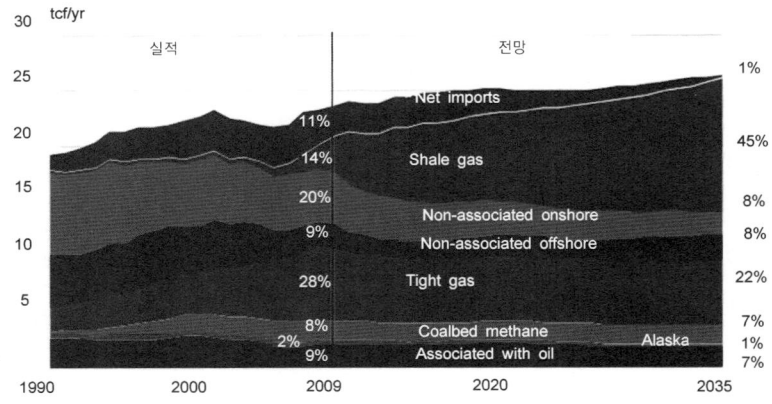

〈그림 75〉 미국 내 천연가스 생산량 비율변화(1990~2035)

이처럼 미국의 셰일가스 개발은 새로운 에너지자원 개발이라는 측면 이외에도 석유화학 부문을 포함한 제조업의 발전과 경쟁력을 향상시키는 역할도 수행할 수 있다. 그 이유는 셰일가스의 개발 및 생산으로 인한 가격경쟁력을 확보할 수 있는 석유화학원료 및 에너지비용을 기초로 석유화학 및 철강제품 등과 같은 전통적인 제조업의 경쟁력을 증대시킬 수 있기 때문이다. 실례로 셰일가스 생산증가로 에탄의 공급이 증가하게 되고 가격이 안정화되어 미국 석유화학업계는 대규모 사업 확장을 추진하고 있다. 또한 에너지사용비율이 매우 높은 철강업계는 발전단가 인하로 인한 제조원가를 감소시킬 수 있으며 가스산업용 파이프라인 판매증가를 경험하고 있다. 이외에도 셰일가스 개발 확대로 인한 경제적 파급효과도 장기적으로 급격하게 증가할 것으로 예상되고 있다. 특히 고용창출, 부가가치 창출, 재정 수입 및 설비투자 부문에서 2010년에서 2035년까지 매우 긍정적인 효과를 나타낼 것으로 예상하고 있다(Wall Street Journal, 2012; IHS Global Insight, 2011; 이근상, 2012/〈표 36〉 참조).

〈표 36〉 미국 내 셰일가스 생산 확대로 인한 경제적 파급효과(2010~2035)

고용(만 명)			부가가치(억 달러)			재정수입(억 달러)			설비투자(억 달러)		
2010	2015	2035	2010	2015	2035	2010	2015	2035	2010	2015	2035
60.1	87.0	166.0	768.8	1,182.1	2,310.6	186.1	285.7	572.8	332.6	487.1	1,265.9

출처: IHS Global Insight, 2011, The Economic and Employment Contributions of Shale Gas in the United States.

그러나 미국 내 셰일가스 생산량 증가는 천연가스 가격하락을 초래하는 원인으로 작용하고 있어서 셰일가스 생산의 경제성을 감소시키고 있다. 따라서 미국 에너지업체는 에너지단가가 상대적으로 높은 동북아시아 국가로 셰일가스를 수출하려는 노력을 지속하고 있다. 이를 위하여 미국연방에너지규제위원회(Federal Energy Regulatory Commission: FERC) 액화천연가스 수출기지 프로젝트를 2011년 4월 승인하였다.[53] 이외에도 천연가스 가격하락은 가스발전의 가격경쟁력을 향상시켜 미국 내 원자력발전소 건설을 지연시키는 결과를 초래하고 있다(이권형 외, 2012).

이처럼 미국 내 광범위한 지역에서 개발되고 있는 셰일가스로 인하여 세계 주요 메이저 에너지기업들은 향후 셰일가스가 북미 지역

---

[53] 미국연방규제위원회는 2011년 4월 LNG 수출기지건설계획인 사빈패스(Sabine Pass) LNG 프로젝트를 승인하였다. 이로써 사빈패스 LNG는 연간 1,600만 톤 규모의 천연가스를 수출할 수 있는 기회를 획득했으며 우리나라 한국가스공사(KOGAS)는 2017년부터 연간 350만 톤의 LNG를 20년간 수입할 수 있는 계약을 체결하였다.

에서 주요 에너지자원으로 그 역할을 증대할 것으로 예상하여 셰일가스 자산매입을 적극적으로 추진하고 있다. 최근에는 서유럽 에너지관련 메이저기업뿐만이 아니라 한국, 중국, 일본 등 아시아국가도 이에 동참하고 있는 실정이다(〈그림 76〉, 〈표 37〉 참조).

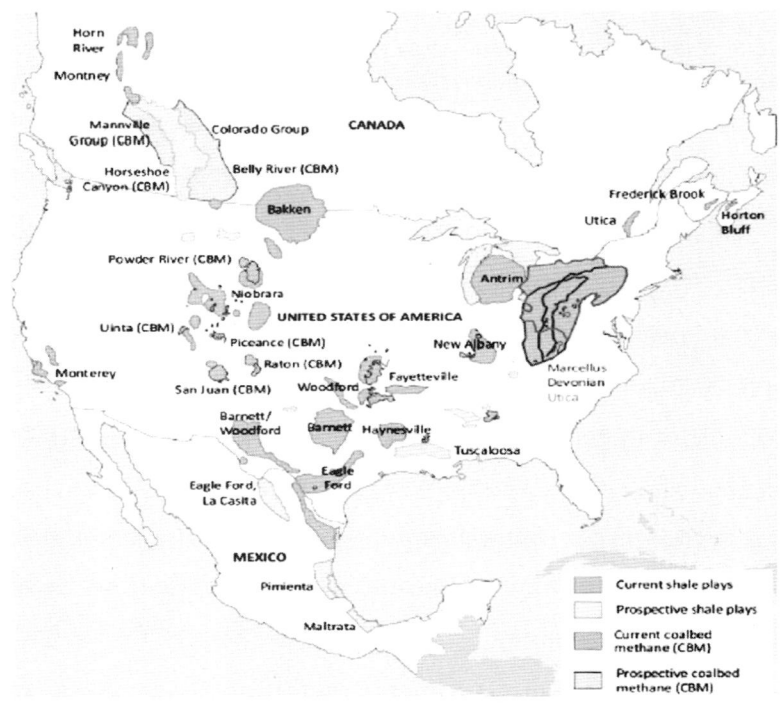

출처: IEA, 2012.

〈그림 76〉 북미 지역 비전통가스 매장 지역(2012)

<표 37> 주요 에너지기업의 미국 셰일가스 자산매입 현황(2012)

Country	Purchase	Disposal	Transaction value Bilon$	Year	Region
S. Korea	KNOC	Anadarko	1.55	2011	Eagle Ford 23.7%
China	CNOOC	Chesapeake	2.20	2010	Eagle Ford 33.3%
	CNOOC	Chesapeake	1.26	2011	Niobrara 33.3%
	Sinopec	Devon	2.20	2012	33.3%(5 shale play)
Japan	Mitsui	Anadarko	1.40	2010	Marcellus 32.5%
	Mitsui	SM Energy	0.74	2011	Eagle Ford share
	Marubeni	Marathon	0.27	2011	Niobrara 30%
	Marubeni	Hunt Oil	1.30	2012	Eagle Ford 35%
Europe	Statoil	Chesapeake	3.38	2008	Marcellus 32.5%
	Eni	Quicksilver	0.28	2009	Barnett 32.5%
	Total	Chesapeake	2.25	2009	Barnett 25%
	Total	UTS	1.27	2010	M&A
	Statoil	Talisman	1.33	2010	Eagle Ford 50%
	BG	EXCO	1.06	2011	Haynesville 50%
Europe	Statoil	SM Energy	0.23	2011	Eagle Ford
	Statoil	Brigham	4.82	2011	M&A(Bakken field)
	Total	Chesapeake	2.32	2011	Ultica 25%

출처: 지식경제부, 2012.

3.3.3. 캐나다 개발상황

캐나다는 셰일가스 자원량이 세계 7위로 비교적 풍부할 뿐만이 아니라 세계에서 미국과 함께 이를 개발할 수 있는 기술력을 보유하고 있는 중요한 국가이다. 셰일가스 매장지역은 서부 캐나다 지역의 앨버타 주(Alberta State)와 브리티시 콜롬비아 주(British Columbia State), 그리고 동부의 3개 주에 집중되어 있다.

캐나다 내 상업적 생산은 미미한 편이나 세제조건이 15% 이하로 타 국가와 비교할 때 매우 낮은 수준이며 지역적으로 아시아 지역으로 수출할 경우 미국보다는 지리적 이점이 매우 크다. 따라서 중국,

한국, 일본 등 아시아 지역으로 수출하기 위한 액화천연가스사업이
추진되고 있다.

이 사업은 2012년 2월 국가에너지위원회(National Energy Board:
NEB)가 사업을 승인하였으며 동년 4월 키티마트(Kitimat) 지역
비씨 액화천연가스(BC LNG)사업이 승인되었다. 이로써 연간 177
만 톤의 천연가스를 두 개의 열차를 통하여 수출하는 사업으로 캐나
다 내 액화천연가스를 수출하는 첫 번째 사업이다. 이외에도 키티마
트 액화천연가스(Kitimat LNG)가 동년 수출승인으로 연간 520만
톤의 액화천연가스를 수출할 것으로 계획하고 있다. 현재 진행 중인
액화천연가스 총수출량은 연간 1,420만 톤에 이르고 있으며 이는
미국의 총수출량인 8,920만 톤의 약 16%에 달한다(Lee &
William, 2012/〈표 38〉 참조).

〈표 38〉 북미 지역 액화천연가스 수출프로젝트(2012)

Proposed Terminal	Export Capacity(Mtpa)	Export License Stauts	Developer	Expected Start up
US				
Sabine Pass, Louisiana	18.0	Secured unrestricted DOE, awaiting FERC	Cheniere Energy	2015
Freeprot, Texas	13.5	Secured DOE(FTA only), awaitiong FERC	Conoco & Multiple Partners	N/A
Lake Charles, Louisiana	15.0	Secured DOE(FTA only)	Souther Union & BG	N/A
Cove Point, Malyland	7.0	Secured DOE (FTA only)	Dominion	N/A
Coos Bay, Oregon	9.0	Secured DOE (FTA only)	Fort Chicago & Energy Projects D	N/A
Corpus Christi, Texas	13.5	Pre-filing stage	Cheniere Energy	N/A

Cameron, Louisiana	12.7	Filed DOE(FTA only)	Sempra Energy	N/A
Canada				
Kitmat, BC	5.2	Secure NEB	Apache, EOG, Encana	2015
Douglas Island BC	1.9	Filed with NEB	BC LNG Export Cooperative	N/A
Prince Rupert Islands	7.5	NA	Shell	N/A

출처: Lee & William. 2012; LNG Fuelled Vessels. KOGAS. ABS Technical Cooperation Seminar.

3.3.4. 중국 개발상황

중국은 세계 최대 셰일가스 매장국이다. 매장량은 대부분이 북동부, 중부, 서북부에 집중되어 있다. 중국은 2004년부터 셰일가스에 대한 조사를 시작하였으나 본격적인 탐사 및 개발은 2009년 미국과 중국 간 셰일가스자원 개발 지원협력 체결 이후에 시작되었다. 이를 기초로 중국 정부는 2020년 전체 가스사용량의 10% 이상을 셰일가스로 대체한다는 계획을 수립하였다(〈그림 77〉 참조).

중국 에너지관리부는 2012년 3월 제12차 국가 5개년 계획에서 셰일가스를 비롯한 비전통가스 개발을 위한 확고한 의지를 표명하였다. 이를 위하여 다음과 같은 네 가지의 목표를 설정하는 셰일가스 개발 5개년 계획을 발표하였다(Zhoningnin, 2012).

첫째: 국내 셰일가스 자원량 및 분포 정밀조사
둘째: 30~50개 셰일가스 잠재 지역과 50~80개 유망 목표 지역 설정
셋째: 확인된 셰일가스 부존량 600BCM 및 매장량 200BCM 달성
넷째: 2015년까지 연간 6.5BCM 셰일가스 생산

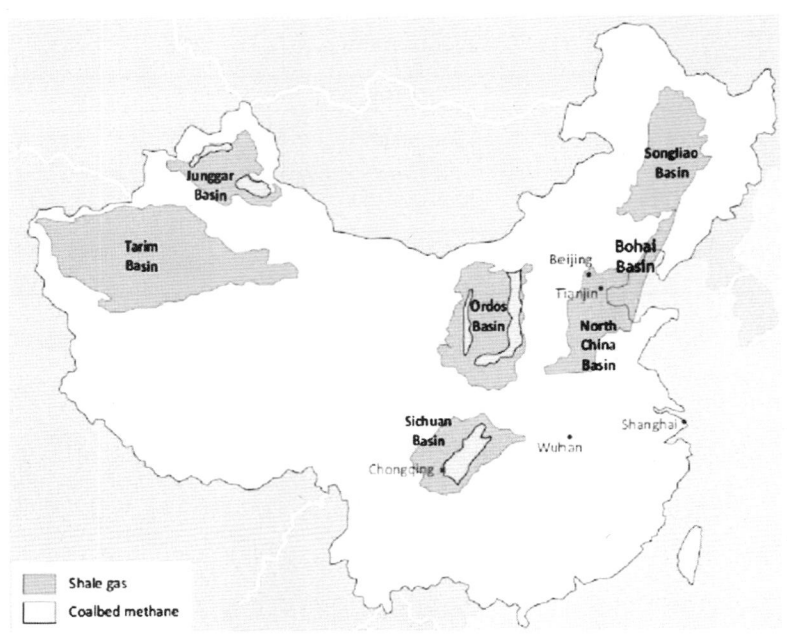

〈그림 77〉 중국 내 주요 비전통가스 매장 지역(2012)

　이상의 생산목표와 주요 정책과제를 선정하였으며 제12차 5개년 계획 이후 제13차 5개년 계획 기간에는 본격적인 생산이 이루어질 수 있도록 내부 방침을 설정하고 있다(Matindale, 2012).

　이처럼 중국의 광범위하고 거대규모의 셰일가스 개발계획에 대하여 부정적인 시각도 존재한다. 대부분이 북미 및 서유럽 국가 등 기술선진국이 보는 견해는 중국의 셰일가스 개발이 지나치게 낙관적이며 이에 대한 근거는 시추안(Sichuan)분지 이외의 지역에서는 수압파쇄공법에 필수적인 수자원의 절대적인 부족, 국내 천연가스 배관망 등 기초인프라의 부족, 중국 내 셰일가스에 함유된 높은 농도의 황산성분(H2S), 수압파쇄 공법을 적용할 시 사용되는 대량의 화학약품 사용 등으로 인한 환경파괴 등을 그 이유로 제시하고 있다(Global Data, 2012).

그러나 중국 정부는 이러한 기술선진국의 우려에도 불구하고 셰일가스 개발에 강력한 의지를 지속적으로 표명하고 있으며 적극적으로 셰일가스 E & P 우대정책을 현재의 CBM 우대정책 수준으로 제정하여 실시할 계획을 공포하였다. 이처럼 중국 정부가 셰일가스 개발에 적극적으로 정책수단을 동원하는 가장 중요한 이유는 지난 10년간 중국 내 천연가스 수요증가를 분석하면 이해가 가능하다. 중국은 지난 2001년부터 2010년까지 천연가스 소비 평균 증가율이 15.8%에 달하였으며 총소비량도 2001년 27.4BCM에서 2010년 105.8BCM으로 약 4배가 증가한 상황이다.

이처럼 천연가스의 수요량은 빠르게 증가하였고 2011년 이후에는 천연가스 보급으로 인한 소비량 증가와 중국 정부의 대기환경개선 정책 및 온실가스배출감소에 대응하기 위하여 천연가스의 수요는 더욱 증가할 것으로 전망하고 있다. 구체적으로 중국 정부는 천연가스 소비량을 제1차 에너지원에서 차지하는 비율을 2010년 약 4%에서 2020년 10%로 증가시킬 계획이다(Zhoningnin, 2012; 이권형 외 2012/〈그림 78〉 참조).

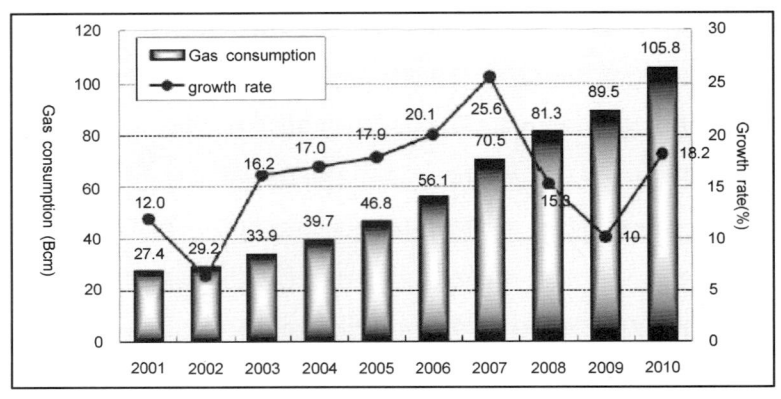

출처: Zhoningnin, 2012.

〈그림 78〉 중국 내 천연가스 소비증가 추이(2001~2010)

중국은 자국 내 셰일가스를 개발하기 위하여 특히 미국과 에너지
협력을 강화하고 있다. 미국은 이러한 중국과의 에너지협력을 통하
여 자국의 엑손모빌(Exxon Mobile), 셰브런(Shevron) 등과 같은
글로벌 메이저기업의 경제적 이익을 극대화시키려 하고 있다. 이는
중국 에너지기업에도 선진개발기술을 습득할 수 있는 중요한 기회
이기 때문에 글로벌 메이저기업들과 공동개발을 강화해나가고 있
다. 동시에 중국 에너지기업은 미국 및 호주 등지의 비전통가스 개
발들에 대한 지분투자에도 적극적으로 나서고 있으며 이를 통하여
셰일가스 개발을 국내에 한정하지 않고 글로벌시장 차원에서 접근
하고 있다(China Daily, 2012).

3.3.5. 유럽 개발상황
유럽은 북미 및 중국 이외의 지역에서 셰일가스산업이 확대될 수

있는 중요 지역 중 하나이다. 그러나 유럽지역은 지질구조가 타 지역과 비교할 때 매우 복잡한 구조로 형성되어 있으며 북미지역이 보유하고 있는 단순하고 대규모의 셰일가스층 부존 가능성이 상대적으로 낮고 상업성이 높은 유망구조의 보조 및 원시보존량이 상대적으로 낮은 것으로 평가되고 있다. 이외에도 서유럽의 높은 환경규제 및 환경보호에 대한 인식도 셰일가스 개발을 저해하는 요소로 작용하고 있다.

2012년 유럽의 셰일가스 원시부존량은 폴란드가 가장 많은 792TCF, 프랑스 717TCF, 영국 97TCF, 터키 64TCF 등으로 조사되었다. 이 중 미국과 지질구조가 가장 유사하고 유럽에서 가장 유망한 지역인 폴란드에서 셰일가스 개발 가능성이 가장 높은 것으로 평가되고 있다. 따라서 2010년에서 2011년까지 2년간 총 16개의 셰일가스 개발정이 시추되었으며 44개의 셰일가스 개발조광권 계약이 폴란드에서 체결되었다. 이처럼 폴란드에서의 셰일가스 개발은 미국 및 캐나다 북미 지역 이외의 지역에서 개발되는 최초의 사례로 지목받고 있다(Lankani, 2012/〈그림 79〉 참조).

유럽의 천연가스시장은 2012년 말 공급이 수요를 상회하고 있는 실정이다. 따라서 유럽 천연가스 주요 공급국가인 노르웨이와 러시아는 천연가스 공급량을 현재 수준으로 단기적으로 고정하는 데 합의한 실정이다. 천연가스의 수요와 공급이 균형에 이르는 시점을 2013년에서 2015년으로 예측하고 있으나 이는 글로벌경제상황과 밀접하게 연관되어 있으며 동시에 일본 및 독일의 원자력발전 비중 조절, 북아프리카 정치상황과 비전통가스 개발상환과도 밀접하게 관련을 맺고 있다.

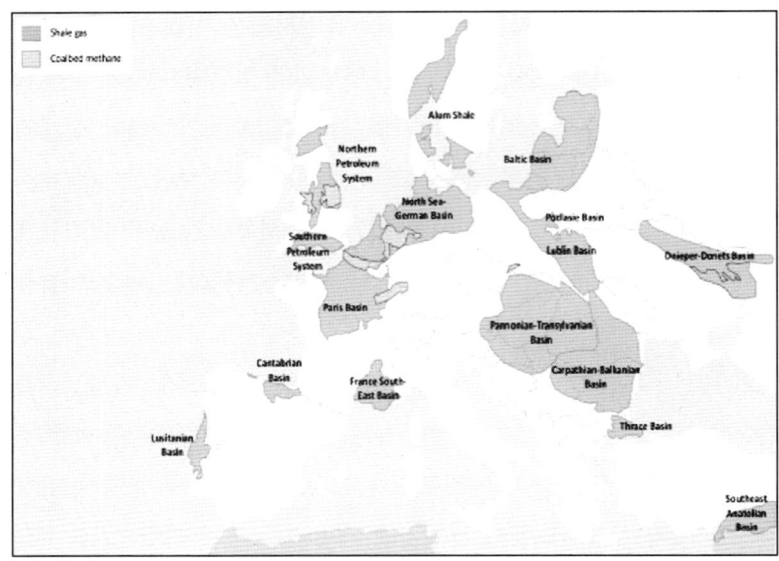

출처: IEA, 2012.

〈그림 79〉 유럽 내 비전통가스 매장 지역(2012)

　유럽이 이처럼 셰일가스 개발에 주목하는 이유는 러시아에 대한
천연가스 수입의존도를 획기적으로 줄이고 신재생에너지를 보완하
는 대체재의 역할을 강화하기 위함이다. 특히 유럽연합의 경우 2006년
및 2009년 두 차례에 걸쳐 러시아와 우크라이나 간 발생한 천연가
스 분쟁으로 발생한 천연가스 공급중단사태가 유럽연합의 에너지
안보에 심각한 영향을 미친 것으로 판단하고 있다.

　이외에도 유럽은 2011년에 발생한 유럽재정위기로 인하여 신재생
에너지자원 개발을 위한 정책지원이 상당부분 감소한 상황이며 일
본 후쿠시마 원자력발전소 폭발사고로 인하여 독일이 원자력발전
계획을 철회함으로써 안정적인 대체에너지자원 확보가 매우 시급한

상황이다. 따라서 그 대안으로 셰일가스 개발에 정책적인 관심을 집중하게 되었다. 이를 위하여 유럽위원회는 유럽연합 에너지로드맵 2050(EU Energy Road Map 2050)에서 셰일가스가 유럽연합의 에너지시스템 전환에 중요한 역할을 수행할 것이며 동시에 신재생에너지자원을 보완할 수 있는 중요한 에너지자원으로 평가하고 있다(Brookings Institute, 2012).

특히 유럽 내 셰일가스 개발 핵심국가인 폴란드의 경우 러시아 가스프롬과 천연가스 가격협상이 난항을 거듭하고 있는 상황에서 러시아에서 유럽 평균 수출가격보다 25%가 높은 가격으로 천연가스를 수입하고 있는 실정이어서 셰일가스 개발을 강화해나가야 하는 입장이다. 따라서 폴란드는 2014년부터는 셰일가스를 본격적으로 생산한다는 계획하에서 셰일가스사업을 추진하고 있으나 높은 개발비용과 부족한 인프라 및 설비문제 등으로 인하여 상업적인 생산이 가능할지에 대한 전망은 불투명한 상태이다(Oil & Gas Eurasia, 2012; Oilprice, 2012).

3.3.6. 호주 개발상황

2012년까지 비전통가스자원 부존량 평가를 통하여 확인된 매장지역은 4개의 대규모 셰일가스분지이다. 그러나 이외에도 추가적으로 부존 가능성이 있는 다수의 분지들이 존재하나 아직까지 정확한 평가는 이루어지고 있지 않다. 그럼에도 불구하고 지질학적·산업적 조건이 미국 및 캐나다 등 북미와 매우 유사하여 정부 차원에서 대규모 상업화를 준비하고 있다(〈그림 80〉 참조).

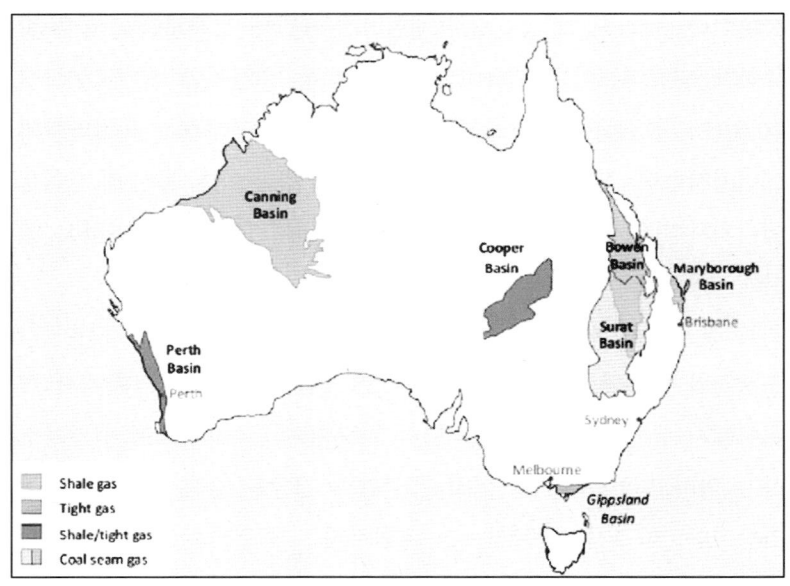

출처: IEA, 2012.

〈그림 80〉 호주 내 비전통가스 매장 지역(2012)

　아직까지 예산, 기술 등의 문제를 고려하지 않은 상태에서 국내 생산이 가능한 셰일가스 자원량은 약 396TCF로 추정되고 있으나 이는 향후 추가조사 및 평가에 따라서 크게 변동될 수 있는 가능성이 매우 높다(EIA, 2011a). 호주의 경우 특이한 점은 셰일가스 개발에는 상대적으로 관심의 집중도가 떨어지는 편이나 전통가스 개발 및 비전통가스인 CBM 등을 통한 천연가스 개발에 대해서는 매우 적극적으로 실행하고 있다.

3.3.7. 아르헨티나 개발상황

중남미 최대의 셰일가스자원 보유 국가인 아르헨티나는 지속적으로 심화되고 있는 천연가스 공급부족 상태를 해소하기 위하여 셰일가스 개발을 장려하는 제도를 마련하고 있다. 아르헨티나가 천연가스 공급부족사태를 맞게 된 배경은 2000년대 초 국내 경제위기 이후 지나친 물가상승을 억제하기 위하여 천연가스의 시장가격상승을 억제하는 정책을 지속하였다. 그 결과 2006년 이후 천연가스 생산량은 감소하게 되었으나 2008년 이후 천연가스에 대한 수요는 급증하게 되어 천연가스 보유국임에도 불구하고 천연가스 순수입국가로 전락하게 되었다(EIA, 2011b).

천연가스 공급량이 부족해지자 아르헨티나 정부는 볼리비아로부터 국내시장가격의 2.5배로 천연가스(PNG)를 수입하게 되었으며 2008년 이후에는 트리니다드 및 토바고 등지에서 액화천연가스를 수입하기 시작하였다. 이처럼 구조적인 천연가스 공급량 부족을 해결하기 위하여 아르헨티나 정부는 자체적인 천연가스 공급을 증가시키기 위하여 2000년대 중반부터 천연가스 관련 법령을 정비하기 시작하여 2008년에는 민간 부문의 가스전 탐사 및 개발을 촉진하기 위하여 가스플러스 프로그램(Gas Plus Program)을 추진하였다. 이 프로그램의 주요 내용은 천연가스 생산을 위한 신규투자를 증가시키기 위하여 새롭게 개발 및 생산된 천연가스에 대해서는 통제가격보다 더 높은 가격에 판매할 수 있도록 허용하였으며 동시에 천연가스의 내수공급 확대를 위하여 천연가스 수출에 대해서는 세금을 부과하였다. 이외에도 석유가스 탐사 및 개발촉진시스템 관련 법안을 제정하여 소득세 및 관세에 대한 세제혜택을 부여하였다

(EIA, 2011c; Latin American Law and Business Report, 2011; Latin American Energy Markets, 2011).

가스플러스 프로그램은 아르헨티나가 중남미 최초의 셰일가스 개발 국가가 되는 데 중요한 역할을 수행하였다. 셰일가스 개발은 국영기업인 와이피에프(YPF)가 가장 활발하게 진행하고 있으며 액손모빌, 토탈, 아파치(Apache) 등과 같은 글로벌 메이저기업이 탐사 및 개발사업에 참여하고 있다(이권형 외 2012).

아르헨티나는 셰일가스 가채자원량이 21.9조㎥를 보유하고 있는 세계 제3대 매장 국가이다. 지금까지 확인된 확인매장량은 0.38조㎥로 확인매장량 기준으로 세계 제7위의 위치를 확보하고 있다. 그러나 아르헨티나가 직면하고 있는 셰일가스 관련 최대의 문제는 국내 가스 가격이다. 그 이유는 국내 가스판매가격이 국제평균가격 및 수입가격보다도 낮게 책정되어 있어서 천연가스 수요는 급격하게 증가하였으나 생산증대를 위한 신규투자는 증가하지 않고 있다. 이러한 상황하에서 특히 셰일가스 개발은 탐사 및 생산비용이 전통가스보다 높기 때문에 투자유인을 위한 국내 천연가스 가격이 상승하지 않는다면 개발이 매우 어려운 실정이다(EIU, 2011/〈그림 81〉 참조).

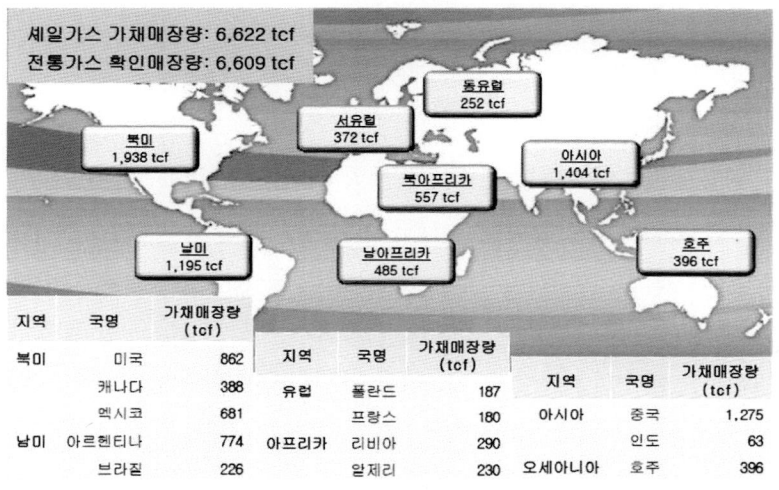

지역	국명	가채매장량 (tcf)
북미	미국	862
	캐나다	388
	멕시코	681
남미	아르헨티나	774
	브라질	226

지역	국명	가채매장량 (tcf)
유럽	폴란드	187
	프랑스	180
아프리카	리비아	290
	알제리	230

지역	국명	가채매장량 (tcf)
아시아	중국	1,275
	인도	63
오세아니아	호주	396

출처: 한국가스공사, 2012.

〈그림 81〉 세계 셰일가스 가채매장량 지역별 분포(2012)

4. 셰일가스 개발문제점

4.1. 배경

셰일가스 생산과 관련된 기술이 혁신적으로 발전하였다고 하더라도 셰일가스를 생산하는 데 모든 문제가 해결된 것은 아니다. 셰일가스와 관련된 이슈는 1980년대 이후부터 지속적으로 제기되어 왔으나 최근에는 언론과 전문가들의 주장을 통하여 과거보다는 매우 자주 문제점이 부각되기 시작하였다. 특히 2009년 미국 웨스트버지니아(West Virginia)에 위치한 마세럴스(Marcellus)지구의 셰일가스정이 폭발하는 사고가 발생하여 인근지역에 35,000갤런에 해당하는 가스가 셰일가스정으로부터 분출되어 안전에 문제가 있다는 점이 부각되었다.

셰일가스정 폭발사고 이외에도 셰일가스를 개발하는 과정에서 발생하는 환경오염에 관한 가능성도 강력하게 제기되고 있다. 이외에도 셰일가스를 개발하는 데 셰일가스층의 특성이 전통가스의 층보다는 매우 넓게 퍼져 있는 형태로 존재하기 때문에 생산성을 높이기 위해서는 다수의 셰일가스 시추공을 개발하여야 한다. 이는 즉 토지를 훼손시키는 결과를 초래하는 문제를 발생시킨다. 또한 셰일가스 개발이 과도한 수자원 사용을 필요로 하기 때문에 지하수의 남용이 중요한 이슈로 대두되고 있으며 셰일가스의 산업적 개발을 위해서는 기술적으로 반드시 해결하여야 한다(윤여중, 2010).

4.2. 환경적 문제

셰일가스 추출은 전통천연가스 추출방식인 수직시추방식이 아닌 수평시추방식을 적용하고 있다. 후자의 방식을 사용하는 과정 중 수압파쇄기법을 통해 분사하는 유체는 대부분이 모래와 물로 이루어졌지만 이 중 약 0.5%는 화학물질도 혼합하게 된다. 이 화학물질이 지하수가 흐르는 대수층 혹은 식수원으로 사용되는 지표수에 흡입될 가능성이 있다. 이외에도 지하에서 시추파이프에 문제가 발생할 때 지표수와 지하수 모두에 부정적인 영향을 미칠 가능성도 존재한다.

이러한 환경오염 가능성에 관한 문제로 인하여 셰일가스 생산에 있어서 대표적인 기업인 미국의 체사피크(Chesapeak)사는 미국

뉴욕 주에서의 개발계획을 취소하였으며 영국 및 네덜란드 글로벌 메이저인 로열 더치 셸(Royal Dutch Shell)사는 스웨덴에서 셰일가스 탐사작업을 하는 과정에서 사회적 저항을 경험하게 되었다.

이러한 환경에 대한 부정적인 견해에 대하여 셰일가스 업계는 셰일가스 저장층은 지하수가 흐르는 대수층보다 상대적으로 깊게 위치한 경우가 대부분이며 양 층이 서로 다른 특성을 지닌 지층으로 유체가 대수층으로 흘러들어 갈 가능성은 매우 희박하다고 주장하고 있다. 따라서 수압파쇄기법으로 분사된 유체로 인하여 식수원이 오염될 가능성은 매우 적다고 설명하고 있다. 또한 지표상 시추시점에서의 운영과실로 인하여 오염이 발생할 가능성이 존재하지만 이러한 경우의 과실 가능성은 타 산업에도 동등하게 존재한다고 주장한다(〈표 39〉 참조).

〈표 39〉 미국 내 주요 셰일가스 개발지구 혈암층 및 대수층 깊이 비교(피트)

셰일가스 개발지구	Barnett	Marcellus	Fatetteville	Haynesville
깊이	6,500~8,500	4,000~8,500	1,000~7,000	10,500~13,500
혈암층 두께	100~600	50~200	20~200	200~300
대수층 깊이	~1200	~850	~500	~400

출처: 미국에너지국(Department of Energy: DOE), 2010.

이처럼 화학물질 사용으로 인한 환경오염 가능성을 원천적으로 차단하기 위해서 셰일가스 개발기업은 유체에 포함시키는 화학물질을 비독성 물질로 대체하는 작업에 주력하고 있다. 이를 위하여 자원개발업체인 할리버튼(Halliburton)사와 슐럼버거(Schulumberger)사는 가스채굴 효율성을 저해하는 박테리아를 제거하기 위하여 유체에 주입하는 화학물질을 대체하는 기술을 개발하였다(Bloomberg, 2010).

그럼에도 불구하고 학계와 기업 간 셰일가스 개발에 대한 환경문제 초래는 이견이 지속되고 있다. 2010년 3월 미국 코넬 대학교의 연구진은 셰일가스, 전통가스, 석탄을 개발단계부터 최종 소비단계까지 이르는 전 과정에서 배출되는 온실가스 배출량을 비교분석한 결과 셰일가스가 석탄보다도 많은 온실가스를 배출한다는 결과를 발표하였다. 이러한 결과를 반박하기 위하여 셰일가스 업계는 카네기 멜론 대학에 연구를 의뢰하여 정반대의 연구결과를 도출하여 셰일가스 개발이 환경에 미치는 영향이 부정적 혹은 긍정적인 것에 대한 논란을 증폭시켰다(Howorth et. al., 2011; Jiang et al., 2011).

4.2.1. 토지훼손 문제

셰일가스 개발로 인한 환경에 대한 부정적인 측면 중 하나는 개발지역의 토지훼손 문제이다. 그 이유는 셰일가스 추출량을 극대화하기 위하여 시추정을 지나치게 많이 개발하기 때문에 개발지역의 토지가 훼손될 가능성이 높아지게 된다. 이처럼 셰일가스 개발에 다수의 시추정을 개발하여야 하는 이유는 셰일가스 매장 특성이 전통가스 매장 특성과 비교할 때 넓은 지역에 분포하고 있기 때문에 동일한 면적에서 셰일가스와 전통가스를 개발하면 추출량은 전자의 추출량이 후자의 최소 0.2%에서 최대 35%에 이르기 때문인 것으로 분석되고 있다. 이처럼 셰일가스와 전통가스의 채굴방식의 차이로 인하여 셰일가스는 개발지역의 토지를 훼손시킬 가능성이 상대적으로 높게 된다(윤여 중, 2010).

셰일가스 개발로 인한 토지훼손 문제는 채굴방식에 대한 기술발전으로 많은 부분이 해결될 것으로 업계는 예상하고 있다. 2004년까지는 셰일가스를 개발하는 데 주로 수직시추를 하는 경우가 대부분이어서 비교적 밀집된 형태로 시추공을 개발하는 방법이 최선이었다. 그러나 수평정 시추기술이 개발되면서 동일면적을 개발할 경우 상대적으로 적은 수의 수평정을 개발하는 방식으로 전환되었다. 또한 최근에는 한 개의 시추지점에서 다수의 시추파이프를 사용하여 토지의 훼손을 최소화시키는 방식도 개발되었다.

4.2.2. 수자원 부족 및 오염문제

셰일가스 개발을 위해 혈암층을 파쇄하기 위해서는 대량의 수자원이 반드시 필요하다. 미국의 경우 대량의 셰일가스 개발 지구를 성공적으로 개발하기 위해서는 바넷 지구가 약 1,000만 큐빅미터, 마셀러스 지구의 경우 약 1,900만 큐빅미터에 이른 것으로 발표되었다. 이처럼 대량의 수자원을 필요로 하기 때문에 수자원이 부족한 경우 셰일가스 개발이 위기에 직면할 가능성이 있다.

경제성이 확보된 셰일가스 개발을 위해서는 필수적인 수압파쇄공정(Hydraulic Fracturing)에서는 가스정 1개당 약 3,000~10,000큐빅미터가 필요하다. 따라서 새로운 셰일가스 추출방식인 수평정 수압파쇄공정이 개발되었다고 하더라도 전통가스 개발방식보다는 다수의 시추정을 사용하는 셰일가스 개발에는 대량의 수자원 확보가 매우 중요한 역할을 한다(김낙균, 2011).

이외에도 수질오염문제에 관한 우려가 존재한다. 수압파쇄공정을 수행하는 과정에서 고압의 물을 사용하여 셰일층을 파괴한다. 이 과정에서 화학물질을 혼합하여 분사되는 물에 점성을 부여하는 데 사용된 물이 지하수로 흘러들어 갈 경우 식수공급원을 오염시킬 가능성이 있다는 점이다. 이외에도 수압파쇄에 투입된 물을 재처리하는 과정에서 발생하는 약 14~15%의 재활용수에 대한 오염 가능성도 존재한다(〈그림 82〉 참조).

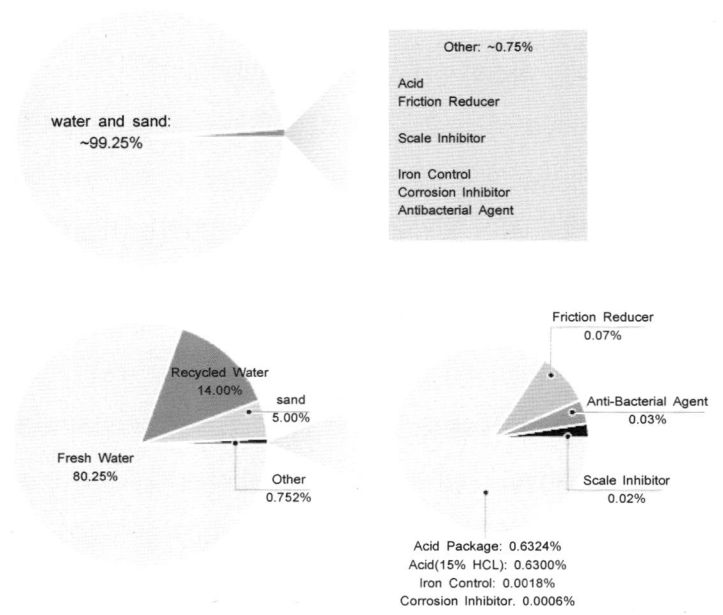

출처: Chesapeake, Marcelus Shale Natural Gas Development and Production, 2010.

〈그림 82〉 수압파쇄공정 투입 전과 후의 물 성분 차이

4.3. 경제성 문제

2012년 미국의 셰일가스 개발 증대로 인하여 천연가스의 가격이 과거와 비교할 때 상대적으로 낮게 형성되어 있다. 그럼에도 불구하

고 셰일가스가 낮은 비용을 유발하는 천연가스는 아니다. 일반적으로 원유 및 가스의 경우 전통자원 개발 및 생산비용보다는 비전통자원 개발 및 생산비용이 훨씬 높은 편이다(〈그림 83〉 참조).

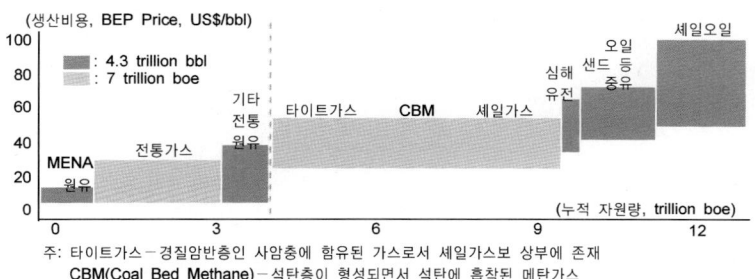

주: 타이트가스－경질암반층인 사암층에 함유된 가스로서 셰일가스보 상부에 존재
   CBM(Coal Bed Methane)－석탄층이 형성되면서 석탄에 흡착된 메탄가스

출처: IEA, Barclays Research, 2012.

〈그림 83〉 전통에너지 및 비전통에너지 개발 및 생산비용 비교

2012년 현재 미국에서 개발되고 있는 셰일가스 생산비용은 MMBtu 당 3.5~5.5달러이다. 미국은 셰일가스 개발과 관련된 기술개발 및 환경문제 등을 상당 부문 해결한 상황이기 때문에 더 이상의 생산비용 감소를 확대하기에는 무리라고 판단된다. 그러나 중국을 비롯한 아시아에서의 셰일가스 개발과 관련된 생산비용은 미국의 두 배에 가까운 6~8달러에 이르러 경제성이 상대적으로 떨어진다. 이처럼 셰일가스 개발은 기술개발수준, 천연가스 인프라, 개발의 난이도 등과 관련하여 개발 및 생산비용이 매우 상이하다(임지수, 2012).

특히 기술별 생산성 향상효과 및 비용요인을 살펴보면 수평시추방식이 수직시추방식보다 약 3배의 생산성을 향상시키는 것으로 조사

되고 있다. 이는 미국 데본에너지(Devon Energy)사가 2009년 바넷(Barnett) 셰일에서 실시한 3,800개의 가스정의 일별 생산량을 기초로 조사 분석한 수치이다. 이 조사에 의하면 초기 생산단계 이후 1,000일(약 3년)간 수평정의 생산량이 수직정의 생산량보다 전 기간에 걸쳐서 높게 추출되고 있으며 시간이 지남에 따라서 그 격차는 더욱 벌어져 1,000일이 지나면 약 3배의 생산량 격차가 벌어지고 있음을 증명하고 있다(Devon Energy, 2009/〈그림 84〉 참조).

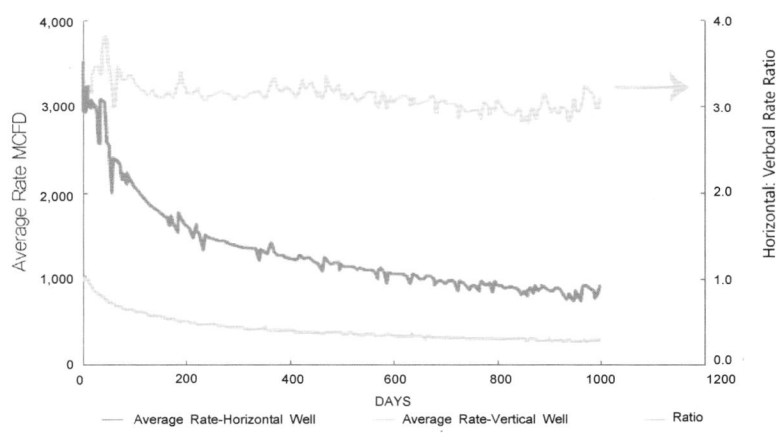

출처: Devon Energy, Introduction to Unconventional Gas, 2009.

〈그림 84〉 생산 초기 1,000일간 시추방식에 따른 생산량 차이(바넷 셰일, 2009)

물론 데본에너지(Devon Energy)사가 제시하고 있는 셰일가스 채출 방식인 수평정과 수직정의 차이가 초기 3년간의 기간만을 조사하고 있으나 일반적으로 생산량 감퇴단계에서 가스정 생산량이 급격하게 감소하는 경우는 매우 희소한 경우이다. 따라서 셰일가스 채출 시 수평정과 수직정 사용방식에서 나타나는 생산성 차이는 전 기간에 걸쳐서 약 3배의 생산성 차이가 존재한다고 해도 무방하다(김낙균, 2012).

수압파쇄기법을 적용하는 데 셰일가스업계가 가장 경제적 부담을 갖고 있던 비용도 지속적인 기술개발과 함께 감소되는 경향을 나타내고 있다. 캐나다의 셰일개발업체인 엔카나(EnCana)사는 셰일가스 개발사업을 진행하고 있는 캐나다의 혼리버(Horn River)분지 및 몬트니(Montney)에서 시행한 2006년에서 2010년까지의 가스정 굴착 경험을 기초로 수압폐쇄기법에 적용되는 비용감소를 경험하고 있다.

2006년 몬트니에서 셰일가스를 개발하는 데 필요한 수압파쇄 1단계당 비용은 150만 달러에 달했으나 2008년에는 혼리버에서는 200만 달러 그리고 몬트니에서는 79만 달러에 달해 몬트니의 경우 약 48%의 비용을 절감할 수 있었다. 이후 2010년에는 추정치이나 몬트니의 경우 61만 달러 그리고 혼리버에서는 60만 달러로 비용을 두 곳 모두 획기적으로 절감하는 데 성공하였다. 이처럼 셰일가스 개발 약 4년 만에 수압파쇄 비용을 두 개발지역 모두 각 60% 및 66% 절감하였다(EnCana, 2010/〈표 40〉 참조).

〈표 40〉 엔카나사 셰일가스 개발지역 수압파쇄 비용 감소 추이
(2006~2010년, 100만 캐나다 달러)

연도	Horn River	Montney
2006	-	1.5
2007	-	0.95
2008	2.0	0.79
2009	1.0	0.65
2010	0.6	0.61

출처: EnCana, British Columbia Key Natural Gas Plays-Hon River and Montney, 2010.

4.4. 셰일가스 수출문제

2012년 말 미국의 천연가스 공급은 수요를 초과하여 공급 과잉상
태이다. 이로 인하여 미국 내 천연가스 가격은 호주의 석탄가격보다
도 낮게 형성되어 있다. 따라서 셰일가스 개발을 지속적으로 확대하
기 위해서는 천연가스 과잉 생산분을 외국으로 수출하여야 한다. 이
를 위해서 미국 정부는 천연가스 수출을 허용하여야 한다. 미국 정
부가 천연가스 수출을 허가하면 상대적으로 낮은 천연가스 가격이
형성이 되어 셰일가스 개발 추세를 지속화시킬 수 있는 가능성이 매
우 높다. 그러나 천연가스 외국 수출허가와 관련하여 미국 정부와
의회는 첨예하게 대립하고 있는 상황이다(〈그림 85〉 참조).

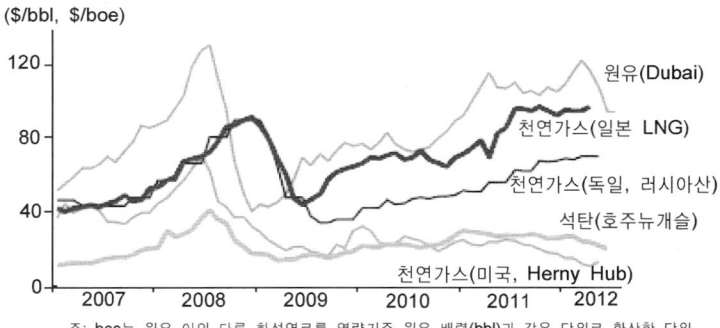

주: boe는 원유 이외 다른 화석연료를 열량기준 원유 배럴(bbl)과 같은 단위로 환산한 단위

출처: 블룸버그, 코리아 PDS, 2012.

〈그림 85〉 타 에너지자원 대비 미국 천연가스 가격비교(2007~2012)

미국 내 천연가스 수출을 찬성하는 그룹은 석유 및 가스, 석탄 등
에너지 관련 기업과 공화당 일부 의원들이 주도하고 있다. 이들의 논

리는 미국이 경쟁력 있는 상품인 에너지자원을 수출하는 것은 자국 내 왜곡된 가격설정을 개선하고 산업의 전반적 발전 및 무역수지에 기여할 수 있다고 주장하고 있다. 동시에 천연가스 수출을 통하여 대표적인 에너지 수입국인 중국과 에너지자원 보유국에 미국의 자유무역주의 원칙을 강하게 요구할 수 있는 장점이 있다고 생각한다.

이와 반대로 천연가스 수출반대론자는 발전 및 화학산업 부문의 기업과 환경론자들이 주축을 이룬다. 이들의 논리는 자국 내 저가의 천연가스 공급으로 전기가격 및 에너지가격을 안정시키고 이를 바탕으로 그동안 위축된 화학 및 제조업을 부흥시켜야 하다고 주장하고 있다. 이외에도 환경론자들은 천연가스 수출을 허용할 경우 셰일가스 등 비전통 에너지자원의 무분별한 개발로 인하여 환경 및 안전에 관한 경제적 부담이 증가할 것으로 주장하고 있다.

따라서 미국 정부의 공식적인 입장은 천연가스 개발은 지속하되 수출은 심도 있게 검토하겠다는 불분명한 상태이다. 미국 정부의 천연가스 수출허용은 아직까지 명확하게 결정되지 않은 상태이며 부분적으로 천연가스 수출을 허용한다고 하더라도 글로벌 천연가스 가격이 대폭 내려갈 것으로 판단되지는 않는다. 그 이유는 미국 정부가 정치적 부담을 지면서까지 자국의 고비용 비전통가스를 글로벌 천연가스 가격을 하락시키면서 판매를 해야 할 이유가 전혀 없기 때문이다(임지수, 2012).

미국 정부 부서 중 셰일가스 수출과 관련된 이슈를 담당하고 있는 에너지부는 2013년 4월 총량규제 조건을 달아서 수출금지를 해제할 것을 제시하고 있다. 2012년 11월 셰일가스 수출이 자유무역협정체결국(FTA)에 허용하는 법안이 정식으로 의회를 통과한 이후 우리나라는 2017년부터 연간 350만 톤의 셰일가스를 수입할 수 있는 장기계약을 체결한 수혜국가가 되었다. 그러나 일본의 경우 미국과의 자유무역협정체결국이 아니기 때문에 협정체결 국가 이외로 셰일가스를 수출하는 것은 미국의 공적 이익에 적합한 경우에만 해당되고 있어서 신청 사안별로 별도의 심사가 필요한 실정이다(교도통신, 2013).

5. 셰일가스 개발이 미치는 영향

5.1. 배경

셰일가스 매장은 전통가스와 비교할 때 전 세계적으로 광범위하게 위치하고 있으나 개발은 세계적으로 동시다발적으로 시행되기는 무리가 있다고 판단된다. 그 이유는 막대한 자본투자 및 국가별 기술개발의 차이점이 현격하게 존재한다는 점이다. 따라서 셰일가스 개발은 미국을 시작으로 시간적 격차를 갖고 지역별로 단계적으로 확대될 가능성이 높다. 단기적 관점으로 본다면 셰일가스 공급증가는 미국에 국한될 것이고 캐나다에서 생산이 조만간 가능할 것으로 예상된다. 그러나 중국과 유럽은 셰일가스 개발에 대한 의지는 매우 강하나 단기간에 공급을 확대하기에는 다양한 변수가 존재한다.

중장기적인 관점에서 본다면 중국과 유럽 모두 셰일가스 개발을 통한 생산확대 가능성이 존재한다. 특히 중국은 셰일가스 개발 및 생산을 위하여 미국 정부 및 글로벌 메이저기업과 긴밀하게 협력하는 체제를 구축하고 중국 정부의 강력한 지원을 받고 있는 상황이기 때문에 예상대로 2015년 이후에는 셰일가스를 생산할 수 있을 것으로 판단한다. 유럽의 경우 환경에 대한 규제가 타 지역보다 상대적으로 높아서 서유럽보다는 동유럽 국가에서 셰일가스 개발 및 생산이 가능할 것으로 판단된다. 특히 유럽 내 최대 셰일가스 매장량을 보유하고 있는 폴란드가 러시아로부터 천연가스 수입의존도를 줄이기 위하여 셰일가스 개발 및 생산에 가장 적극적이다. 이를 위해서 2010년부터 이미 셰일가스 개발에 착수하였으며 2014년부터는 생산을 기대하고 있는 실정이다(윤여정, 2010; Lankani, 2012).

5.2. 천연가스 가격에 미치는 영향

셰일가스 개발 및 생산 확대로 인한 천연가스 가격에 대해 두 가지로 분석되고 있다. 첫째는 셰일가스 생산으로 글로벌 천연가스의 가격이 하향 안정화될 것으로 예측하는 분석과 둘째는 천연가스의 시장 특성상 글로벌 천연가스의 가격에 커다란 변화가 없을 것이라는 분석이 동시에 존재한다.

미국에서 시작된 셰일가스 개발 및 생산은 천연가스의 공급량 증가로 인하여 글로벌 천연가스 가격을 안정화시키는 데 기여할 것으로 예상한다. 미국에서 셰일가스가 본격적으로 생산되기 전에 이미 세계 천연가스 3대 보유국인 카타르가 액화천연가스 프로젝트 시행으로 글로벌 공급증가로 인한 천연가스 수급이 안정화될 것으로 예상하던 과정에서 셰일가스 생산이 확대될 것이라는 전망은 자연스럽게 천연가스 가격에 하방압력을 가하게 될 것으로 판단된다. 미국 내 셰일가스 생산 확대는 미국의 천연가스 수입량을 대폭 감소시키고 있으며 미국에 액화천연가스를 수출하려던 카타르 등 기존의 천연가스 수출 국가들은 타 지역의 수요처를 찾아야 한다. 이는 타 지역의 천연가스 가격 하향 안정화에 도움을 줄 수 있는 상황이다(윤여정, 2010).

위와 같은 천연가스의 가격하향 안정화가 매우 제한적이라고 주장하는 논리는 천연가스 국제교역의 특수성으로 설명하고 있다. 셰일가스 개발 및 생산 확대는 천연가스의 국제교역 구조에는 일부 영향이 있지만 글로벌 가격에 미치는 영향은 매우 제한적이다. 우선 국제교역에서는 미국이 캐나다로부터 수입하던 천연가스의 양이 감소했지만 캐나다는 천연가스 액화설비가 없는 관계로 생산량 감축을 통한 역내 천연가스 수급상황을 조절하였다. 동시에 2011년 미국의 액화천연가스 수입이 감소하였으나 이는 세계 액화천연가스 총교역량의 1% 미만에 이르는 수준으로 역외 수급에 미치는 영향은 매우 제한적이었다. 결과적으로 북미 내 천연가스 가격하락에도 불구하고 역외 천연가스 가격에 미치는 영향은 매우 제한적이었다(임지수, 2012).

천연가스 가격은 지역 간 연관성이 매우 낮다는 특성을 갖고 있다. 글로벌 천연가스는 캐나다 및 미국 간 북미 파이프라인, 러시아 유럽 간 파이프라인, 중동 및 북아프리카(MENA) 및 동북아시아 간 액화천연가스 라인 등 세 개의 권역으로 구분되어 각각의 가격산정 기준에 따라서 거래되고 있다. 미국 내 셰일가스 생산 증대에도 불구하고 중동, 북아프리카, 동북아시아 간 액화천연가스 교역은 일정물량을 유가와 연동시키는 장기계약 구조이기 때문에 2010년 이후 유가의 상승으로 동북아시아에서의 액화천연가스 가격은 크게 상승하였다.

그 결과 북미 지역의 천연가스와의 가격격차가 2009년 2배에 불과하던 것이 2011년 5배로 대폭 증가하게 되었다. 결과적으로 천연가스시장은 지역별로 블록화되어서 북미 지역에서 셰일가스 생산이 증가한다고 해도 북미 지역으로부터 직접 수입이 불가능하면 타 지역의 천연가스 가격에 미치는 영향은 매우 제한적이다(〈표 41〉 참조).

〈표 41〉 글로벌 천연가스시장 블록화 추이(2011년, BCM)

	PNG		LNG	
	수입	수출	수입	수출
미국	88.1	40.7	10.0	2.0
캐나다	26.6	88.0	3.3	-
기타 미주	29.7	15.7	15.0	24.0
노르웨이	-	92.8	-	4.0
네덜란드	13.6	50.4	0.8	-
기타 유럽	355.1	37.6	89.9	1.4
러연방	101.0	269.5	-	14.4
카타르	-	19.2	-	102.6
기타 중동	31.6	9.1	4.6	27.8
아프리카	5.7	42.7	-	56.9
일본	-	-	107.0	-
한국	-	-	49.3	-
인도네시아	-	8.7	-	29.2
기타 아태	43.2	20.3	51.0	68.6
세계 Total	694.6	694.6	330.8	330.8

출처: BP, World Energy, 2011.

셰일가스 생산이 미국 내에서는 천연가스 가격감소 등 에너지가격 안정화에 기여한 점은 매우 크다. 그럼에도 불구하고 글로벌 천연가스시장에 미친 영향은 제한적이다. 향후 셰일가스가 글로벌 천연가스시장에 미칠 수 있는 영향은 미국의 셰일가스 수출승인, 유럽 및 중국의 셰일가스 개발 및 생산 확대 가능성에 따라서 변동될 가능성이 매우 높다.

즉 북미 지역에서 액화천연가스 수출이 본격화된다면 동북아시아에서의 천연가스 가격이 하향 안정화될 수 있으며 중동 및 북아프리카에서 수입하는 전통적인 유가연동 가격체제를 개선할 수 있는 가능성도 증대된다. 그러나 북미 이외의 지역인 중국 및 유럽에서 셰일가스 개발 및 생산 확대가 지속화되지 않는다면 글로벌 천연가스 가격 안정화에는 상대적으로 제한적일 것으로 판단된다(이근상, 2012).

5.3. 천연가스자원 무기화에 미치는 영향

셰일가스 개발 및 생산증대는 전통천연가스 생산국 중 러시아와 카타르가 주도하는 에너지자원의 무기화를 약화시킬 수 있는 가능성이 높아지게 될 것이다. 그 이유는 셰일가스는 매장량 분포가 세계적으로 다양하게 분포되어 있어서 전통가스의 분포형태와는 매우 상이하다. 따라서 셰일가스는 특정 지역에 집중되어 있지 않아서 지역 내 개발이 가능하면 역내에서 수급조절이 되기 때문이다. 그 결과 셰일가스 개발은 천연가스의 OPEC이라 불리는 가스수출국포럼(Gas Exporting Countries Forum: GECF)의 영향력 확대를 제한하는 역할을 수행할 수 있다.

가스수출국포럼은 2008년 12월 러시아가 주도하여 결성한 조직으로 적도기니를 제외한 10개 회원국으로 형성되어 있으며 천연가스 확인매장량이 전체의 63.7%에 달하고 생산량은 35%에 이르고 있다. 이 기구의 표면적인 목표는 회원국 간 천연가스에 관한 기술교류와 글로벌 천연가스시장의 안정화를 위하는 것이나 글로벌 천연가스시장에 영향력을 행사하는 것이 주목적으로 인식되고 있다.

실례로 2010년 4월 가스수출국포럼 11개 회원국은 천연가스 가격을 유가에 연동시키도록 합의하였으며 이를 기초로 OPEC과 동일하게 천연가스 카르텔을 구축하도록 시도하고 있다. 그러나 회원국 간 상이한 이해관계, 장기계약 관행으로 인한 생산량 조절의 어려움 등으로 인하여 가스수출국포럼 단독으로 천연가스 가격을 인상시키는 것은 불가능할 것으로 판단된다. 이외에도 글로벌 천연가스시장에서 주요 액화천연가스 수입국이었던 미국이 셰일가스 개발 및 생산으로 수입량이 급속도로 감소하면서 가스수출국포럼 회원국 간 수출경쟁이 격화될 것으로 예상되고 있기 때문에 회원국 간 협력체제는 매우 약화될 것으로 평가된다. 그 결과 점차적으로 글로벌 자원시장이 다원화될 가능성이 높으며 전통가스 주요 수출국가인 중동 및 러시아에 대한 의존도가 낮아질 것으로 예상된다(윤여정, 2010; 이근상, 2012).

5.4. 천연가스 재평가 및 에너지믹스에 미치는 영향

셰일가스 개발 및 생산의 결과 글로벌 천연가스시장에서 수요와 공급이 안정화되면 각국 정부에서 천연가스의 환경친화적인 장점에 대한 재평가가 대두될 가능성이 존재한다. 글로벌 기후변화에 적극적으로 대응하고 에너지 안보 측면에서 천연가스의 새로운 역할론이 대두될 것으로 예상된다. 특히 천연가스는 기후온난화의 주범인 이산화탄소를 가장 많이 배출하는 에너지자원인 석탄을 대체하고 풍력 및 태양광/열 등 신재생에너지자원이 경제성을 확보할 수 있는 시점까지 대체에너지로서의 역할을 수행하는 데 매우 적합한 청정에너지자원이다.

따라서 셰일가스 개발과 생산이 지속적으로 확대되어 천연가스 공급이 증가하게 된다면 선진국을 중심으로 석탄발전소가 천연가스 발전소로 대체될 가능성이 매우 높다. 특히 천연가스발전소의 장점은 이산화탄소 배출을 극소화시킬 수 있는 장점 이외에도 석탄발전소 건설비용보다도 더욱 저렴하다는 점이다. 이처럼 세계 발전 비중에서 석탄이 차지하는 비중이 2008년에는 40%에서 2035년에는 37%로 감소하고 천연가스는 같은 기간 내 22%에서 24%로 증가할 것으로 예측되고 있다(IEA, 2012).

그럼에도 불구하고 셰일가스 생산량 확대가 전 세계적으로 가스 발전이 원자력발전 및 석탄발전 등의 기저발전을 대체하는 것은 불가능하다. 우리나라의 경우에도 우선 미국 내 셰일가스 수출가격이 MMBtu당 3.5~5달러의 낮은 수준으로 유지된다고 할지라도 액화, 수송, 공급비 등을 감안하면 발전소 공급가격은 최소 13달러/MMBtu에 이를 전망이어서 타 에너지자원과 비교할 때 발전단가 측면에서 가격경쟁력을 확보하는 것이 쉽지 않다(이근상, 2012).

PART 13

결론

13

결론

□ 에너지시장 변화

20세기 말 이후 경제의 세계화 과정과 더불어 신흥공업국으로 발전하고 있는 중국과 인도의 대두로 인하여 이들 국가의 천문학적 에너지 소비는 에너지 블랙홀로 평가되어 세계 에너지시장의 수요와 공급을 교란시키는 역할을 하고 있다. 이러한 현상은 두 신흥 경제 대국의 지속적인 고도성장으로 인하여 특히 21세기에 접어들면서 에너지의 안정적 공급, 에너지 안보, 에너지 가격 등이 주요 이슈로 부각되면서 원유가격의 급격한 상승을 유발하고 있다. 또한 이는 글로벌 천연가스시장에서 가격상승에도 직접적인 영향을 미치고 있는 실정이다.

그러나 과도한 화석연료 사용으로 인한 지구온난화 및 기후변화가 인류의 생존에 심각한 위협이 현실화되고 있는 관계로 대체에너지인 신재생에너지, 즉 풍력, 태양열 에너지 바이오, 수력 등이 개발되고 있으며 이산화탄소를 전혀 배출하지 않지만 안전에 문제의식이 제기되고 있는 원자력발전의 확대 등도 신중하게 검토되고 있는 것이 현실이다.

□ 에너지 수요와 공급에 대한 장기전망

국제에너지기구인 IEA가 발표한 글로벌 에너지 수급에 관한 장기전망은 2020년까지는 총 주요 에너지 수요(Total Primary Energy Demand)에서 차지하는 석유의 비중은 지속적으로 증가하다 이후 감소세를 보일 것으로 예측되고 있다. 이와 비교할 때 원자력 에너지는 2008년 기준 6%에서 2035년 8% 소폭 증가하는 반면에 풍력, 태양열, 바이오 등 신재생에너지의 비중은 2008년 7%에서 2035년 14%로 크게 증가할 것으로 예상된다. 또한 화석연료 중 이산화탄소를 최소한 배출하고 있는 천연가스는 2035년까지 그 수요가 약 44% 증가하여 에너지자원 중 석유 다음으로 제2위의 중요한 에너지자원으로 사용될 것으로 예측하고 있다.

이처럼 장기 글로벌 에너지 수요와 공급에 관한 예측에 의하면 화석연료 중 석유의 비중은 상대적으로 감소하는 반면에 신재생에너지 및 천연가스의 수요는 점진적으로 증가하는 추세가 이루어질 것으로 예상되고 있다. 이외에도 풍력, 태양열, 바이오에너지 생산 등 대체에너지 개발을 통하여 에너지자립도를 증가시키는 것도 에너지

정책수립 및 수행의 주요 목적이라 할 수 있다.

□ 글로벌 천연가스시장 및 산업에 관한 전망

2008년 말 기준 글로벌 천연가스 소비량은 3,019Billion Cubic Meters(BCM)이며 유럽 및 아시아가 1,144BCM, 북미가 824BCM으로 전체 소비량의 과반수를 차지하고 있으며 부문별로는 발전, 주거상업용이 50% 이상을 차지하고 있는 특징을 보이고 있다. 또한 영국의 글로벌 메이저인 British Petroleum(BP)의 통계에 따르면 과거 10년간(1998~2008) 세계 석유소비량은 연평균 1.4%씩 성장하였으나 천연가스 소비량은 연평균 2.9%씩 성장하여 세계 에너지 시장에서 천연가스 소비량의 성장률이 우위에 있는 실정이다.

국제에너지기구(International Energy Agency: IEA)에 따르면 2006년 기준 1차 에너지원으로서 천연가스가 차지하는 비중은 약 20.5%이며 2015년 21.5%, 2030년 23.5%를 차지할 전망이다. 중국과 인도가 급속한 경제성장을 뒷받침할 전력생산의 주 에너지원으로 석탄을 사용하고 있어 이의 비중이 높고 향후에도 지속될 전망이지만, 이를 제외하고는 천연가스가 다양한 분야에서 석유를 대체하면서 성장하여 왔고 향후에도 전체 에너지원 중에서 그 비중이 증가할 것으로 전망되고 있다

그러나 화석연료인 석탄을 주 에너지원으로 하는 중국 및 인도와 같은 신흥 경제대국의 높은 경제성장률로 인한 환경피해와 소득수

준의 향상으로 인한 환경개선에 대한 욕구도 동시에 증가하게 되어 이산화탄소를 최소수준으로 배출하는 천연가스를 주요 에너지원으로 사용하게 될 가능성이 높아지고 있다. 따라서 이들 국가에서도 천연가스 및 액화천연가스의 수요가 향후 지속적으로 증가할 것으로 예상된다.

또한 도쿄의정서 등의 기후변화 협약에 따른 온실가스 감축 정책은 2013년부터 개도국 등 국제적으로 더욱 확산될 것으로 전망되어 탄소배출을 줄이려는 압력은 증가할 것이다. 따라서 화석연료 중에서 가장 깨끗한 에너지로 평가받고 있는 천연가스에 대한 수요는 더욱 증가할 것으로 예상된다.

글로벌 에너지 수요의 증가와 더불어 글로벌시장에서 거래되는 천연가스는 타 화석연료인 에너지자원과 비교할 때 상대적으로 높은 가격과 장거리를 파이프라인 혹은 액화천연가스로 수송을 하여야만 하는 점에서 기술적인 측면에서 커다란 도전으로 간주되고 있는 것이 현실이다. 따라서 글로벌 천연가스산업은 다수의 지역시장(Regional Market) 및 현지시장(Local Market)이 진화적으로 발전하면서 형성되었다.

천연가스 수출 중 파이프라인을 통하여 이루어지는 비율은 2009년 약 72.3%이며 그 나머지인 약 27.7%가 액화천연가스로 이루어지고 있다. 글로벌 천연가스 소비 중 액화천연가스로 이루어지는 비율은 2005년 전체의 약 6.6%에서 2030년 약 21.1%로 증가할 것으로 예측되고 있다.

액화천연가스의 지역소비가 급속하게 증가하면서 지역생산량을 초과하기 시작하였으며 이러한 액화천연가스 소비량 증가는 액화천연가스산업의 팽창으로 작용하게 되었다. 따라서 액화천연가스 소비증가를 최소한으로 추정하더라도 글로벌 액화천연가스 거래량의 증가는 2000년부터 2020년까지 최소한 두 배로 증가할 것으로 예측된다.

액화천연가스산업은 그 특성상 모든 프로젝트 시행이 장기간 소요되며 대규모 자본 및 특수기술 등이 요구되고 있기 때문에 투자의 결과가 이익으로 표출되는 데는 건설기간보다도 훨씬 긴 시간이 요구되고 있다. 따라서 LNG 프로젝트가 경제적으로 성공적인 예를 창출한 것은 산업의 초기단계에서는 매우 드문 경우이었기 때문에 소수의 다국적 에너지기업만이 참여할 수 있는 특성을 갖게 되었다.

이후 글로벌 천연가스 수요량이 증가하면서 액화천연가스산업이 활성화되고 LNG 프로젝트도 다양한 형태로 발전하면서 성공하면 막대한 경제적 투자이익뿐만이 아니라 수십 년간 장기적이며 안정적인 높은 수익률을 창출할 수 있는 수익사업으로 전환되었다.

□ 글로벌 천연가스 및 액체천연가스(LNG) 개발동향

천연가스는 그 질적 특성과 시장적 특성, 계약적 특성 차이로 인하여 경제성 획득과 사업추진에 어려움이 있어 개발 초기부터 석유개발 기업의 입장에서는 석유 탐사개발에 비해 부담이 상대적으로 큰 것으로 간주되고 있다. 우선, 그 질적 특성을 보면 천연가스는 기체이기 때문에 석유와 비교해 동일 양을 수송하기 위해서는 대규모의 저장 공간을 더욱 많이 요구하게 되어 파이프라인 천연가스(PNG)가 아니면 영하 163℃ 이하로 액화한 액화천연가스로 공급할 수밖에 없다.

이러한 질적 특성으로 인해 천연가스 개발은 석유에 비해 더 많은 개발비용의 부담을 안겨주고 있다. 실제로 동일한 양을 육상 파이프라인으로 수송하는 경우, 천연가스는 원유보다 4배 이상 많은 비용이 소요되며 해저수송의 경우는 육상수송보다 약 3~4배나 더 비싸다. LNG 수송선을 이용, 천연가스를 액화하여 수송하는 경우 원유 수송선보다 그 비용이 12배 이상 더 소요되는 것으로 조사 보고되고 있다.

시장적 특성으로서는 천연가스는 수송의 문제로 인하여 생산된 가스를 구매할 시장이나 파이프라인, 발전소 등 인프라가 근거리에 위치해 있어야 한다. 2010년 현재 세계적으로 아직 발견되지 않은 가스매장량은 120TCM으로 추산되며 이 중 약 85TCM은 파이프라인이나 수요처로부터 멀리 떨어져 있어 경제성이 충분한 천연가스 생산이 실질적으로 어려운 한계가스전에 매장되어 있는 것으로 예측된다.

이러한 지리적 한계에도 불구하고 액화천연가스의 발전으로 원거리 수송이 가능해지면서 향후에도 액화천연가스사업이 증대할 전망이다. 이와 관련하여 에너지경제 컨설턴트 기관인 에코너지(Econergy)社의 조사에 의하면 원유 1배럴당 1달러의 가격 상승은 파이프라인에 의한 시장 접근의 외연을 380~420km 늘리는 것이 가능하며 LNG 수송선의 경우 외연확대 가능거리는 920~1,200km라고 추정하였다.

마지막으로 계약적 특성은 일반적으로 석유계약은 원유발견을 전제로 한 것이 대부분이며 천연가스가 우연치 않게 발견될 경우 계약조건이 무효가 되거나 모호해지는 경우가 많다. 따라서 계약자의 입장에서는 원유가 발견되었을 경우 발견규모, 심도, 생산성, 개발비용 등을 감안하여 상업성을 선언하고 투자를 결정할 수 있으나 천연가스는 판매와 수송이라는 특수한 문제로 인하여 상업성 선언에 따른 후속 절차를 계약에 명시하는 것이 매우 곤란하다.

일반적으로 천연가스는 독점적 정부기관에 판매되는 경우가 많아 가격협상이 어려운 경우가 많다. 따라서 천연가스 개발은 적정 수입 분배 방식에 대한 규정이 어렵고 기준이 될 만한 국제계약이 희소하고 계약조건이 지정학, 정치적 변수에 따라 크게 변화하기 때문에 석유에 비해 계약 조건이 까다롭다고 할 수 있다. 따라서 우리나라 에너지 공기업인 한국가스공사가 천연가스 및 액화천연가스 개발사업을 추진할 때 이러한 질적·시장적·계약적 특성을 깊이 유념하여 진행하여야 한다.

□ 국외 액화천연가스 터미널사업

석유 혹은 타 종류의 천연가스제조 방법과 달리 액화천연가스는 천연가스를 제조하는 과정이 전문화되어 있고 매우 고가의 장비를 필요로 한다. 또한 천연가스 생산의 전 가치사슬과 밀접하게 연관되어 있는 특징이 있다. 즉 액화천연가스는 석유처럼 단순한 상품이 아닌 것이다. 따라서 액화천연가스를 소비시장에까지 안전하게 수송하기 위해서는 액화천연가스 수출국에는 천연가스 액화설비(Liquefaction Facilities)가 필요하며 수입국에는 재가스처리시설(Re-gasification Facilities)이 필수적이며 수출국과 수입국 사이를 수송하는 선박은 액화천연가스 특별선박(LNG선)이 필수적이다.

즉 액화천연가스 수입용량을 기초로 한 정확한 수입자가 없는 상태에서 액화천연가스를 수출한다든지 충분하고 안전한 수송시설 없이 액화천연가스를 수출한다는 것은 매우 심각한 위험에 처할 가능성이 절대적이다. 이러한 이유로 인하여 역사적으로 액화천연가스 프로젝트는 수출국에서 천연가스전을 개발할 당시 수입국의 수송 및 판매망 등이 적절하게 완비가 되어 있는지 등을 면밀하게 조사하여야 한다.

액화천연가스 터미널 건설 프로젝트에 두 기업 이상의 참여자가 있어서 단독사업자보다 투자위험성을 많이 줄일 수는 있지만 천문학적인 투자비용으로 인하여 모든 프로젝트 참여자는 사실 많은 위험부담을 안고 있다. 따라서 상존하는 위험부담을 최소화하기 위해서 프로젝트 참여자들은 최종투자가 결정되기 전까지 액화천연가스 구매자, 수입능력, 수송수단 등에 관한 상세하며 정확한 내용을 습득하여야 한다. 한 예로 특정 천연가스 저장량을 액화천연가스 프로젝트 수행 부문으로 전환하여 위험 최소화 및 불확실성을 해소하려고 노력한다.

액화천연가스 수입터미널사업 시행방식은 크게 건설 및 운영과 소유까지 함께하는 투자방식인 건설-소유-운영방식인 BOO(Built-Own-Operate)방식과, 건설하여 운영 후 양도방식인 BOT(Built-Operate-Transfer)가 일반적이다. 우선 건설-소유-운영방식인

BOO방식은 정부가 민간 기업에 사업권을 부여할 때 민간 기업인 사업시행자가 기반시설을 건설하여 해당 시설의 소유권을 갖고 시설을 운영하는 방식이다. 즉 이 방식은 사회간접자본 시설의 준공과 동시에 사업시행자에게 해당시설의 소유권 및 운영권을 인정해주고 있어서 장기적이며 안정적인 수익을 창출할 수 있어서 투자금액과 투자수익을 안정적으로 회수할 수 있는 반면에 전 사업과정의 높은 위험도를 부담하여야 하는 단점을 갖고 있다.

이외에도 정부가 특정 프로젝트에 대한 사업권을 부여할 때 민간 기업이 프로젝트를 건설하여 일정기간 운영한 후 프로젝트의 투자금액 및 투자수익을 회수하도록 한 후 해당국에 기부하는 형식인 운영 후 기부방식인 BOT방식이 있다. 이 방식은 사업시행자가 사회간접자본 시설을 건설 및 소유하여 일정기간을 운영하고 계약기간이 만료되는 시점에서 시설소유권을 해당국 주무관청에 양도하는 방식이다. 이는 기존의 풀턴키(Full Turn Key)방식을 대체하는 새로운 엔지니어링 수주방식으로서 수주기업은 프로젝트의 기획, 설계, 건설의 단계를 청부하고 프로젝트 완성 후에도 일정기간 운영을 하여 안정적인 수익을 창출하여 건설비용을 회수하고 그 이후에 소유권을 양도하는 방식이다.

이외에도 정부가 민간 기업에 사업권을 부여하는 방식은 해당국의 법률 및 프로젝트의 성격에 따라서 건설-대여-이전(Build- Lease-Transfer: BLT)방식, 건설-이전-운영(Build-Transfer- Operate: BTO)방식, 건설-이전(Build-Transfer: BT)방식 등이 있으나 2012년 한국가스공사가 멕시코 만사니요에서 건설하여 완공한 액화천연가스 터미널은 BOO방식으로 투자금액과 투자수익을 안정적으로 회수할 수 있다는 장점은 있으나 전 사업과정에서 매우 높은 위험률을 부담하고 있어서 사업 단계별로 세심한 주의와 철저한 감독이 요구되고 있는 것이 현실이다.

또한 멕시코 만사니요 액화천연가스 터미널건설사업은 한국가스공사가 국외에서 추진하는 최초의 사업으로서 국외사업에 대한 노하우 부족, 현지사정 이해부족, 문화적 충동 및 노사 간 불협화음 등 다양한 문제점 등이 발생할 수 있는 가능성이 매우 높기 때문에 본사 차원에서 특별관심과 지원이 필요하다.

□ 글로벌 자원개발 지원정책 및 자원공기업 국외 수익사업

글로벌 자원개발정책은 전략광물자원의 자주개발을 위한 목표설정, 자주적인 개발비율을 달성하기 위한 지역진출 전략수립, 진출전략을 추진하기 위한 기관협력 및 지원체계 구축, 전략추진을 위한 재정 및 인력, 기술, 정보 등과 같은 기초인프라를 구축하기 위한 지원제도 등으로 이루어진다.

글로벌 자원개발사업 진출 전략은 전략적 자원외교의 추진, 지역별, 광물자원별 진출전략 추진, 우리나라의 강점산업과 광산개발권 확보를 연계하는 동반진출 전략추진, 인수합병(M&A), 생산광구 확대추진 등을 실시하고 있다.

글로벌 자원개발 협력 및 지원체계를 구축하기 위하여 자원개발 관련 정부 및 공적 기관들이 상호 연계되어 시너지 효과를 일으킬 수 있도록 정책연계를 실시하고 있다. 또한 이들 관련 기관들은 정부, 공적기관, 협회 및 각종 위원회 등으로 구성되어 있어서 지원 정책적인 측면에서 다양한 인프라를 구축하고 있는 실정이다.

그럼에도 불구하고 장기적 차원의 자원개발정책 시행의 경험이 선진국과 비교할 때 아직까지 매우 부족하고 자원빈곤국임에도 불구하고 자원이 필요할 시 수입에 의존하는 관행이 오랜 시간 동안 지속되어 왔다. 이러한 이유로 인하여 체계적이며 전문적인 자원개발정책은 최근에 시행되기 시작한 것이 현실이다. 따라서 아직은 상이한 조직 및 에너지 관련 사업주체들 간의 이해관계 조정이 절실하게 필요하다.

우리나라의 대표적인 에너지 기업인 한국가스공사는 1983년에 설립되어 액화천연가스 수입을 전담하는 공기업으로 2010년 액화천연가스 판매량이 약 3천만 톤으로 단일 기업으로는 세계 최대의 액화천연가스 수입업체이다. 그러나 27년간의 짧은 역사 속에서 세계 최대의 액화천연가스 수입업체로 성장하였으나 공기업의 한계를 극복하지 못하여 자체적인 수익사업에는 최근에 진출하기 시작하였다. 우선 수익사업을 위하여 글로벌 수익사업 창출을 진행하고 있으며 2010년 세계 10개 국가의 16개 광구에서 에너지사업을 진행하고 있으며 2017년 에너지 자주개발목표 25%라는 정확한 목표치를 선정하여 진행하고 있다.[54)

한국가스공사가 글로벌 수익사업을 진행하여야만 하는 당위성은 우선 국내 천연가스시장이 포화상태에 이르렀으며 2018년 이후 국

---

54) 에너지 자주개발목표치는 우리나라가 필요로 하는 국내에너지 총사용량 중 일정부분을 차지하는 비율을 의미한다.

내의 인구가 감소하기 시작하면 국내 천연가스 소비시장이 축소되기 시작할 것이다. 따라서 국내시장에 안주하게 되면 향후 매출액 및 수익성 감소라는 최악의 상황에 직면하기 때문에 27년간 축적한 천연가스 에너지기술을 활용하여 글로벌시장에 진출하여 지속적인 성장과 부가가치 창출을 위한 역할을 수행하여야 한다.

□ 적정 목표 수익률 산정에 대한 시사점

글로벌 에너지시장에서 프로젝트 파이낸스(Project Finance: PF) 수행에 대한 적정 수익률을 일률적으로 규정한 것은 없으며 프로젝트의 성격 및 위험수반에 따라서 수익률은 매우 상이하게 적용되는 것이 일반적이다. 특히 가스 및 원유개발사업과 같은 에너지사업 부문은 위험부담이 매우 큰 사업 부문으로 분류되어 고위험 부담에 따르는 고수익이 보장되는 사업이다. 따라서 높은 위험을 상쇄하기 위하여 2개 사 이상 복수의 사업자가 사업에 참여하고 있으며 동시에 대규모 투자사업이기 때문에 전문 금융기관을 통한 프로젝트 파이낸스 형태의 자금조달을 시행하고 있다.

일반적으로 프로젝트 파이낸스사업 수행의 평균 적정 수익률은 약 12%로 인식되고 있으나 시행사업의 성격, 장소, 계약내용 등에 따라서 수익률은 매우 커다란 격차를 나타내고 있다. 따라서 현재 국외에서 액화천연가스 터미널 건설사업을 수행하는 한국가스공사의 국외 천연가스 터미널 구축사업은 에너지사업 부문의 고위험 고

수익이라는 특수성을 감안하면 12%의 투자수익률은 매우 높은 것이라 할 수 있다. 또한 대규모 국외사업이 최근 시작단계에 있기 때문에 적정 수익률 창출도 중요하지만 국외사업을 지속할 수 있도록 사업의 건전성 및 안정성에도 많은 관심을 기울여 신규시장 개척에 돌파구를 마련하는 것도 전략적으로 매우 중요하다.

□ 국외 액화천연가스 터미널사업 활성화 전략

한국가스공사는 액화천연가스 터미널 건설 및 운영사업에 관한 노하우를 27년간 축적한 공기업이며 천연가스 수입업체로서는 세계 최대의 수입기업이다. 또한 국내에서 건설이 예정된 속초 액화천연가스 터미널이 완공되면 터미널 건설은 포화상태에 이르게 된다. 따라서 27년간 무사고로 터미널을 건설하고 운영한 노하우를 글로벌시장에 활용하는 것은 한국가스공사가 새로운 발전적 도약을 하기 위해서는 반드시 필요한 사항으로 판단된다.

글로벌시장에서 액화천연가스 터미널 건설사업은 우선 대규모 투자사업이기 때문에 한국가스공사 단독으로 추진하는 데는 매우 높은 위험이 수반된다. 따라서 해외사업 경험이 풍부한 글로벌 기업과 컨소시엄을 구축하여 글로벌시장에 진입하는 것이 매우 바람직한 접근방법이다. 우선 글로벌 기업과 컨소시엄을 구축하게 되면 글로벌 기업이 축적한 글로벌시장의 노하우를 전수받을 수 있으며 선진기업의 경영기법, 글로벌 금융기관과의 네트워크 활용, 사업현장에서의 이미지 및 브랜드 효과 등을 얻을 수 있다.

이외에도 해외사업을 지속화하는 전략으로서 천연가스의 원활한 공급이 가능하고 터미널 완공 후 지속적이며 안정적인 수익구조를 창출하기 위해서는 적정 인구 보유 및 적정 수준의 국민소득 등이 필수적이다. 이러한 카테고리에 해당되는 개발도상국은 세계에서 소수에 불과하기 때문에 이러한 투자대상국을 대륙별로 선별하여 장기적이며 치밀한 사업접근방법이 필수적이다.

또한 개발도상국 내 액화천연가스 터미널건설 및 투자사업은 대부분이 경제적인 측면뿐만이 아니라 정치, 사회, 자연 환경적(지진 등과 같은 자연재해)으로 불안정한 지역에서 수행되는 경우가 일반적이기 때문에 현장에서 파견근무를 수행하고 있는 관련 기관 직원의 신변안전에 대한 매뉴얼 작성 및 현지 정부와의 긴밀한 협의를 통해서 안전조치를 제도화할 수 있도록 노력하여야 한다.

이외에도 한국가스공사는 해외투자 및 건설사업에 경험이 일천하기 때문에 본사에서 국외사업 수행에 대한 인식이 현지사정의 변화를 이해하지 못하는 경우가 빈번하게 발생하므로 국내사업과 국외사업을 이원화하여 국내외 사업이 상호 지원 및 보완할 수 있도록 시너지 효과를 극대화시킬 수 있어야 한다.

□ 천연가스 플랜트사업 및 시장

천연가스 플랜트사업은 천연가스의 매장위치 및 매장량을 발견한 후 이를 생산하기 위한 제반설비 및 시설을 건설하고 이를 운영하는 사업 부문이다. 천연가스 플랜트사업 분야는 액화천연가스(Liquified Natural Gas: LNG)와 가스액체 연료화시설(Gas to Liquid: GTL)로 구성되어 있다. 따라서 이들 사업 분야를 액화천연가스 플랜트사업 그리고 가스액체 연료화시설 플랜트 사업으로 구분하고 있다.

전 세계 플랜트사업 시장 규모는 2007년 기준 공개시장 및 비공개시장을 포함하여 약 1조 6,000억 달러에 이르는 대규모 시장이다. 이 중 천연가스 플랜트사업은 전체의 15%를 차지하여 시장 규모는 약 2,250억 달러에 이르고 있다. 플랜트사업 중 공개시장 규모는 2010년 약 8,240억 달러에 달하였으며 2015년에는 약 1조 1,100억 달러에 이를 것으로 예측되고 있다.

□ 우리나라 플랜트산업 현황

우리나라 플랜트산업은 대기업을 중심으로 글로벌 경쟁력을 확보해나가고 있는 상황이며 수출 주도형 경제구조하에서 그 중요도가 더욱 심화되고 있다. 우선 2007년에는 260억 달러에 이르는 수출 실적으로 수출산업 부문 중 7위를 차지하였으며 2008년에는 281억 달러 수출로 9위로 뒷걸음쳤으나 2009년에는 364억 달러 수출로 선박수출에 이어 제2위의 수출산업으로 위상을 높였다.

이로써 플랜트산업은 반도체, 통신기기, 석유화학, 자동차산업 등 우리나라 기간산업보다도 중요한 수출산업으로 자리 잡게 되었다. 또한 기술선진국과 비교할 때 상대적으로 늦게 시작하였지만 차세대 성장 동력을 위하여 국가적 차원에서 전략적으로 활용하여야 할 중요 산업 부문으로 인식되기 시작하였다.

□ 동유럽 천연가스 플랜트시장 진출의 필요성

동유럽의 천연가스 소비량은 서유럽과 비교할 때 상대적으로 매우 적은 규모이다. 그럼에도 불구하고 동유럽 천연가스시장의 중요성이 대두되는 것은 북아프리카, 중동, 중앙아시아 등으로부터 수입되는 파이프라인 천연가스(PNG) 및 액화천연가스 등이 동유럽시장의 수요만을 위한 것이 아니라 서유럽시장 공급에 지리적으로 매우 중요한 특성이 있기 때문이다.

또한 동유럽시장은 러시아의 에너지 공급의존도가 매우 높은 지역으로 특정국가로부터 과도한 에너지 의존도를 낮추고 안정적인 에너지 공급 및 수요를 예측할 수 있는 시스템이 상대적으로 낮은 지역으로서 천연가스 관련 시장진입은 상대적으로 낮은 신흥시장으로 인식되고 있어 성장 가능성이 매우 높다고 판단된다.

동유럽 천연가스시장은 서유럽 천연가스시장과 에너지 안보 부문인 안정적인 에너지 수요 및 공급과 밀접하게 연계되어 있다는 점이다. 이러한 이유 때문에 북동유럽 천연가스시장인 발트 3국 및 폴란드, 남동유럽 천연가스시장 국가들이 액화천연가스 터미널을 건설하는 프로젝트에 유럽연합이 보조금을 지원하고 있다.

동유럽 천연가스시장은 유럽연합의 에너지 수요와 공급안정을 위한 다양한 에너지자원 창출의 일환이다. 특히 유럽연합 신흥회원국인 동유럽 국가 중 발트 3국, 몇몇의 남동유럽 국가는 에너지 공급 기본 인프라가 구축되어 있지 않은 관계로 이들 회원국의 에너지 공급을 유럽연합 에너지 네트워크에 접속시켜 유럽연합 전반적인 에너지 정책의 일환으로 접근하고 있다.

동유럽 천연가스시장에서 액화천연가스 터미널건설사업은 유럽연합뿐만이 아니라 미국도 재정적인 지원을 제공하고 있다. 2008년 1월 미국무역개발청(the US Trade and Development Agency)은 루마니아(Rumania)와 리투아니아(Lithuania)에서 건설되는 액화천연가스 터미널 건설공사에 필요한 일정 부문의 재정지원을 약속하였다.

이처럼 동유럽 천연가스시장에서 액화천연가스 터미널 건설사업에 유럽연합 및 미국까지 재정지원을 제공하는 가장 커다란 이유는 러시아라는 하나의 국가에 지나치게 에너지자원 수입의존도가 높기 때문이다. 유럽연합의 경우 동유럽 신흥회원국의 에너지 공급을 유럽연합 차원의 에너지 네트워크에 편입하여 전체적인 에너지 수요와 공급을 안정시킬 필요성이 있으며 미국의 경우 유럽연합의 안정적인 에너지 수요와 공급이 글로벌 경제에 중요한 요소로 작용하고 있으며 이는 미국경제에도 중요한 영향을 미치고 있다고 판단하기 때문이다.

□ 동유럽 플랜트시장 진출전략

　동유럽시장은 서유럽의 글로벌 메이저 그리고 미국의 메이저기업들이 적극적으로 개발 및 사업 활동을 수행하는 지역으로 후발주자인 우리나라 기업에 절대적으로 우호적인 지역은 아니다. 다만 천연가스 플랜트시장 진입을 위하여 글로벌 메이저기업들과 컨소시엄 형태로 사업을 추진할 수 있으면 글로벌 에너지사업을 추진할 때 커다란 장점으로 작용할 수 있다.

　특히 한국가스공사는 플랜트 건설사업뿐만이 아니라 터미널 운영에도 고도의 노하우를 축적하여 왔다. 따라서 플랜트 건설에서 운영 및 보수 등에서도 글로벌 메이저 기업보다 강력한 가격경쟁력을 보유하고 있기 때문에 이 장점을 충분히 활용하여야 한다. 이후 가격경쟁력을 기초로 지속적인 기술개발을 달성하면 플랜트건설 및 운영 부문에서 글로벌 메이저와 경쟁하는 데 유리한 고지를 점령할 수 있다고 판단된다.

　이외에도 기술선진국이면서 글로벌 메이저 기업을 보유하지 못한 독일 및 일본과 협력하여 투자 자본을 확충할 수 있는 방안을 활용하고 특히 일본 및 독일자본과 한국기술이 협력하여 글로벌 에너지시장을 확대하여 나가는 것도 하나의 방안으로 활용할 수 있다.

□ 아프리카 플랜트시장 진출의 필요성

아프리카 국가들의 경제적 특성은 54개 국가로 이루어진 다원화된 경제체제를 구성하고 있다. 즉 국가별로 시장성 및 성장성 측면에서 매우 커다란 편차를 보이고 있다. 또한 대규모 외국인 직접투자(FDI)가 유입이 되고는 있으나 자원부국의 경우 정치적 혼란이 지속되어 불안정한 상태이다.

사하라 이남 최대의 인구를 보유하고 있는 나이지리아는 석유 및 천연가스 등 자원부국으로 로열 더치 쉘(Royal Dutch Shell), 영국석유(British Petroleum: BP) 등 글로벌 메이저 기업들의 투자가 지속되고 있으나 종교 및 인종문제로 인하여 정치적 불안정이 지속되고 있다. 그러나 동남 아프리카에 위치한 모잠비크는 최근에 발견된 막대한 천연가스자원에도 불구하고 상대적으로 정치적 안정을 유지하고 있다.

아프리카는 기존의 선진국시장 및 이머징마켓과 비교할 때 유망시장은 분명히 아니다. 그러나 지하자원 측면에서는 분명한 유망신흥시장이다. 아프리카에는 전 세계 광물자원의 약 1/3이 매장되어 있는 것으로 추정하고 있다. 아프리카 국가가 보유하고 있는 주요 지하자원으로는 전 세계 매장량 중 망간이 80%, 크롬이 75%에 달하며 원유, 철광석, 석탄, 니켈 등이 매우 풍부하다. 특히 에너지 부문에서 중국은 전체 에너지의 40%, 그리고 미국은 약 30%를 아프리카로부터 수입하고 있는 실정이다.

특히 원유 부문에서는 서아프리카 지역에 위치한 기니 만은 세계 석유메이저 기업들이 새롭게 주목하고 있는 석유 및 천연가스 신흥 개발 지역으로 인정받고 있다. 서아프리카 지역은 중앙아시아와 동시베리아 지역과 함께 세계 제3대 신흥석유 및 천연가스 개발지역이다.

□ 사하라 이남 아프리카 플랜트시장 진출 전략

사하라 이남 아프리카 국가 중 천연가스 관련 플랜트시장에 진입할 수 있는 기본적 여건을 갖춘 국가는 서부 아프리카의 가나와 남부 아프리카의 모잠비크이다. 이 두 국가는 2000년 이후 지속적인 고도성장을 달성하고 있으며 타 아프리카 국가와 비교할 때 상대적으로 정치적 안정을 유지하고 있는 것이 커다란 장점이다.

동시에 이 두 국가는 막대한 규모의 원유 및 천연가스 매장량이 최근에 발견되어 원유 및 천연가스 생산을 국가적 차원에서 독려하고 있다. 원유와 천연가스가 국가 경제발전에 가장 중요한 요소를 차지하고 있기 때문에 외국인 직접투자에 우호적이며 다양한 형태의 인센티브를 제공하고 있다.

따라서 신흥시장에서 원유 및 천연가스 관련 플랜트 건설, 운영, 보수 등 다양한 사업을 전개할 수 있는 미개척의 시장적 장점을 보유하고 있다. 즉 아프리카시장에서 시장 선점효과(Front Runner Effect)를 창출할 수 있는 중요한 시장이라 할 수 있다.

가나의 경우 우리나라의 에너지 기업의 직접적인 투자는 없으나 막대한 양의 원유 매장량 및 잠재적 천연가스 매장량을 보유하고 있고 현재 생산량을 증가하고 있는 실정으로 플랜트 건설 수요가 증가하리라 예상된다. 따라서 에너지 관련 기술, 자본, 인력이 절대적으로 부족한 이 지역에 약간의 인센티브(자본, 기술교육, 운영노하우 등)를 제공하면 플랜트 관련 사업수행에 커다란 장점으로 작용할 수 있다고 판단된다.

모잠비크의 경우에는 우리나라 한국가스공사가 북부 지역 천연가스전의 10%를 지분으로 확보하고 있는 상태로 사업수행의 교두보를 확보하고 있는 아프리카 천연가스사업의 전략적 요충지이다. 따라서 천연가스전 개발을 기초로 하는 에너지 인프라 구축에 다양한 사업기회가 존재하고 있다. 따라서 모잠비크의 천연가스 인프라 구축, 천연가스 발전소 건설, 플랜트 건설, 운영, 보수 등 전 방위적인 사업 활동을 통하여 아프리카에 한국가스공사의 기술력, 운영 및 보수능력 등을 타 아프리카 국가에 알릴 수 있어서 다양한 형태의 부가가치를 창출할 수 있는 절호의 기회로 평가받고 있다.

□ 비전통가스와 셰일가스 혁명

2008년 이후 미국을 중심으로 생산되는 비전통(Unconventional) 천연가스의 일종인 셰일가스(Shale Gas)가 가스의 황금시대를 새롭게 장식하는 주요 에너지자원으로 급부상하고 있다. 특히 셰일가스를 포함하는 비전통가스 공급비중이 2035년까지 천연가스 총공급량 대비 약 22% 증가할 것으로 예상되며 셰일가스 개발이 가장 활발하게 추진되고 있는 미국의 경우 그 비중이 약 50%까지 증가할 것으로 전망되고 있다.

셰일가스가 이처럼 갑자기 주요 에너지자원으로 각광을 받는 배경에는 각 개발국가에 따라서 상이한 이유가 존재하겠지만 기본적으로 에너지 수입의존도 감소, 온실가스 배출량 감축, 에너지 가격 인하를 통한 자국의 산업경쟁력 증대 등이 중요한 이유이다. 따라서 셰일가스는 과도기적 에너지자원으로 부각되고 있는 동시에 제조업 성장 및 고용창출의 산업적 기반으로 활용되고 있는 역할을 수행하고 있다.

□ 전통가스와 비전통가스

전통가스는 주로 배사구조(Anticline Structure)와 층위트랩 (Stratigraphic Trap)이라는 특정지질구조에 축적되어 있는 가스를 의미한다. 또한 전통가스는 유전에 함께 매장되어 원유를 채굴할 때 함께 채취하는 가스인 수반가스(Associated Gas)와 원유에서 분리되어 특정지질구조에 천연가스전으로 형성된 가스인 비수반가스(Non-associated Gas)로 구성되어 있다.

이와 비교할 때 비전통가스는 분리된 지층구조에 집합되어 있기보다는 넓은 지역에 걸쳐 연속적으로 형성되어 있는 형태로 분포되어 있는 가스를 의미한다. 비전통가스는 네 가지로 구성되어 있다.

첫째는 타이트샌드가스(Tight Sand Gas)로 경질암반층인 사암층 안에 존재하는 가스이다. 둘째는 탄층가스(Coalbed Methane)라 불리는 CBM으로 석탄층이 형성되면서 석탄에 흡착된 메탄가스를 의미하는 것이다. 셋째가 셰일가스(Shale Gas)로 경질 암반층인 세일층 안에 존재하는 가스이다. 마지막으로 가스 하이드레이트 (Gas Hydrate)로 영구 동토 혹은 심해저의 저온과 고압상태에서 천연가스가 물과 결합하여 형성된 고체형태의 가스를 의미한다.

□ 셰일가스

셰일가스는 2000년대 중반 이후 일반적으로 가스의 황금시대를 여는 주요 에너지자원으로 부상하고 있다. 그 이유는 중국의 가스수요 확대방침, 2011년 3월 발생한 일본 후쿠시마 원자력발전소 폭발사고로 글로벌 원전설비 증가세가 둔화됨에 따라 글로벌 에너지믹스(Energy Mix) 등으로 인한 천연가스 수요증가가 예상되기 때문이다.

향후 30여 년간 천연가스 소비 증가 중 많은 부분이 전통가스 부문에서 충당될 것으로 예상되나 셰일가스를 비롯한 비전통가스의 공급비중은 더욱 빠르게 증가할 것으로 예상하고 있다. 국제에너지기구(IEA)의 비전통가스 증가예측에 의하면 천연가스 총공급량 대비 비전통가스의 비중은 2009년 13%에서 2035년 22%로 증가할 예정이다. 특히 최근 셰일가스 개발이 매우 활발하게 이루어지고 있는 북미 지역의 경우 동 기간 내 56%에서 64%까지 증가할 것으로 예상하고 있다. 특히 미국의 경우에는 천연가스 총생산량 대비 셰일가스의 비중이 1998년 1.9% 그리고 2010년 23%에서 2035년 49%로 증가하여 1998년과 비교할 때는 2,500% 그리고 2010년과 비교할 때는 215% 이상 증가할 것으로 예상하고 있다.

□ **매장량**

2010년 기존전통가스의 확인매장량은 187.1조㎥이며 이는 동년 글로벌 천연가스 소비량인 3.17조㎥ 기준으로 약 59년간 사용할 수 있는 규모이다. 이와 비교할 때 셰일가스의 기술적 가채자원량(Technically Recoverable Resources)은 기존 전통가스의 확인매장량을 조금 상회하는 187.5조㎥인 것으로 추정된다. 또한 셰일가스의 매장량은 전통가스의 매장량과는 다르게 전 세계적으로 균형 있게 분포되어 있는 것이 특징이다. 따라서 새로운 시추기술개발과 함께 전 지구적 개발이 가능하다.

셰일가스 가채자원량을 최대로 보유하고 있는 국가는 중국으로 약 36.1조㎥를 보유하고 있으며 미국, 아르헨티나, 멕시코가 각각 24.4조㎥와 21.9조㎥, 19.3조㎥를 보유하여 전체 가채자원량의 약 54%를 차지하고 있다. 이들 국가들은 전통가스의 확인매장량은 상대적으로 미미한 편이나 셰일가스 가채자원량은 매우 풍부하다.

□ 지역별 개발상황

미국의 천연가스 생산량은 2005년 5,111억㎥에 이르렀으며 이후 지속적으로 증가하여 2009년에는 러시아를 제치고 세계 최대의 천연가스 생산국이 되었으며 2010년에는 총생산량이 6,110억㎥에 달하였다. 천연가스 생산량의 지속적인 증가와 더불어 천연가스 수입량은 지속적으로 감소하게 되었다. 2007년 천연가스 수입량이 1,305억㎥로 최고치를 달성한 이후 지속적으로 감소하여 2011년에는 천연가스 수입량이 1,000억㎥ 이하로 최저치를 기록하였다.

미국은 셰일가스 개발 혁명을 주도하는 국가이며 전 세계 셰일가스의 91%를 생산하는 세계 최대의 셰일가스자원 개발 국가이다. 미국이 셰일가스 개발 및 생산 부문에서 선도적인 역할을 수행할 수 있었던 가장 중요한 이유는 기술혁신을 창출할 수 있는 정부의 강력한 지원, 관련 산업 및 기술 부문을 뒷받침할 수 있는 효율적인 인프라 구축, 자원개발에 매우 우호적인 법률 및 제도의 유지 등이 존재하기 때문이다.

이처럼 미국 내 광범위한 지역에서 개발되고 있는 셰일가스로 인하여 세계 주요 메이저 에너지기업들은 향후 셰일가스가 북미 지역에서 주요 에너지자원으로 그 역할을 증대할 것으로 예상하여 셰일가스 자산매입을 적극적으로 추진하고 있다. 최근에는 서유럽 에너지 관련 메이저기업뿐만이 아니라 한국, 중국, 일본 등 아시아 국가도 이에 동참하고 있는 실정이다.

캐나다는 셰일가스 자원량이 세계 7위로 비교적 풍부할 뿐만이 아니라 세계에서 미국과 함께 이를 개발할 수 있는 기술력을 보유하고 있는 중요한 국가이다. 셰일가스 매장 지역은 서부 캐나다 지역의 앨버타 주(Alberta State)와 브리티시 콜롬비아 주(British Columbia State) 그리고 동부의 3개 주에 집중되어 있다.

캐나다 내 상업적 생산은 미미한 편이나 세제조건이 15% 이하로 타 국가와 비교할 때 매우 낮은 수준이며 지역적으로 아시아 지역으로 수출할 경우 미국보다는 지리적 이점이 매우 크다. 따라서 중국, 한국, 일본 등 아시아 지역으로 수출하기 위한 액화천연가스사업이 추진되고 있다.

중국은 세계 최대 셰일가스 매장국이다. 매장량은 대부분이 북동부, 중부, 서북부에 집중되어 있다. 중국은 2004년부터 셰일가스에 대한 조사를 시작하였으나 본격적인 탐사 및 개발은 2009년 미국과 중국 간 셰일가스자원 개발 지원협력 체결 이후에 시작되었다. 이를 기초로 중국 정부는 2020년 전체 가스사용량의 10% 이상을 셰일가스로 대체한다는 계획을 수립하였다.

이처럼 중국의 광범위하고 거대규모의 셰일가스 개발계획에 대하여 부정적인 시각도 존재한다. 대부분이 북미 및 서유럽 국가 등 기술선진국이 보는 견해는 중국의 셰일가스 개발이 지나치게 낙관적이며 이에 대한 근거는 시추안(Sichuan)분지 이외의 지역에서는 수압파쇄공법에 필수적인 수자원의 절대적인 부족, 국내 천연가스 배관망 등 기초인프라의 부족, 중국 내 셰일가스에 함유된 높은 농도의 황산성분(H2S), 수압파쇄 공법을 적용할 시 사용되는 대량의 화학약품 사용 등으로 인한 환경파괴 등을 그 이유로 제시하고 있다.

유럽은 북미 및 중국 이외의 지역에서 셰일가스산업이 확대될 수 있는 중요 지역 중 하나이다. 그러나 유럽 지역은 지질구조가 타 지역과 비교할 때 매우 복잡한 구조로 형성되어 있으며 북미 지역이 보유하고 있는 단순하고 대규모의 셰일가스층 부존 가능성이 상대적으로 낮고 상업성이 높은 유망구조의 보조 및 원시보존량이 상대적으로 낮은 것으로 평가되고 있다. 이외에도 서유럽의 높은 환경규제 및 환경보호에 대한 인식도 셰일가스 개발을 저해하는 요소로 작용하고 있다.

특히 유럽 내 셰일가스 개발 핵심국가인 폴란드의 경우 러시아 가스프롬과 천연가스 가격협상이 난항을 거듭하고 있는 상황에서 러시아에서 유럽평균 수출가격보다 25%가 높은 가격으로 천연가스를 수입하고 있는 실정이어서 셰일가스 개발을 강화해나가야 하는 입장이다. 따라서 폴란드는 2014년부터는 셰일가스를 본격적으로 생산한다는 계획하에서 셰일가스사업을 추진하고 있으나 높은 개발비용과 부족한 인프라 및 설비문제 등으로 인하여 상업적인 생산이 가능할지에 대한 전망은 불투명한 상태이다.

호주의 경우는 2012년까지 비전통가스자원 부존량 평가를 통하여 확인된 매장지역은 4개의 대규모 셰일가스분지이다. 그러나 이외에도 추가적으로 부존 가능성이 있는 다수의 분지들이 존재하나 아직까지 정확한 평가는 이루어지고 있지 않다. 그럼에도 불구하고 지질학적·산업적 조건이 미국 및 캐나다 등 북미와 매우 유사하여 정부 차원에서 대규모 상업화를 준비하고 있다.

아직까지 예산, 기술 등의 문제를 고려하지 않은 상태에서 국내 생산이 가능한 셰일가스 자원량은 약 396TCF로 추정되고 있으나 이는 향후 추가조사 및 평가에 따라서 크게 변동될 수 있는 가능성이 매우 높다. 호주의 경우 특이한 점은 셰일가스 개발에는 상대적으로 관심의 집중도가 떨어지는 편이나 전통가스 개발 및 비전통가스인 CBM 등을 통한 천연가스 개발에 대해서는 매우 적극적으로 실행하고 있다.

아르헨티나는 셰일가스 가채자원량이 21.9조㎥를 보유하고 있는 세계 제3대 매장국가이다. 지금까지 확인된 확인매장량은 0.38조㎥로 확인매장량 기준으로 세계 제7위의 위치를 확보하고 있다. 그럼에도 불구하고 중남미 최대의 셰일가스 자원 보유 국가인 아르헨티나는 천연가스 공급부족이 지속적으로 심화되고 있다. 이러한 천연가스 공급부족 상태를 해소하기 위하여 셰일가스 개발을 장려하는 제도를 마련하고 있다.

□ 셰일가스 개발문제점

셰일가스 개발문제점은 환경적 문제, 경제성 문제, 수출문제 등으로 집약된다.

우선 환경적 문제는 추출방식의 차이점에서 기인한다. 셰일가스 추출은 전통천연가스 추출방식인 수직시추방식이 아닌 수평시추방식을 적용하고 있다. 후자의 방식을 사용하는 과정 중 수압파쇄기법을 통해 분사하는 유체는 대부분이 모래와 물로 이루어졌지만 이 중 약 0.5%는 화학물질도 혼합하게 된다. 이 화학물질이 지하수가 흐르는 대수층 혹은 식수원으로 사용되는 지표수에 흡입될 가능성이 있다. 이외에도 지하에서 시추파이프에 문제가 발생할 때 지표수와 지하수 모두에 부정적인 영향을 미칠 가능성도 존재한다.

둘째는 경제성 문제이다. 2012년 미국의 셰일가스 개발 증대로 인하여 천연가스의 가격이 과거와 비교할 때 상대적으로 낮게 형성되어 있다. 그럼에도 불구하고 셰일가스가 낮은 비용을 유발하는 천연가스는 아니다. 일반적으로 원유 및 가스의 경우 전통자원 개발 및 생산비용보다는 비전통자원 개발 및 생산비용이 훨씬 높은 편이다.

2012년 현재 미국에서 개발되고 있는 셰일가스 생산비용은 MMBtu당 3.5~5.5달러이다. 미국은 셰일가스 개발과 관련된 기술개발 및 환경문제 등을 상당 부문 해결한 상황이기 때문에 더 이상의 생산비용 감소를 확대하기에는 무리라고 판단된다. 그러나 중국을 비롯한 아시아에서의 셰일가스 개발과 관련된 생산비용은 미국의 두 배에 가까운 6~8달러에 이르러 경제성이 상대적으로 떨어진다.

세 번째가 셰일가스 수출문제이다. 2012년 말 미국의 천연가스 공급은 수요를 초과하여 공급 과잉상태이다. 이로 인하여 미국 내 천연가스 가격은 호주의 석탄가격보다도 낮게 형성되어 있다. 따라서 셰일가스 개발을 지속적으로 확대하기 위해서는 천연가스 과잉 생산분을 외국으로 수출하여야 한다. 이를 위해서 미국 정부는 천연가스 수출을 허용하여야 한다. 미국 정부가 천연가스 수출을 허가하면 상대적으로 낮은 천연가스 가격이 형성되어 셰일가스 개발 추세를 지속화시킬 수 있는 가능성이 매우 높다. 그러나 천연가스 외국 수출허가와 관련하여 미국 정부와 의회 그리고 산업 부문 간 첨예하게 대립하고 있는 상황이다.

□ 셰일가스 개발이 미치는 영향

셰일가스 개발이 미치는 영향은 가격, 자원 무기화, 재평가 및 에너지 믹스에 대한 부문으로 설명할 수 있다.

우선 가격에 미치는 영향으로 셰일가스 개발 및 생산 확대로 인한 천연가스 가격에 대한 분석은 두 가지로 분석되고 있다. 첫째는 셰일가스 생산으로 글로벌 천연가스의 가격이 하향 안정화될 것으로 예측하는 분석과 둘째는 천연가스의 시장 특성상 글로벌 천연가스의 가격에 커다란 변화가 없을 것이라는 분석이 동시에 존재한다. 셰일가스 생산이 미국 내에서는 천연가스 가격감소 등 에너지가격 안정화에 기여한 점은 매우 크다. 그럼에도 불구하고 글로벌 천연가스시장에 미친 영향은 제한적이다. 향후 셰일가스가 글로벌 천연가스시장에 미칠 수 있는 영향은 미국의 셰일가스 수출승인, 유럽 및 중국의 셰일가스 개발 및 생산 확대 가능성에 따라서 변동될 가능성이 매우 높다.

둘째로 천연가스가 자원 무기화에 미치는 영향이 있다. 셰일가스 개발 및 생산증대는 전통천연가스 생산국 중 러시아와 카타르가 주도하는 에너지자원의 무기화를 약화시킬 수 있는 가능성이 높아지게 될 것이다. 그 이유는 셰일가스는 매장량 분포가 세계적으로 다양하게 분포되어 있다. 따라서 전통가스의 분포형태와는 매우 상이하여 특정지역에 집중되어 있지 않아서 지역 내 개발이 가능하면 역내에서 수급조절이 가능하기 때문이다. 그 결과 셰일가스 개발은 천연가스의 OPEC이라 불리는 가스수출국포럼(Gas Exporting

Countries Forum: GECF)의 영향력 확대를 제한하는 역할을 수행할 수 있다.

마지막으로 천연가스 재평가 및 에너지믹스에 미치는 영향이다.

셰일가스 개발 및 생산의 결과 글로벌 천연가스시장에서 수요와 공급이 안정화되면 각국 정부에서 천연가스의 환경친화적인 장점에 대한 재평가가 대두될 가능성이 존재한다. 따라서 셰일가스 개발과 생산이 지속적으로 확대되어 천연가스 공급이 증가하게 된다면 선진국을 중심으로 석탄발전소가 천연가스 발전소로 대체될 가능성이 매우 높다. 특히 천연가스 발전소의 장점은 이산화탄소 배출을 극소화시킬 수 있는 장점 이외에도 석탄발전소 건설비용보다도 더욱 저렴하다는 점이다. 이처럼 세계 발전비중에서 석탄이 차지하는 비중이 2008년에는 40%에서 2035년에는 37%로 감소하고 천연가스는 같은 기간 내 22%에서 24%로 증가할 것으로 예측되고 있다.

참고문헌

국내문헌

국가과학기술위원회 & 미래기획위원회(2009), 『녹색기술연구개발 종합대책과 플랜트사업』, 서울: 미래기획위원회.

국무총리실(2008), 『기후변화대응 종합기본계획』, 서울: 국무총리실.

국회예산정책처(2010), 『해외자원개발사업의 현황과 과제』, 서울: 국회예산정책처

기획재정부(2009), 『플랜트 수출확대 및 경쟁력 제고방안』, 과천: 기획재정부.

김낙균(2011), 「비전통가스개발에 대한 환경규제 영향과 시사점」, 『가스산업』, 가을호, pp.36-55.

김낙균(2012), 「비전통가스 개발현황, 기술적 특징 및 전망」, 『가스산업』, 가을호, pp.11-28.

글로벌에너지협력센터(2012. 09. 26), "내부보고서: 베네수엘라", 서울: 외교통상부.

글로벌에너지협력센터(2012. 09. 26), "내부보고서: 인디아", 서울: 외교통상부.

≪디지털가스신문≫(2011. 07. 27), "아시아 LNG 수입량 2030년에 배증".

박상철(2011), 『해외 LNG 터미널 투자사업 적정 목표 수익률 산정 및 KOGAS 비즈니스 모델구축』, 성남: 한국가스공사.

산업연구원(2008), 『플랜트 수출산업 중장기 발전방안 연구』, 서울: 산업연구원.

삼성중공업(2010), 『한국조선산업의 미래』, 서울: 삼성중공업.

서극교(2004), 『프로젝트 파이낸스 원리와 응용』, 서울: 한국수출입은행.

송승익(2007), 「민간투자사업의 재원조달시장 현황」, 『건설경제』, Vol.51, No.1 pp.2-120.

안진회계법인(2008), 『멕시코 LNG 터미널 사업추진 자문결과 보고서』, 서울: 안진회계법인.

이근상(2012), 「셰일가스 개발동향과 국내 연관 산업에 대한 파급효과」, 『석유』, 겨울호, pp.109-137

이권형・강부근・이시형(2012), 「주요국의 셰일가스 개발 동향과 시사점」, 『World Economy Update』, Vol.12, No.11

임지수(2012), 「셰일가스」, 『LG Business Insight』.

윤여중(2010), 「천연가스시장을 뒤흔드는 셰일가스 혁명」, 『한국가스연맹 논단』, 여름호, pp.40-51

윤승용(2008), 「미래플랜트시장의 돌파구」, 『CAD & Graphics』, p.1

정기철(2009), 『가스프롬의 가스수출 및 해외사업 추진전략연구』, 한국가스공사 경영연구소, 정책보고서 2009-01.

정우진(2009), 『세계자원전쟁의 향방과 시사점』, 안양: 에너지경제연구원.

정순영(2007), 「해외 플랜트운영사업에 적용되는 프로젝트 파이낸스의 리스크 경감기법에 대한 연구」, 『The Plantech Journal』, Vol.3, No.3, pp.33-49.

지식경제부(2009), 『Eco-Energy 플랜트 경쟁력 확보산업』, 과천: 지식경제부.

지식경제부(2010), 『자원개발과 실적』, 서울: 지식경제부.

≪교도통신≫(2013. 03. 28), "미국 셰일가스 수출 해제금지 임박", 워싱턴: 교도통신.

통계청(2010), 『국내 플랜트산업 성장추이』, 서울: 통계청.

한국과학기술기획평가원(2010), 『플랜트산업 기술과 정책동향』, 서울: 한국과학기술평가원.

하나산업정보(2009), 『해외 플랜트시장의 성장전망과 관련 기자재산업의 수해 가능성 평가』, 서울: 하나금융그룹.

한국가스공사(2012), 『아프리카 및 모잠비크 가스개발사업』, 성남: 한국가스공사.

한국경제(2009), 『한국자원외교의 문제점과 발전방향』, July 23.

한국무역보험공사(2012), 『무역보험을 활용한 아프리카시장 진출전략』, 서울: 한국무역보험공사.

해외자원개발협회(2011), 『에너지 플랜트 유형 및 사업 부문』, 서울: 해외자원개발협회.

한국수출입은행(2004), 『우리나라 해외직접투자 현지법인 경영현황 분석』, 서울: 한국수출입은행.

한국플랜트산업협회(2012), "플랜트교육", 서울: 한국플랜트산업협회, 인터넷

자료(www.kopia.tistory.com).

Arthur D. Little(2009), 『대한민국 플랜트 강국 보고서』, 서울: ADL.

LNG 플랜트사업단(2010), 『LNG-FPSO 기획연구 보고서』, 서울: LNG 플랜트
사업단.

KOGAS(2009), 『Global KOGAS』, 분당: 한국가스공사.

Korea Institute for Development Strategy(2012), 『모잠비크 보고서』, 서울: KIDS.

Oil & Gas(2010), 『LNG 시장동향 및 전망』, Vol.1, No.1, pp.7-16.

국외문헌

Aljeeran, F.(2006), Conceptual Liquefied Natural Gas(LNG) Terminal Design for
Kuwait, Master Thesis at Texas A & M University Bloomberg(2010).

BMI(2011), BMI Report.

British Petroleum(BP, 2009), IHS Energy, London: BP.

British Petroleum(BP, 2010), BP Energy Outlook 2030, London: BP.

British Petroleum(BP, 2011), Statistical Review of World Energy, London: BP.

British Petroleum(BP, 2012), BP Statistical Review, London: BP.

Brookings Institute(2012), The Impact of Shale Gas on European Energy
Security; New Europe, 2012. 04. 23. Shale Gas Production in Europe
on the Road to 2050.

Business Monitor International(2011), Mozambique Mining Report Cardoso,
F./Faletto, E.(2009), Defendency and Development in Latin America,
Berkely: University of California Press.

Cornot-Gandolphe, S. et al.,(2003) The Challenge of Further Cost Reductions for
New Supply Options: Pipeline, LNG, GTI, 22nd World Gas Conference.

CEDIGAZ(The International Association for Natural Gas)(2005), The 2004
Natural Gas year in Review, Malmaison: CEDIGAZ.

China Daily(2012), The Challenge of retrieving a buried treasure, April. 20.

Civil Society Platform on Oil and Gas(2011), Ghana's Oil Readiness Report,
Washington D. C.: Oxfam america.

Colin, L.(2006), Market Pricing for LNG Terminal Capacity, Presentation for
Commercial Strategies for LNG Terminals on 12. July

Cronshaw, I.(2008), Gas and coal Market Update, Paris: EIA.

Department of Energy(DOE, 2012), Crude Oil Resources in Africa, Washington D. C.: DOE.

Devon Energy(2009), The Third US-China Oil & Gas Industry Forum, Beijing.

Earnest & Young(2011), FDI in Africa.

EnCana(2010), British Columbia Key Natural Gas Plays-Hon River and Montney.

Energy Information Administration(EIA, 2005), Annual Energy Outlook, Washington D. C.: EIA.

Energy Information Administration(EIA, 2010), Country Analysis Brief: Nigeria, Washington D. C.: EIA.

Energy Information Administration(EIA, 2011a), World Shale Gas Resources: An Initial Assessment of 14 Regions of Outside the United States, Washington D. C.: EIA.

EIA(2011b), Country Analysis Briefs: Argentina, Washington D. C.: EIA.

EIA(2011c), Latin American Law and Business Report, 2011, Washington D. C.: EIA.

Energy Information Administration(EIA, 2012), Annual Energy Outlook 2012: Energy Release Overview, Washington D. C.: EIA.

EIU(2011), A Special Report on Global Shale Gas Development: Argentina, Updated Potential, London: EIU.

Financial Times(2011), Dec. 20.

Ghana Investment Promotion Center(2012), www.gipcghana.com

Global Data(2009), The Effect of Financial Crisis to LNG Industry.

Global Data(2012), China's Five Year Shale Gas Development Plan Seems Optimistic, GDGE0685VPT, Global Data.

Global Insight(2010), Africa as a Frontier Market.

IEA(2005), Annual Energy Outlook, Paris: IEA.

IEA(2006), International Energy Outlook, Paris: IEA.

IEA(2007), International Energy Outlook, Paris: IEA.

IEA(2008), Natural Gas Information, Paris: IEA.

IEA(2008), World energy Outlook, Paris: IEA.

IEA(2009), International Energy Outlook, Paris: IEA.

IEA(2010), World Energy Outlook, Paris: IEA.

IEA(2011a), World Energy Outlook 2011, Paris: IEA.

IEA(2011b), International Energy Outlook, Paris: IEA.

IHS Global Insight(2011), The Economic and Employment Contributions of Shale Gas in the United States.

IMF(2010), World Economic Outlook, Washington D. C.: IMF.

IMF(2011), World Economic Outlook, Washington D. C.: IMF.

IMF(2011), HIPC Initiative, Washington D. C.: IMF.

Lajtai, R./Lex, A./Laczko, M.(2009), LNG VS. Russian National Gas Defendency in the South Eastern European Region, Paper presented in the 24th World Gas Conference, Buenos Aires, Argentina, 5-9 Oct.

Lankani(2012), What Role will International Investment Play in Shale Gas Development?, Shale Gas Workshop, Oran, Algeria, February 27-28.

Latin American Energy Markets(2011), Argentina and Peru, Vol.19, No.3.

Lee & William(2012), LNG Fuelled Vessels, KOGAS, ABS Technical Cooperation Seminar, Ansan, Korea May, 25.

Limenez, A.(2006), Statistical Aspects of the natural Gas Economy in 2005, Eurostat, June.

Marcogaz(2008), The Natural Gas in Europe.

Matindale(2012), China's 12th Five Year Plan for Shale Gas.

Nevitt, P. K. & Fabozzi, F. J.(2000), Project financing, Euromoney Publications PLC.

Oil & Gas Eurasia(2012), Europe's Shale Gas Revolution, Why russia Shrugging its Shoulder?; No.3.

Oilprice(2012), Shale Gas in Europe; Poland and Ukraine as Pioneers, March 18.

Paik, K-W(2012), Sino-Russian Oil and Gas Cooperation, Oxford: Oxford University Press.

Pruvin, D./Gertz, T.(2011), LNG Project in Africa.

Secreteria de Energia(2006), Prospectiva del mercado de gas natural 2005-2014, Primera edicion.

Smith, A.(2004), Past & Future Dash for Gas in the U. K. Presentation at the Future of Gas for Power Generation Workshop, Paris, June 14.

Sorge, M.(2004), the nature of Credit Risk in Project finance, BIS Quarterly Review, pp.91-101.

Ratner, M.(2010), Global Natural Gas: A Growing Resource, Washington D. C.: Congressional Research Service.

Tinsley, R.(2000), advanced Project Financing, Structuring Risks, Euromoney Publication PLC.

Tusiani, M. D.(1996), The Petroleum Shipping Industry, Tulsa: PennWell corporation.

Tusiani, M. D. & Shearer, G.(2007), LNG: A Nontechnical Guide, Tulsa: PennWell Corporation.

Unihorvskyi, L./Chastukhin, V./Laktionov, O./Fedorenko, S.(2009), Diversification of Sources and Routes of Gas Supply: The Choice for Europe and Ukraine, in National Security & Defence, No.6, pp.59-64.

US State Department and BP(2010), Statistical Review of World Energy, Washington D. C.: USD.

Wall Street Journal(2012), Cheap Natural Gas Unplugs US Nuclear Power Revival, IHS Global Insight, March 15.

Westwood, D.(2009), The World Floating Production Report 2009~2013.

Wood Mackenzie(2010), Global LNG Online(www.woodmacresearch.com).

Wood Mackenzie(2012), LNG Export from Africa.

World Bank(2010), World Economic Outlook, Washington D. C.: World Bank.

World Bank(2011), World Economic Outlook, Washington D. C.: World Bank.

Zhoningnin(2012), China's Natural Gas Industrial Outlook, China University of Petroleum, KOGAS Technical Cooperation Seminar, Seongnam, May 15.

Web sites

www.igu.org

www.ferc.gov

www.gov.stateak.us

www.energia.gov.mx

www.epp.eurostat.ec.europa.eu

www.newtest.cnooc.com

www.rgppl.com

www.globallnginfo.com

www.giignl.org

www.adrialng.org

www.cedigaz.com

www.clubofmozambique.com

www.enh-mz.com

www.gfzb.com.gh

www.gipcghana.com

www.ipc.mz

www.petronet.co.kr

www.ustola.gov

www.woodmacresearch.com

www.econergy.com

www.energy-business.com

www.lngworld.com

www.porttechnology.org

www.bloomberg.com

www.worldbank.org

www.gfzb.com.gh

그림 목차

표 목차

박상철

2004.9. 스웨덴 고텐버그대학교 도센트(Docent: 종신 부교수, 경제학)
2002.1. 독일 기센대학교 하빌리타지온(Habilitation: 정교수, 정치학)
1997.2. 스웨덴 고텐버그대학교 경제학 박사(Dr. econ.)
1993.8. 독일 기센대학교 정치학 박사(Dr. rer. soc.)

2001~2003 스웨덴 고텐버그대학교 교수
2002~2008 독일 기센대학교 객원교수
2003~2006 일본 오카야마국립대학교 교수
2007~2012 KAIST 겸직교수
2008~2009 서울대학교 객원교수
2006.3.~현재 한국산업기술대학교 지식기반기술/에너지대학원 교수
　　　　　　중견기업육성연구소 소장
2010~현재 스웨덴 고텐버그대학교 초빙교수

글로벌 에너지정책과
천연가스사업 개발전략

초 판 인 쇄 | 2013년 7월 10일
초 판 발 행 | 2013년 7월 10일

지 은 이 | 박상철
펴 낸 이 | 채종준
펴 낸 곳 | 한국학술정보(주)
주　　소 | 경기도 파주시 문발동 파주출판문화정보산업단지 513-5
전　　화 | 031) 908-3181(대표)
팩　　스 | 031) 908-3189
홈 페 이 지 | http://ebook.kstudy.com
E - m a i l | 출판사업부 publish@kstudy.com
등　　록 | 제일산-115호(2000. 6. 19)

ISBN　　978-89-268-4376-5 03330 (Paper Book)
　　　　　978-89-268-4377-2 05330 (e-Book)